# 无公害
# 设施蔬菜配方施肥

宋志伟　杨首乐　编著

化学工业出版社

·北京·

**图书在版编目（CIP）数据**

无公害设施蔬菜配方施肥/宋志伟，杨首乐编著. —北京：化学工业出版社，2016.12
ISBN 978-7-122-28343-6

Ⅰ.①无…　Ⅱ.①宋…②杨…　Ⅲ.①蔬菜园艺-施肥-配方②蔬菜园艺-施肥-无污染技术　Ⅳ.①S630.6

中国版本图书馆 CIP 数据核字（2016）第 253663 号

责任编辑：邵桂林　　　　　　　　装帧设计：张　辉
责任校对：王素芹

出版发行：化学工业出版社
　　　　　（北京市东城区青年湖南街 13 号　邮政编码 100011）
印　　装：大厂聚鑫印刷有限责任公司
850mm×1168mm　1/32　印张 9¾　字数 278 千字
2017 年 1 月北京第 1 版第 1 次印刷

购书咨询：010-64518888（传真：010-64519686）
售后服务：010-64518899
网　　址：http://www.cip.com.cn
凡购买本书，如有缺损质量问题，本社销售中心负责调换。

定　　价：35.00 元

# 前言

　　我国地域广阔，种植的蔬菜种类繁多，南北方差距较大，主要种类有白菜类蔬菜、绿叶类蔬菜、茄果类蔬菜、瓜类蔬菜、豆类蔬菜、根菜类蔬菜、薯芋类蔬菜、葱蒜类蔬菜、多年生蔬菜、水生蔬菜等。蔬菜已成为人们生活中重要的食品，其安全性对人类健康至关重要。施用安全环保肥料，采用科学施肥技术，是我国蔬菜生产的重要措施之一。随着现代农业的发展，无公害、绿色、有机农产品需求越来越多，蔬菜施肥也应进入注重施肥安全的时期。

　　我国是化肥生产和使用大国。据国家统计局数据，2013年化肥生产量7037万吨（折纯，下同），农用化肥施用量5912万吨。专家分析，我国耕地基础地力偏低，化肥施用对粮食增产的贡献较大，大体在40％以上。当前我国化肥施用存在四个方面问题：一是亩均施用量偏高，我国农作物亩均化肥用量21.9千克，远高于世界平均水平（每亩8千克），是美国的2.6倍，欧盟的2.5倍；二是施肥不均衡现象突出，东部经济发达地区、长江下游地区和城市郊区施肥量偏高，附加值较高的经济作物过量施肥比较普遍；三是有机肥资源利用率低，目前，我国有机肥资源总养分约7000多万吨，实际利用不足40％，其中，畜禽粪便养分还田率为50％左右，农作物秸秆养分还田率为35％左右；四是施肥结构不平衡，重化肥、轻有机肥，重大量元素肥料、轻中微量元素肥料，重氮肥、轻磷钾肥"三重三轻"问题突出。传统人工施肥方式仍然占主导地位，化肥撒施、表施现象比较普遍，机械施肥仅占主要农作物种植面积的30％左右。

为此，2015 年农业部制定了《到 2020 年化肥使用量零增长行动方案》，力争到 2020 年，主要农作物化肥使用量实现零增长。力求做到以下几个方面：一是施肥结构优化。到 2020 年，氮、磷、钾和中微量元素等养分结构趋于合理，有机肥资源得到合理利用。测土配方施肥技术覆盖率达到 90％以上；畜禽粪便养分还田率达到 60％，提高 10 个百分点；农作物秸秆养分还田率达到 60％，提高 25 个百分点。二是施肥方式改进。到 2020 年，盲目施肥和过量施肥现象基本得到遏制，传统施肥方式得到改变。机械施肥占主要农作物种植面积的 40％以上，提高 10 个百分点；水肥一体化技术推广面积 1.5 亿亩，增加 8000 万亩。三是肥料利用率稳步提高。从 2015 年起，主要农作物肥料利用率平均每年提升 1 个百分点以上，力争到 2020 年，主要农作物肥料利用率达到 40％以上。

基于以上现状，我们编写了《无公害设施蔬菜配方施肥》一书，旨在目前推广的测土配方施肥技术基础上，适应农业部 2015年"化肥零增长行动方案"，主要从蔬菜营养特征及营养诊断、蔬菜测土配方施肥技术、无公害设施蔬菜生产常用肥料等内容，并从设施蔬菜营养需求特点、设施蔬菜测土施肥配方及肥料组合、无公害设施蔬菜施肥技术规程等方面，介绍了芹菜、菠菜、莴苣、蕹菜、番茄、樱桃番茄、茄子、辣椒、甜椒、彩椒、黄瓜、西葫芦、丝瓜、苦瓜、菜豆、豇豆、荷兰豆、大白菜、结球甘蓝、花椰菜、萝卜、生姜、韭菜、芦笋 24 种主要设施蔬菜的无公害测土配方施肥技术，希望能为广大菜农科学合理施肥提供参考，为现代农业的可持续发展做出相应的贡献。

本书具有针对性强、实用价值高、适宜操作等特点。考虑到栽培茬口（春提早、夏避雨、秋延迟、越冬长季）、灌溉方式（常规灌溉、滴灌等）、品种类型（如辣椒、甜椒、彩椒，番茄和樱桃番茄等）等方面阐述 24 种主要设施蔬菜"无公害，减化肥，增有机，改土壤，善品质，组合化"的施肥技术，方便菜农选用。

本书由宋志伟、杨首乐编著，由宋志伟统稿。本书在编写过程中得到化学工业出版社、河南农业职业学院、河南科技学院以及众多农业及肥料企业等单位和有关人员的大力支持，在此一并表示感谢。

由于我们水平有限，书中难免存在疏漏之处，敬请广大专家、同行和读者批评指正。

编著者
2016 年 11 月

# 目录

# 第一章

# 设施蔬菜营养特征及营养诊断

## 第一节　蔬菜生长与营养元素

蔬菜生长需要的营养元素被吸收进入体内后，还需要经过一系列的转化和运输过程才能被作物利用。但并不是每种营养元素对蔬菜都是必需的，一般可分为必需营养元素、有益营养元素、有害营养元素等。

### 一、蔬菜必需营养元素

蔬菜体内的各种元素含量差异很大，蔬菜对营养元素的吸收，一方面受蔬菜的基因所决定，另一方面受环境条件所制约。蔬菜体内现有的几十种元素，只有一部分是其必需的。

#### 1. 蔬菜必需营养元素的种类

到目前为止，已经确定为蔬菜生长发育所必需的营养元素有 16 种，即碳（C）、氢（H）、氧（O）、氮（N）、磷（P）、钾（K）、钙（Ca）、镁（Mg）、硫（S）、铁（Fe）、锰（Mn）、锌（Zn）、铜（Cu）、钼（Mo）、硼（B）、氯（Cl）。这 16 种蔬菜必需元素都是用培养试验的方法确定下来的。

通常根据蔬菜对 16 种必需营养元素的需要量不同，可以分为大量营养元素、中量营养元素和微量营养元素。大量营养元素主要有碳、氢、氧、氮、磷、钾 6 种；中量营养元素主要有钙、镁、硫 3 种；微量营养元素有铁、硼、锰、铜、锌、钼、氯 7 种。

氮、磷、钾是蔬菜需要量和收获时带走较多的营养元素，而它们通过残茬和根的形式归还给土壤的数量却不多，常常表现为土壤中有效含量较少，需要通过施肥加以调节，以供蔬菜吸收利用，因此，氮、磷、钾被称为"肥料三要素"。

**2. 蔬菜必需营养元素的主要生理功能**

各种必需营养元素在蔬菜体内有着各自独特的作用，不同的蔬菜必需营养元素在作物体内具有独特的生理作用（表 1-1）。

**表 1-1　蔬菜必需营养元素的生理作用**

| 元素名称 | 生理作用 |
| --- | --- |
| 氮 | 是构成蛋白质和核酸的主要成分；是叶绿素的组成成分，增强蔬菜光合作用；是蔬菜体内许多酶的组成成分，参与蔬菜体内各种代谢活动；蔬菜体内许多维生素、激素等成分，调控蔬菜的生命活动 |
| 磷 | 是蔬菜许多重要物质(核酸、核蛋白、磷脂、酶等)的成分；在糖代谢、氮素代谢和脂肪代谢中有重要作用；能提高蔬菜抗寒、抗旱等抗逆性 |
| 钾 | 是蔬菜体内 60 多种酶的活化剂，参与蔬菜代谢过程；能促进叶绿素合成，促进光合作用；是呼吸作用过程中酶的活化剂，能促进呼吸作用；增强蔬菜的抗旱性、抗高温、抗寒性、抗盐、抗病性、抗倒伏、抗早衰等能力 |
| 钙 | 是构成细胞壁的重要元素，参与形成细胞壁；能稳定生物膜的结构，调节膜的渗透性；能促进细胞伸长，对细胞代谢起调节作用；能调节养分离子的生理平衡，消除某些离子的毒害作用 |
| 镁 | 是叶绿素的组成成分，并参与光合磷酸化和磷酸化作用；是许多酶的活化剂，具有催化作用；参与脂肪、蛋白质和核酸代谢；是染色体的组成成分，参与遗传信息的传递 |
| 硫 | 是构成蛋白质和许多酶不可缺少的组分；参与合成其他生物活性物质，如维生素、谷胱甘肽、铁氧还蛋白、辅酶 A 等；与叶绿素形成有关，参与固氮作用；合成作物体内挥发性含硫物质，如大蒜油等 |
| 铁 | 是许多酶和蛋白质组分；影响叶绿素的形成，参与光合作用和呼吸作用的电子传递；促进根瘤菌作用 |
| 锰 | 是多种酶的组分和活化剂；是叶绿体的结构成分；参与脂肪、蛋白质合成，参与呼吸过程中的氧化还原反应；促进光合作用和硝酸还原作用；促进胡萝卜素、维生素、核黄素的形成 |
| 铜 | 是多种氧化酶的成分；是叶绿体蛋白——质体蓝素的成分；参与蛋白质和糖代谢；影响作物繁殖器官的发育 |

| 元素名称 | 生理作用 |
|---|---|
| 锌 | 是许多酶的成分;参与生长素合成;参与蛋白质代谢和碳水化合物运转;参与作物繁殖器官的发育 |
| 钼 | 是固氮酶和硝酸还原酶的组成成分;参与蛋白质代谢;影响生物固氮作用;影响光合作用;对蔬菜受精和胚胎发育有特殊作用 |
| 硼 | 能促进碳水化合物运转;影响酚类化合物和木质素的生物合成;促进花粉萌发和花粉管生长,影响细胞分裂、分化和成熟;参与蔬菜生长素类激素代谢;影响光合作用 |
| 氯 | 能维持细胞膨压,保持电荷平衡;能促进光合作用;对蔬菜气孔有调节作用;能抑制蔬菜病害发生 |

## 二、蔬菜有益营养元素

某些元素并非是所有蔬菜都必需的,但能促进某些蔬菜的生长发育,这些元素被称为蔬菜有益营养元素。常见的主要有钠、硅、钴、硒、钒、镍、钛、稀土元素等。

**1. 钠**

艾伦(Allen,1995)研究固氮蓝藻时发现柱状鱼腥藻是需钠的作物;布劳内尔(Brownell,1975)用藜科作物作试验,证明钠是该作物生长的必需营养元素,作物缺钠后出现黄化病。此外,许多实验证明,苋科、矾松科等盐生作物及甜菜、芜菁、芹菜、大麦、棉花、亚麻、胡萝卜、番茄等作物缺钾时,如果土壤有钠存在,则这些作物的生长发育仍可正常进行。

钠在作物生命活动中的作用,目前还不十分清楚。盐生作物中钠可调节渗透势,降低细胞水势,促进细胞吸水,因此高盐条件下促进细胞伸长,使作物叶片面积、厚度、储水量和肉质性都有所增加,出现多汁性。某些作物(如糖用甜菜、萝卜、芜菁等)供钾不足时,钠可有限度替代钾的功能。

**2. 硅**

硅在土壤中含量最多,通常以二氧化硅($SiO_2$)形式存在,而作物能够吸收的硅形态是单硅酸[$Si(OH)_4$]。硅在木贼科、禾本科作物中含量很高,特别是水稻。

硅多集中在表皮细胞内，使细胞壁硅质化，增强作物各种组织的机械强度和稳固性，提高作物（如水稻）对病虫害的抵抗力和抗倒伏的能力。硅有助于叶片直立，使植株保持良好的受光姿态，间接增强群体的光合作用。硅可以减少作物的蒸腾，提高作物对水的利用率。硅有助于水稻等作物抵抗盐害、铁毒、锰毒的能力。硅对水稻的生殖器官的形成有促进作用，如对水稻穗数、小穗数和籽粒重都是有益的。

**3. 钴**

许多作物都需要钴，作物一般含钴 $0.05 \sim 0.5$ 毫克/千克，豆科作物含量较高，禾本科作物含量较低。钴是维生素 $B_{12}$ 的成分，在豆科作物共生固氮中起重要作用。钴是黄素激酶、葡萄糖磷酸变位酶、焦磷酸酶、酸性磷酸酶、异柠檬酸脱氢酶、草酰乙酸脱羧酶、肽酶、精氨酸酶等酶的活化剂，可以调节这些酶催化的代谢反应。

**4. 硒**

大多数情况下土壤含硒量很低，平均为 $0.2$ 毫克/千克。硒在土壤中以 $Se^{6+}$、$Se^{4+}$、$Se^0$、$Se^{2-}$ 等存在，形成硒盐、亚硒酸盐、元素硒、硒化物及有机态硒。硒与人体和动物的健康密切有关。硒可以增强作物体的抗氧化作用，提高谷胱甘肽过氧化物酶活性，从而消除氧自由基。低浓度硒可促进百合科、十字花科、豆科、禾本科作物种子萌发和幼苗生长。

**5. 钒**

钒是动物的必需元素，钒对高等作物是否必需，至今尚无确切证据，但对删列藻的生长是必需的。适量的钒可以促进番茄、甘蓝、玉米、水稻等作物的生长，并增加产量和改进品质。钒能促进大麦、松树种子的萌芽，促进其生长发育。钒对生物固氮有利，提高光合效率，促进叶绿素的合成，促进铁的吸收和利用。钒可提高某些酶的活性，以及种子发芽。

**6. 镍**

作物干物质正常含镍 $0.1 \sim 5$ 毫克/千克。镍在作物体内可移动，作物种子和果实中含量较高。镍是脲酶的金属辅基，是脲酶的结构和催化功能所必需的。在作物的氮代谢中起重要作用，能催化尿素降解；有利于种子发芽和幼苗生长。

**7. 钛**

作物体内普遍含有钛元素，不同作物含量也不同。玉米含量一般在 20 毫克/千克左右，豆科作物一般在 25 毫克/千克以上。钛主要与光合作用和豆科作物固氮有关。钛能促进作物对某些养分的吸收和运转，促进作物体内多种酶的活性，提高作物叶片中叶绿素的含量，提高作物产量，并能明显改善作物品质。

**8. 稀土元素**

稀土元素是元素周期表中原子序数为 57～71 的镧系元素——镧（La）、铈（Ce）、镨（Pr）、钕（Nd）、钷（Pm）、钐（Sm）、铕（Eu）、钆（Gd）、铽（Tb）、镝（Dy）、钬（Ho）、铒（Er）、铥（Tm）、镱（Yb）、镥（Lu），以及与镧系的 15 个元素密切相关的元素——钇（Y）和钪（Sc）共 17 种元素的统称。作物中稀土元素的含量一般在 25～570 毫克/千克。

低浓度稀土元素可促进种子萌发和幼苗生长，如用稀土元素拌种小麦，种子发芽率可提高 8%～19%。稀土元素对作物扦插生根有特殊作用，同时还可提高作物叶绿素含量和光合速率。稀土元素可促进大豆根系生长，增加结瘤数，提高根瘤的固氮活性，增加结荚数和粒荚数。稀土元素已广泛应用与农作物、蔬菜、林业、花卉、畜牧和养殖等方面。

# 三、蔬菜有害营养元素

**1. 必需营养元素过量施用**

必需营养元素施用过量会对蔬菜产生有害作用。常见症状有叶片黄白化、褐斑；茎叶畸形、扭曲；根弯曲、变粗或尖端死亡；出现狮尾、鸡爪等畸形根。其中微量元素与大量元素不同，由于最适需要量与中毒水平比较接近，过量会导致作物中毒，甚至引起人畜的某些疾病发生。如硼过剩，叶缘大多成黄或褐色镶边；饲料作物含钼＞10 毫克/千克，长期饲喂可引起家畜钼毒症。由于元素之间会互相抗衡，有些元素的缺素症是因某一元素的过剩吸收产生的，如磷过多，常以缺铁、锌、镁等失绿症表现；酸性土壤锰过多可引起缺钼。

**2. 蔬菜有害营养元素**

有些元素存在于蔬菜体内，在极低浓度下未能表现出已知的生理功能，却产生了毒害作用，称之为有害营养元素，如铝、砷、氟、锡、铬、镍、汞、铅等。

（1）铝中毒　作物根系生长减少，根尖和侧根变粗变褐，叶片暗绿，茎秆发紫。常伴随作物组织中高量铁、锰和低浓度钙、镁。

（2）砷中毒　水稻中度中毒时茎叶扭曲，无效分蘖增多，严重时植株地上部发黄，根系发黑、稀疏。甘薯受害叶片出现褐色斑点，叶脉基部和茎部呈褐色，逐渐发黑死亡。苹果则树皮和木质部变色，叶片产生斑点。

（3）氟中毒　在大田生产中，很少出现氟毒害。但在氟氢酸工业污染区，植物暴露在只有几个微克/千克氟氢酸的环境下，几个月后就会出现中毒症状。轻微中毒叶缘和叶脉失绿，严重时叶缘坏死。葡萄和果树比其他植物更敏感。

（4）镉中毒　水稻下部叶片和叶鞘变为黄褐色；大豆叶片黄化，叶脉呈棕褐色。镉污染食物危及人类健康，长期食用含镉米（含镉水、含镉水产品）易患骨痛病。

# 第二节　设施蔬菜营养与施肥特点

设施蔬菜需要的主要营养元素虽然和所有大田作物一样，仍是以碳、氢、氧、氮、磷、钾、钙、镁、硫、铁、硼、钼、锌、铜、氯等为主。但在蔬菜的生产和栽培中，对各种元素的需求量，则与果树、农作物有着明显的不同。蔬菜作物需肥量大，对土壤肥力要求较高。

## 一、设施蔬菜栽培对土壤要求与土壤保育

目前我国设施蔬菜栽培面积达 200 多万公顷，占世界设施蔬菜面积的 80％以上。由于设施栽培人为地改变了传统露地种植的土壤环境，具有常年的高温、高湿、无降水淋洗及高施肥、高产出、超强度利用等特点，因此土壤与施肥均具有与露地蔬菜不一样的特点。

**1. 设施蔬菜栽培对土壤要求**

设施蔬菜栽培品种比较单一，重茬多，土地复种指数高，设施蔬菜产量高，因此，对土壤要求较高。

（1）土壤要高度熟化　设施土壤有机质含量不低于 20～30 克/千克，最好能达到 40～53 克/千克。熟土层厚度要大于 30 厘米。

（2）土壤结构要疏松　设施菜地土壤应是质地疏松，固、液、气三相比例适当，固相占 50% 左右、液相占 20%～30%、气相占 20%～30%，总孔隙度在 55% 以上。土壤含水量保持在 60%～80%、土壤空气含量 15% 以上。

（3）土壤酸碱度要适宜　土壤 pH 值为 6.0～7.5 时，大多数设施蔬菜生长良好。有些设施蔬菜却适应性很广，如马铃薯在 pH 值 4.0～8.0 范围内都可以生长。

（4）土壤稳温性能要好　要求土壤有较大的热容量和热导率，一般孔隙度适中的黏壤土或有机质含量高、结构性好、颜色相对较深的土壤，稳温性好。

（5）土壤养分含量高　要求土壤肥沃，养分齐全，含量高，土壤碱解氮 150 毫克/千克以上，速效磷 110 毫克/千克以上，速效钾 170 毫克/千克以上，氧化钙 1.0～1.4 克/千克，氧化镁 150～240 毫克/千克，并含有一定量的有效硼、钼、锌、锰、铁、铜等微量元素。

（6）土壤要符合无公害农产品生产的土壤环境质量标准　要求土壤中无病菌，无害虫，无寄生虫卵，无有害、污染性物质积累。

**2. 设施菜地的土壤保育**

设施菜地土壤保育主要有科学合理耕作、土壤改良、土壤消毒、土壤提升等。

（1）耕作方式优化　一是选用抗逆蔬菜品种。由于设施内蔬菜因光照少、肥水大，植株表层蜡层薄、组织软、口感嫩，害虫喜欢吃食，因此应选用抗逆蔬菜品种。二是科学田间管理。根据不同蔬菜的生物学特性，合理调配设施内光照、温度、湿度等。三是合理轮作。轮作抗性不同的蔬菜品种、轮作需肥特性不同的蔬菜品种、轮作根系深浅不同的蔬菜品种、轮作固氮蔬菜或绿肥、轮作根系残余物不同的蔬菜品种。

（2）土壤改良 设施菜地地力下降的主要原因是土壤盐积化、有害真菌数量和生物量增加、土壤板结、蔬菜分泌自毒化感物质等。一是通过灌水洗盐、揭膜淋溶、生物吸盐、增施有机肥料、合理施肥等达到减盐降盐。二是通过施用生石灰调节土壤酸碱度。

（3）土壤消毒 一是采用物理消毒法，如高温季节灌水闷棚、封闭设施前撒施碳酸氢铵、施用石灰氮、施用生石灰等。二是化学消毒法，常见的有多菌灵、波尔多液、代森锰锌、福尔马林、硫酸亚铁和硫黄粉等化学药剂。三是生物消毒法，如施用微生物药肥。

（4）土壤质量提升 主要措施有合理轮作换茬、科学肥水管理、绿色防控技术、生态循环技术、优化配套辅助设施等。

## 二、设施蔬菜的需肥特点

### 1. 设施蔬菜的需肥特点

设施蔬菜生产是高度集约化栽培，由于受设施空间小气候的影响，其施肥的种类、数量和方法不同于露地栽培。

（1）需肥量大 设施蔬菜为密植作物，产量高，较露地栽培需要的养分多，不仅需要大量的氮、磷、钾等大量元素，还需要多种中微量元素。

（2）对氮肥的施用要求严格 设施蔬菜多为喜硝态氮作物，而铵态氮过量时会抑制设施蔬菜作物对钾和钙的吸收，低温时还易产生氨害。

（3）易产生有害气体 设施蔬菜施肥中，施用碳酸氢铵等挥发性强的肥料易产生氨气，容易使蔬菜受害；同时施用未腐熟的有机肥，在设施高温条件下分解出大量的氨气而不能及时排出，从而使蔬菜受害。

（4）二氧化碳缺乏，需要补充 设施蔬菜生产是在较为密闭的环境下进行的，由于蔬菜产量高，光合作用需要的二氧化碳不能从大气中进行补充，因此设施内的二氧化碳不能满足蔬菜生长需要，需要补充二氧化碳，进行二氧化碳施肥。

（5）蔬菜是喜钾嗜钙作物 设施蔬菜作物对钾的需求量大，如茄果类蔬菜每千克果实平均含钾 41.1 克，而小麦、玉米、水稻等每千克籽粒平均仅为 4.3 克，相差近 10 倍。同时设施蔬菜作物平均含钙量比禾谷类作物高 12 倍之多。

（6）不同种类的设施蔬菜有各自的需肥特点 叶菜类设施蔬菜需氮较多，根菜类设施蔬菜需磷、钾较多，茄果类设施蔬菜需氮、磷较多，花椰菜、菠菜、洋葱、甘蓝、萝卜、番茄、胡萝卜、豆类设施蔬菜对铝元素比较敏感。

**2. 各类设施蔬菜的需肥特点**

（1）叶菜类设施蔬菜的需肥特点 叶菜类蔬菜种类很多，种植面积大，产量高，包括白菜、甘蓝、芹菜、菠菜、莴苣等。这类蔬菜的共同需肥特点，第一是在氮、磷、钾三要素中，以钾的需求量为最高，每生产 1000 千克产量吸收的钾和氮接近 1:1；第二是根系入土浅，属于浅根性作物，根系抗旱、抗涝力较弱；第三是植株体内的养分在整个生育期内不断积累，但养分吸收高峰在生育前期。

（2）茄果类设施蔬菜的需肥特点 主要有番茄、茄子、辣椒、甜椒等。这类蔬菜的共同需肥特点，第一是茄果类蔬菜都是育苗移栽，从生育初期一直到花芽分化开始时的养分吸收，基本在苗床中进行，由于磷素在花芽分化中具有重要作用，因此育苗阶段一定要保证磷素供应；第二是这类蔬菜吸收钾量很大，其次为氮、钙、磷、镁，由于多次采收，植株所含养分随果实采收而不断带走，因此，这类蔬菜的养分吸收到生育后期仍然很旺盛，茎叶中的养分到末期仍在增加。

（3）瓜果类设施蔬菜的需肥特点 主要有黄瓜、西葫芦、南瓜、冬瓜、西瓜、甜瓜等。这类蔬菜的共同需肥特点，第一是果重型瓜果类蔬菜对养分的需求低于果数型瓜类，黄瓜为果数型瓜类的代表，耐肥力弱，但需肥量高，一般采用"轻、勤"的施肥方法，果重型瓜果类蔬菜则注重基肥的施用；第二是植株体内碳氮比增高时，花芽分化早，氮多时，碳氮比降低，花芽分化推迟，因此，苗期要注意氮、钾肥的施用比例；第三是瓜果类蔬菜施肥中值得重视的问题是施肥对品质的影响，增施钾肥能显著提高这类蔬菜的抗病力和品质。

（4）葱蒜类设施蔬菜的需肥特点 主要有韭菜、大蒜、大葱、洋葱等。这类蔬菜的共同需肥特点是根系为弦状须根，几乎没有根毛，入土浅，根群少，吸肥力弱，需肥量大，属于喜肥耐肥蔬菜。要求土壤具有较强的保水、保肥能力，需施用大量的有机肥提高土壤的缓冲能力，同时以氮为主，磷、钾配合，保证植株健壮生长，并促使同化产物送往储藏器官。

## 三、设施蔬菜施肥问题

目前设施蔬菜生产过量施肥、盲目施肥现象已相当普遍，菜田养分失衡、资源浪费和环境恶化比较严重。

### 1. 过量施肥严重

一是施用有机肥比重偏高。目前设施蔬菜普遍存在施鸡粪等畜禽粪比重偏高问题，一般每亩为 10～18 立方米，有些超过 20 立方米，甚至达 25 立方米。二是施用氮、磷肥偏多。据对河北省永年等 8 县市大棚黄瓜、番茄、甜椒的施肥调查，氮肥用量超过推荐用量的 1.8～16.9 倍，最高达 29.2 倍；磷肥用量超过推荐用量的 9.3～19.1 倍，最高达 43.8 倍。三是施肥量远远超过推荐用量。据对河北省永年等规模化设施蔬菜重点区域的田间调查，叶菜类设施蔬菜实际施氮、磷量分别超过推荐用量的 9 倍和 15.5 倍，番茄、黄瓜实际施氮、磷量分别超过推荐用量的 3～4 倍和 2～4 倍，豆类、茄子、辣椒实际施氮、磷量分别超过推荐用量的 2～3 倍和 3～5 倍，韭菜实际施氮、磷量分别超过推荐用量的 1.5 倍和 1 倍。四是出现营养过剩症状。土壤中养分盈余过多，会导致蔬菜出现一系列不良症状，目前主要是氮素过量的蔬菜旺长，中微量元素过剩中毒症状，如锌过剩诱发黄瓜植株顶端叶产生缺铁症状；铜过剩下部叶的叶脉间变黄，生长发育受阻；铁过剩叶缘变黄下卷，叶脉间发黄；钼过剩叶脉残留绿色，叶脉间呈鲜黄色；镁过剩茄子下部叶片的边缘向上卷曲，叶脉间出现黄化，随后叶脉间出现褐色斑点或枯斑。

### 2. 盲目施肥普遍

一是有机肥施用不当。如有机肥暴晒，氮素损失；施用未腐熟有机肥产生氨气和硫化氢等，滋生杂草，传播病菌、虫卵等，甚至出现烧苗现象等；直接施用人粪尿等引起疾病传播。二是复混肥料施用混乱。基肥、追肥施用复混肥料过多，造成盲目施肥和养分资源浪费。三是施用方法不合理。复混肥料多采取土壤表面撒施，追肥多采取随灌溉水冲施，导致土壤表层积累大量养分。四是施用禁用肥料。目前设施蔬菜生产禁止施用易释放氨的化肥品种，但有些菜农仍然用碳酸氢铵作追肥在土表撒施。

**3. 养分平衡失调**

由于菜农长期不合理施肥，目前设施菜田已出现大量元素养分平衡失调，磷、钾含量偏高，氮素含量不足，土壤有机质含量偏低，并出现中微量元素缺乏等现象。

**4. 产地环境恶化**

一是土壤次生盐渍化，土壤板结严重，生理病害加重，产量降低，品质下降。二是引起深层土壤和地下水污染。调查数据显示，设施蔬菜栽培区 20 米浅层地下水受硝态氮污染超标率为 39.3%，严重超标率达 7.1%；40 米深层地下水超标率大 37.5%。三是温室气体排放值得重视。调查数据显示，我国土壤释放的一氧化二氮有 20% 来自于菜田系统。

# 第三节　设施蔬菜营养缺素诊断与补救

设施蔬菜虽然不会说话，但当缺乏某种营养元素是会有一定反应的，这种反应是蔬菜体内营养不良的外部表现，可作为我们对设施蔬菜进行形态诊断的依据。

## 一、设施蔬菜营养缺素症的诊断

### 1. 设施蔬菜缺素症的诊断

通过对设施蔬菜进行形态诊断、了解设施蔬菜的营养状况是科学施肥的重要依据。生产上如能及时施用含所缺元素的肥料，一般症状可减轻或消失，产量损失也可大大减轻。一般诊断的步骤如下。

（1）先看症状发生的部位　一般来说，设施蔬菜缺乏大量营养元素，往往从下部的老叶先表现出缺素症状；缺乏微量营养元素时，症状最早会出现在设施蔬菜上部的新生叶片上。

（2）要看设施蔬菜变化后的特征　例如，叶片大小、叶色以及是否出现畸形等，如设施蔬菜缺氮、硫、铁会引起叶片发黄；缺锌会叶片变小，叶脉间失绿，呈杯状等。经常熟悉设施蔬菜缺素症状图谱更容易判断。

（3）确定症状后补救　当诊断出设施蔬菜缺乏某种元素后，就应该及时补救，正确的做法是对症施肥，可以通过根际追肥、叶面喷肥等途径来补救。

**2. 设施蔬菜缺素症的形态比较和鉴别**

根据现有的资料从多方面归纳各种营养元素缺素症的种种表现见表1-2，方便科技人员及种植户能及时做出正确判断，及早加以矫正。

表 1-2　设施蔬菜缺素症的形态比较和鉴别

| | | | | |
|---|---|---|---|---|
| 1 | 受影响的部位 | 全株 | 大体在老叶上 | 大体在新叶上 |
| | 可能包括的元素 | 氮（硫） | 钾、镁、磷、钼 | 钙、硫、铜、铁、锰、锌 |
| 2 | 植株高度，叶片大小 | 正常 | 轻度降低 | 严重降低 |
| | 可能包括的元素 | 硫、铁、锰、镁 | 氮、磷、钾、钙、硼、铜 | 锌、钼 |
| 3 | 叶的形状 | 正常 | 轻度畸形 | 严重畸形 |
| | 可能包括的元素 | 氮、磷、钾、镁、铁 | 钼、铜 | 硼、锌 |
| 4 | 分蘖 | 正常 | 少 | 很少 |
| | 可能包括的元素 | 镁、钾 | 锌 | 磷、氮 |
| 5 | 叶的结构（组织） | 正常 | 硬化或易碎 | 高度易碎（非常脆） |
| | 可能包括的元素 | 氮、磷、钾、硫、铁 | 镁、钼 | 硼 |
| 6 | 失绿 | 正常 | 叶脉间或多斑点 | 整个叶片 |
| | 可能包括的元素 | 磷 | 镁、钾、锰、锌 | 氮、硫、镁、铜 |
| 7 | 坏死（枯斑） | 无——→轻度 | | 严重 |
| | 可能包括的元素 | 氮、磷、硫、镁、锌、铁、锰 | | 钾、钙、硼 |
| 8 | 畸形果实[①] | 无 | | 果实残缺[②] |
| | 可能包括的元素 | 氮、磷、钾、镁、锌、铁、锰 | | 钙、硼、铜 |
| 9 | 引起病害程度 | 无 | 影响不大 | 影响大 |
| | 可能包括的元素 | | 氮、硫、镁、锌 | 钾、磷、钙 |

① 氮磷钾不足可能导致果实质量差。
② 果实残缺表现为开裂、流胶、果实内部发黑。

## 二、主要设施白菜类蔬菜营养缺素症识别与补救

### 1. 设施大白菜缺素症及补救

设施大白菜缺素症状及补救措施可参考表1-3。

表1-3　设施大白菜常见缺素症及补救措施

| 营养元素 | 缺素症状 | 补救措施 |
|---|---|---|
| 氮 | 早期植株矮小,叶片小而薄,叶色发黄,茎部细长,生长缓慢;中后期叶球不充实,包心期延迟,叶片纤维增加,品质下降 | 叶面喷施 0.5%～1%尿素溶液2～3次 |
| 磷 | 生长不旺盛,植株矮小;叶小,呈暗绿色;茎细,根部发育细弱 | 叶面喷施 0.2%磷酸二氢钾溶液3次 |
| 钾 | 初期下部叶缘出现黄白色斑点,迅速扩大成枯斑,叶缘呈干枯卷缩状;结球期发生接球困难或疏松 | 叶面喷施 0.2%磷酸二氢钾溶液3次 |
| 钙 | 发生缘腐病,内叶边缘呈水浸状,至褐色坏死,干燥时似豆腐皮状,内部顶烧死,俗称"干烧心",又称心腐病 | 在莲坐期到结球期,隔7～10天叶面喷施 0.4%～0.7%硝酸钙溶液,共3次 |
| 镁 | 外叶的叶脉由淡绿色变成黄色 | 叶面喷施 0.3%～0.5%硫酸镁溶液2～3次 |
| 铁 | 心叶先出现症状,脉间失绿呈淡绿色至黄白色,严重缺铁时,叶脉也会黄化 | 叶面喷施 0.2%～0.5%硫酸亚铁水溶液3～4次 |
| 锌 | 叶呈丛生状,到收获期不包心 | 叶面喷施 0.2%～0.3%硫酸锌或螯合锌溶液2～3次 |
| 硼 | 开始结球时,心叶多皱褶,外部第5～7片幼叶的叶柄内侧生出横的裂伤,维管束呈褐色,随之外叶及球叶叶柄内侧也生裂痕,并在外叶叶柄的中肋内、外侧发生群聚褐色污斑;球叶中肋内侧表皮下发生黑点,呈木栓化、株矮,叶严重萎缩、粗糙、结球小、坚硬 | 在大白菜生长期间发生缺硼症,可配成 0.1%～0.2%硼砂水溶液进行根际浇施,或用 0.2%～0.3%硼砂水溶液进行叶面喷施2～3次 |
| 锰 | 新叶的叶脉间变成淡绿色乃至白色 | 叶面喷施 0.05%～0.1%硫酸锰溶液2～3次 |
| 铜 | 新叶的叶尖边缘变成淡绿色至黄色,生长不良 | 叶面喷施 0.02%～0.04%硫酸铜溶液2～3次 |

## 2. 设施结球甘蓝缺素症及补救

设施结球甘蓝缺素症状及补救措施可参考表 1-4。

**表 1-4　设施结球甘蓝常见缺素症及补救措施**

| 营养元素 | 缺素症状 | 补救措施 |
|---|---|---|
| 氮 | 生长缓慢,叶色褪淡呈灰绿色,无光泽,叶型狭小挺直,结球不紧或难以包心 | 叶面喷施 0.5%～1.0%尿素加蔗糖溶液直至症状消失为止 |
| 磷 | 叶背、叶脉紫红色,叶面暗绿色,叶缘枯死,结球小而易裂或不能结球 | 叶面喷施 0.2%磷酸二氢钾溶液 3 次 |
| 钾 | 叶球内叶减少,包心不紧,球小而松,严重时不能包心,叶片边缘发黄或发生黄白色斑,植株生长明显变差 | 叶面喷施 0.2%磷酸二氢钾溶液 3 次 |
| 钙 | 内叶边缘连同新叶一起变干枯,严重时结球初期未结球的叶片叶缘皱缩褐腐,结球期缺钙发生心腐 | 在莲坐期到结球期,隔 7～10 天叶面喷施 1 次 0.4%～0.7%硝酸钙溶液施,共 3 次 |
| 镁 | 外叶叶片的叶脉间由淡绿色或红紫色 | 叶面喷施 0.3%～0.5%硫酸镁溶液 2～3 次 |
| 铁 | 幼叶叶脉间失绿呈淡黄色至黄白色,细小的网状叶脉仍保持绿色,严重时叶脉会黄化 | 叶面喷施 0.2%～0.5%硫酸亚铁水溶液 |
| 锌 | 生长变差,叶柄及叶片呈紫色 | 叶面喷施 0.2%～0.3%硫酸锌或螯合锌溶液 2～3 次 |
| 硼 | 中心叶畸形,外叶向外卷,叶脉间变黄;茎叶发硬,叶柄外侧发生横向裂纹 | 0.2%～0.3%硼砂水溶液进行叶面喷施或用 1500 倍的 20%进口速乐硼喷施 2～3 次 |
| 锰 | 新叶叶片变成淡绿色乃至黄色 | 叶面喷施 0.05%～0.1%硫酸锰溶液 2～3 次 |
| 铜 | 叶色淡绿,生长差,叶易萎蔫 | 叶面喷施 0.02%～0.04%硫酸铜溶液 2～3 次 |
| 钼 | 生长不良,植株矮小,叶片上的主要表现为叶片畸变,叶肉严重退化缺失 | 叶面均匀喷施 0.05%～0.1%钼酸铵溶液,连喷 1～3 次 |

### 3. 设施花椰菜缺素症及补救

设施花椰菜缺素症状及补救措施可参考表1-5。

表1-5 设施花椰菜常见缺素症及补救措施

| 营养元素 | 缺素症状 | 补救措施 |
|---|---|---|
| 氮 | 苗期叶片小而挺立,叶呈紫红色;成株从下部叶呈淡褐色,生长发育衰弱;花球期缺氮则花球发育不良,球小且多为花梗,花蕾少 | 叶面喷施0.2%~0.5%尿素溶液3次 |
| 磷 | 叶片僵小挺立,叶间和叶缘呈紫红色;叶背面呈紫色;花球小,色泽灰暗 | 叶面喷施0.5%磷酸二氢钾溶液3次或用2%~4%过磷酸钙水溶液进行叶面喷肥,共喷2~3次。 |
| 钾 | 下部叶的叶脉间发生不规则的浅绿或皮肤色的斑点,这些斑点相连而失绿,并逐渐往上部叶发展。花球发育不良,球体小,不紧实,色泽差,品质变劣 | 叶面喷施1%~2%磷酸二氢钾水溶液2~3次 |
| 钙 | 植株矮小,茎和根尖的分生组织受损,顶端生长发育受阻呈畸形,并发生淡褐色斑点,同时叶脉变黄,从上部叶开始枯死。症状表现明显时期是花椰菜开始结球后,结球苞叶的叶尖及叶缘处出现翻卷,叶缘逐渐干枯黄化,焦枯坏死 | 叶面喷施0.7%氯化钙液+0.7%硫酸锰液,或0.2%的高效钙溶液2~3次 |
| 镁 | 症状表现在老叶上,下部叶脉间呈淡绿色,后呈鲜黄色,严重的变白,而叶片上的主脉及侧脉不失绿,这样形成了网状失绿,而叶片不增厚 | 用0.1%~0.2%的硫酸镁溶液叶面喷施,严重的隔5~7天再喷施1次 |
| 铁 | 上部叶片叶脉间变为淡绿色至黄色 | 叶面喷施0.2%~0.5%硫酸亚铁水溶液 |
| 锌 | 生长差,叶或叶柄可见紫红色 | 叶面喷施0.1%~0.2%硫酸锌或螯合锌溶液2~3次 |
| 硼 | 花球周围的小叶缺硼时,叶片肥厚,发育不健全或扭曲,有时叶脉内侧有浅褐色粗糙粒点排列。主茎和小花茎上出现分散的水浸斑块,茎部变成空洞。花球外部出现褐色斑点,内部也变黑,花球质地变硬,带有苦味 | 出现缺硼症状时,及时用0.1%~0.2%硼砂水溶液叶面喷施,隔周后再喷施1次,或在浇水时亩用1~1.5千克硼砂同时浇施 |

| 营养元素 | 缺素症状 | 补救措施 |
|---|---|---|
| 锰 | 下部叶片叶脉间淡绿色,后变为鲜黄色 | 叶面喷施 0.03%～0.05%硫酸锰溶液 2～3 次 |
| 铜 | 叶萎蔫下垂,生长差 | 叶面喷施 0.02%～0.05%硫酸铜溶液 2～3 次 |
| 钼 | 幼苗缺钼,新叶的基部侧脉及叶肉大部分消失,新叶顶部仅剩的一小部分叶片卷曲成漏斗状,严重的侧脉及叶肉全部消失,只剩主脉成鞭状,甚至生长点消失。成株缺钼,初时叶片中部的主脉扭曲,整张叶片歪歪的向一边倾斜,叶片狭长条状,新叶的侧脉及叶肉会沿主脉向下卷曲,且主脉向一侧扭曲,叶片凹凸不整齐,幼叶和叶脉失绿,严重的不结球 | 喷施 0.05%～0.1%钼酸铵水溶液 50 千克,分别在苗期与开花期结合治病防虫各喷 1～2 次 |

# 三、主要设施绿叶菜类蔬菜营养缺素症识别与补救

## 1. 设施芹菜缺素症及补救

设施芹菜缺素症状及补救措施可参考表 1-6。

**表 1-6 设施芹菜常见缺素症及补救措施**

| 营养元素 | 缺素症状 | 补救措施 |
|---|---|---|
| 氮 | 植株生长缓慢,从外部叶开始黄白化至全株黄化。老叶变黄,干枯或脱落,新叶变小 | 叶面喷施 0.2%～0.5%尿素液 2～3 次 |
| 磷 | 植株生长缓慢,叶片变小但不失绿,外部叶逐渐开始变黄,但嫩叶的叶色与缺氮症相比,显得更浓些,叶脉发红,叶柄变细,纤维发达,下部叶片后期出现红色斑点或紫色斑点,并出现坏死斑点 | 叶面喷施 0.3%～0.5%磷酸二氢钾溶液 3 次或 2%～4%过磷酸钙溶液 2～3 次 |
| 钾 | 外部叶缘开始变黄的同时,叶脉间产生褐小斑点,初期心叶变小,生长慢,叶色变淡。后期叶脉间失绿,出现黄白色斑块,叶尖叶缘渐干枯。然后老叶出现白色或黄色斑点,斑点后期坏死 | 叶面喷施 1%～2%磷酸二氢钾水溶液 2～3 次 |

续表

| 营养元素 | 缺素症状 | 补救措施 |
|---|---|---|
| 钙 | 植株缺钙时生长点的生长发育受阻,中心幼叶枯死,外叶深绿 | 叶面喷施 0.5%氯化钙液或用 0.2%高效钙 1~2 次 |
| 镁 | 叶脉黄化,且从植株下部向上发展,外叶叶脉间的绿色渐渐地变白,进一步发展,除了叶脉、叶缘残留点绿色外,叶脉间均黄白化。嫩叶色淡绿 | 用 0.5%硫酸镁溶液叶面喷施,严重的隔 5~7 天再喷施 1 次 |
| 硫 | 整株呈淡绿色,嫩叶出现特别的淡绿色 | 结合缺镁、锌、铜等喷施含硫肥料 |
| 铁 | 嫩叶的叶脉间变为黄白色,接着叶色变白色 | 叶面喷施 0.2%~0.5%硫酸亚铁水溶液 2~3 次 |
| 锌 | 叶易上外侧卷,茎秆上可发现色素 | 叶面喷施 0.1%~0.2%硫酸锌或螯合锌溶液 2~3 次 |
| 硼 | 叶柄异常肥大、短缩,茎叶部有许多裂纹,心叶的生长发育受阻,畸形,生长差 | 叶面喷施 0.1 %~0.2% 硼砂水溶液 1~2 次 |
| 锰 | 叶缘的叶脉间淡绿色,后变为黄色 | 叶面喷施 0.03%~0.05%硫酸锰溶液 2~3 次 |
| 铜 | 叶色淡绿,在下部叶上易发生黄褐色的斑点 | 叶面喷施 0.02%~0.05%硫酸铜溶液 2~3 次 |

## 2. 设施菠菜缺素症及补救

设施菠菜缺素症状及补救措施可参考表 1-7。

**表 1-7 设施菠菜常见缺素症及补救措施**

| 营养元素 | 缺素症状 | 补救措施 |
|---|---|---|
| 氮 | 叶色浅绿、基部叶片变黄,逐渐向上发展,干燥时呈褐色。植株矮小,出现早衰现象 | 叶面喷施 0.3%~0.5%尿素液 2~3 次 |
| 磷 | 下部叶片呈红黄色,生长发育差 | 叶面喷施 0.3%~0.5%磷酸二氢钾溶液 3 次 |
| 钾 | 下部叶片叶缘变黄,逐渐变褐色,最后枯死 | 叶面喷施 0.3%~0.5%磷酸二氢钾水溶液 2~3 次 |

| 营养元素 | 缺素症状 | 补救措施 |
|---|---|---|
| 钙 | 心叶的叶尖先变黄,向内侧卷曲 | 叶面喷施 0.5%氯化钙或 0.3%硝酸钙溶液 2～3 次 |
| 镁 | 下部叶片沿叶脉变白,逐渐叶间变白,嫩叶淡绿 | 叶面 0.3%～0.5%硫酸镁溶液叶面喷施 2～3 次 |
| 硫 | 嫩叶出现特别的淡绿色 | 结合缺镁、锌、铜等喷施含硫肥料 |
| 锌 | 叶脉间出现褐黄色斑点,失绿,生长弱 | 叶面喷施 0.1%～0.2%硫酸锌或螯合锌溶液 2～3 次 |
| 硼 | 心叶扭曲畸形,侧根生长差,呈章鱼足状,易枯死 | 叶面 0.1%～0.2%硼砂水溶液叶面喷施,隔周后再喷施 1 次 |
| 锰 | 叶脉残留绿色,叶脉间发黄 | 叶面喷施 0.03%～0.05%硫酸锰溶液 2～3 次 |
| 铜 | 整株叶色淡绿,生长不良 | 叶面喷施 0.02%～0.03%硫酸铜溶液 2～3 次 |

### 3. 设施莴苣缺素症及补救

设施莴苣缺素症状及补救措施可参考表 1-8。

**表 1-8　设施莴苣常见缺素症及补救措施**

| 营养元素 | 缺素症状 | 补救措施 |
|---|---|---|
| 氮 | 叶片从外叶开始变黄,植株生长弱小 | 叶面喷施 0.2%～0.3%尿素液 2～3 次 |
| 磷 | 植株生长弱小,叶色正常 | 叶面喷施 0.2%～0.3%磷酸二氢钾溶液 3 次 |
| 钾 | 外叶叶脉间出现不规则褐色斑点 | 叶面喷施 0.3%～0.5%磷酸二氢钾水溶液 2～3 次 |
| 钙 | 新叶叶脉变成褐色,生长受到阻碍 | 叶面喷施 0.5%氯化钙或 0.3%硝酸钙溶液 2～3 次 |
| 镁 | 外叶叶脉开始变黄,逐渐向上部叶片扩散 | 叶面喷施 0.2%～0.3%硫酸镁溶液 2～3 次 |
| 铁 | 整株叶片变成淡绿色 | 叶面喷施 0.2%～0.3%硫酸亚铁溶液 2～3 次 |

| 营养元素 | 缺素症状 | 补救措施 |
|---|---|---|
| 锌 | 从外叶开始枯萎,植株生长弱小 | 叶面喷施 0.1%～0.2%硫酸锌或螯合锌溶液 2～3 次 |
| 硼 | 茎叶变硬,叶易外卷。心叶生长受阻,叶片变黄,侧根生长差 | 用 0.05 %～0.1% 硼砂水溶液叶面喷施,隔周后再喷施 1 次 |
| 锰 | 叶脉间淡绿色,易发生不规则白色斑点 | 叶面喷施 0.03%～0.05%硫酸锰溶液 2～3 次 |

## 四、主要设施茄果类蔬菜营养缺素症识别与补救

### 1. 设施番茄缺素症及补救

设施番茄缺素症状及补救措施可参考表 1-9。

**表 1-9　设施番茄常见缺素症及补救措施**

| 营养元素 | 缺素症状 | 补救措施 |
|---|---|---|
| 氮 | 植株生长缓慢,初期老叶呈黄绿色,后期全株呈浅绿色,叶片细小、直立。叶脉由黄绿色变为深紫色。茎秆变硬,果实变小 | 可将碳酸氢铵或尿素等混入 10～15 倍液的腐熟有机肥中施于植株两侧后覆土浇水;可叶面喷洒 0.2%尿素溶液 |
| 磷 | 早期叶背呈紫红色,叶片上出现褐色斑点,叶片僵硬,叶尖呈黑褐色枯死。叶脉逐渐变为紫红色。茎细长且富含纤维。结果延迟 | 可用 0.2%～0.3%磷酸二氢钾溶液叶面喷施 2～3 次 |
| 钾 | 缺钾症初期叶缘出现针尖大小黑褐色点,后茎部也出现黑褐色斑点,叶缘卷曲。根系发育不良。幼果易脱落或多畸形果 | 可用 0.2%～0.3%磷酸二氢钾溶液或 1%草木灰浸出液叶面喷施 2～3 次 |
| 钙 | 植株瘦弱、萎蔫,心叶边缘发黄皱缩,严重时心叶枯死,植株中部叶片形成黑褐色斑,后全株叶片上卷。根系不发达。果实易发生脐腐病及空洞果 | 用 0.3%～0.5%氯化钙水溶液叶面喷施,每隔 3～4 天喷施 1 次,共 2～3 次 |
| 镁 | 下部老叶失绿,后向上部叶扩展,形成黄花斑叶。严重时叶缘上卷,叶脉间出现坏死斑,叶片干枯,最后全株变黄 | 用 1%～3%硫酸镁溶液叶面喷施 2～3 次 |

| 营养元素 | 缺素症状 | 补救措施 |
|---|---|---|
| 硫 | 叶色淡绿色,向上卷曲,植株呈浅绿色或黄绿色,心叶枯死或结果少 | 结合缺镁、锌、铜等喷施含硫肥料 |
| 锌 | 从中部叶开始褪色,与健康叶比较,叶脉清晰可见;叶脉间逐渐褪色,叶缘从黄化到变成褐色,叶片螺卷变小,甚至丛生。新叶不黄化 | 用硫酸锌 0.1%～0.2%水溶液或灯锌多多 1500 倍液喷洒叶面 1～2 次 |
| 硼 | 最显著的症状是叶片失绿或变橘红色。生长点发暗,严重时生长点凋萎死亡。茎及叶柄脆弱,易使叶片脱落。根系发育不良变褐色。易产生畸形果,果皮上有褐色斑点 | 发现植株缺硼时,用 0.1%～0.2%硼砂水溶液叶面喷施,每隔 5～7 天喷 1 次,连喷 2～3 次 |
| 锰 | 番茄缺锰时,叶片脉间失绿,距主脉较远的地方先发黄,叶脉保持绿色。以后叶片上出现花斑,最后叶片变黄,很多情况下,先在黄斑出现前出现褐色小斑点。严重时,生长受抑制,不开花,不结实 | 发现植株缺锰,可用 1%硫酸锰溶液叶面喷施 2～3 次 |
| 铁 | 新叶除叶脉均黄色,腋芽长出叶脉间黄化叶片 | 及时喷施 0.1%～0.5%硫酸亚铁水溶液,或用柠檬铁 100 毫克/千克水溶液 3～4 天喷施 1 次,连喷 3～5 次 |
| 铜 | 节间变短,全株呈丛生枝,初期幼叶变小,老叶脉间失绿,严重时,叶片呈褐色,叶片枯萎,幼叶失绿 | 叶面喷施 0.02%～0.03%硫酸铜溶液 2～3 次 |
| 钼 | 植株生长势差,幼叶褪绿,叶缘和叶脉间的叶肉呈黄色斑状,叶缘向内部卷曲,叶尖萎缩,常造成植株开花不结果 | 分别在苗期与开花期每亩喷施 0.05%～0.1%钼酸铵水溶液 50 千克 1～2 次 |

## 2. 设施茄子缺素症及补救

设施茄子缺素症状及补救措施可参考表 1-10。

表 1-10　设施茄子常见缺素症及补救措施

| 营养元素 | 缺素症状 | 补救措施 |
|---|---|---|
| 氮 | 叶色变淡,老叶黄化,重时干枯脱落,花蕾停止发育并变黄,心叶变小 | 叶面喷施 0.3%～0.5%尿素溶液 2～3 次 |

续表

| 营养元素 | 缺素症状 | 补救措施 |
|---|---|---|
| 磷 | 茎秆细长，纤维发达，花芽分化和结果期延长，叶片变小，颜色变深，叶脉发红 | 用0.2%～0.3%磷酸二氢钾溶液叶面喷施或0.5%过磷酸钙浸出液2～3次 |
| 钾 | 初期心叶变小，生长慢，叶色变淡；后期叶脉间失绿，出现黄白色斑块，叶尖叶缘渐干枯。生产上，茄子的缺钾症较为少见 | 用0.2%～0.3%磷酸二氢钾溶液或1%草木灰浸出液叶面喷施2～3次 |
| 钙 | 植株生长缓慢，生长点畸形，幼叶叶缘失绿，叶片的网状叶脉变褐，呈铁锈状叶 | 用2%氯化钙溶液叶面喷施2～3次 |
| 镁 | 叶脉附近，特别是主叶脉附近变黄，叶片失绿，果实变小，发育不良 | 用1%～3%硫酸镁溶液叶面喷施2～3次 |
| 硫 | 叶色淡绿色，向上卷曲，植株呈浅绿色或黄绿色，心叶枯死或结果少 | 结合缺镁、锌、铜等喷施含硫肥料 |
| 锌 | 叶小呈丛生状，新叶上发生黄斑，逐渐向叶缘发展，致全叶黄化 | 用0.1%硫酸锌溶液喷洒叶面1～2次 |
| 硼 | 茄子缺硼时，自顶叶黄化、凋萎，顶端茎及叶柄折断，内部变黑，茎上有木栓状龟裂 | 用0.05%～0.2%硼砂水溶液叶面喷施2～3次 |
| 锰 | 新叶脉间呈黄绿色，不久变褐色，叶脉仍为绿色 | 用1%硫酸锰溶液叶面喷施2～3次 |
| 铁 | 幼叶和新叶呈黄白色，叶脉残留绿色。在土壤呈酸性、多肥、多湿的条件下常会发生缺铁症 | 及时喷施0.5%～1%硫酸亚铁溶液连喷3～5次 |
| 铜 | 整个叶色淡，上部叶稍有点下垂，出现沿主脉间小斑点状失绿的叶 | 叶面喷施0.02%～0.03%硫酸铜溶液2～3次 |
| 钼 | 从果实膨大时开始，叶脉间发生黄斑，叶缘向内侧卷曲 | 喷施0.05%～0.1%钼酸铵溶液1～2次 |

**021**

### 3. 设施辣椒缺素症及补救

设施辣椒缺素症状及补救措施可参考表1-11。

**表 1-11　设施辣椒常见缺素症及补救措施**

| 营养元素 | 缺素症状 | 补救措施 |
|---|---|---|
| 氮 | 幼苗缺氮,植株生长不良,叶淡黄色,植株矮小,停止生长。成株期缺氮,全株叶片淡黄色(病毒黄化为金黄色) | 用 0.2%～0.3%尿素溶液叶面喷施 2～3 次 |
| 磷 | 苗期缺磷,植株矮小,叶色深绿,由下而上落叶,叶尖变黑枯死,生长停滞,早期缺磷一般很少表现症状。成株期缺磷植株矮小,叶背多呈紫红色、茎细、直立、分枝少,延迟结果和成熟,并引起落蕾、落花 | 用 0.2%～0.3%磷酸二氢钾溶液叶面喷施或 0.5%过磷酸钙浸出液 2～3 次 |
| 钾 | 多表现在开花以后,发病初期,下部叶尖开始发黄,然后沿叶缘在叶脉间形成黄色斑点,叶缘逐渐干枯,并向内扩展至全叶呈灼伤状或坏死状,果实变小,叶片症状是从老叶到新叶,从叶尖向叶柄发展。结果期如果土壤钾不足,叶片会表现缺钾症,坐果率低,产量不高 | 用 0.2%～0.3%磷酸二氢钾溶液或 1%草木灰浸出液叶面喷施 2～3 次 |
| 钙 | 钙吸收量比番茄低,如不足,易诱发果实脐腐病 | 用 0.5%氯化钙溶液叶面喷施 2～3 次 |
| 镁 | 叶片变成灰绿色,接着叶脉间黄化,基部叶片脱落,植株矮小,果实稀疏,发育不良 | 用 1%～3%硫酸镁或 1%硝酸镁溶液叶面喷施 2～3 次 |
| 硫 | 植株生长缓慢,分枝多,茎坚硬木质化,叶呈黄绿色僵硬,结果少或不结果 | 结合缺镁、锌、铜等喷施含硫肥料 |
| 锌 | 植株矮小,发生顶枯,顶部小叶丛生,叶畸形细小,叶片有褐色条斑,叶片易枯黄或脱落 | 用 0.1%硫酸锌溶液喷洒叶面 1～2 次 |
| 硼 | 茎叶变脆,易折,上部叶片扭曲畸形,果实易出毛根 | 用 0.05%～0.1%硼砂水溶液叶面喷施 2～3 次 |
| 锰 | 中上部叶片叶脉间变成淡绿色 | 用 1%硫酸锰溶液叶面喷施 2～3 次 |
| 铁 | 上部叶的叶脉仍绿,叶脉间变成淡绿色 | 及时喷施 0.5%～1%硫酸亚铁溶液连喷 3～5 次 |

| 营养元素 | 缺素症状 | 补救措施 |
|---|---|---|
| 铜 | 顶部叶片呈罩盖状,生长差 | 叶面喷施 0.02%～0.03% 硫酸铜溶液 2～3 次 |
| 钼 | 叶脉间发生黄斑,叶缘向内侧卷曲 | 喷施 0.05%～0.1% 钼酸铵溶液 1～2 次 |

## 五、主要设施瓜类蔬菜营养缺素症识别与补救

### 1. 设施黄瓜缺素症及补救

设施黄瓜缺素症状及补救措施可参考表 1-12。

**表 1-12　设施黄瓜常见缺素症及补救措施**

| 营养元素 | 缺素症状 | 补救措施 |
|---|---|---|
| 氮 | 叶片小,从下位叶到上位叶逐渐变黄,叶脉凸出可见。最后全叶变黄,坐果数少,瓜果生长发育不良 | 叶面喷施 0.5% 尿素溶液 2～3 次 |
| 磷 | 苗期叶色浓绿、发硬、矮化,定植到露地后,就停止生长,叶色浓绿;果实成熟晚 | 叶面喷施 0.2%～0.3% 磷酸二氢钾溶液或 0.5% 过磷酸钙浸出液 2～3 次 |
| 钾 | 早期叶缘出现轻微的黄化,叶脉间黄化;生育中、后期,叶缘枯死,随着叶片不断生长,叶向外侧卷曲,瓜条精短、膨大不良 | 叶面喷施 0.2%～0.3% 磷酸二氢钾溶液或 1% 草木灰浸出液 2～3 次 |
| 钙 | 距生长点近的上位叶片小,叶缘枯死,叶形呈蘑菇状或降落伞状,叶脉间黄化、叶片变小 | 叶面喷施 0.3% 氯化钙溶液 2～3 次 |
| 镁 | 先是上部叶片发病,后向附近叶片及新叶扩展,黄瓜的生育期提早,果实开始膨大,且进入盛期时,发现仅在叶脉间产生褐色小斑点,下位叶脉间的绿色渐渐黄化,进一步发展时,发生严重的叶枯病或叶脉间黄化;生育后期除叶缘残存点绿色外,其他部位全部呈黄白色,叶缘上卷,致叶片枯死 | 叶面喷施 0.8%～1% 硫酸镁溶液 2～3 次 |

| 营养元素 | 缺素症状 | 补救措施 |
|---|---|---|
| 硫 | 整个植株生长几乎没有异常,但中、上位叶的叶色变淡 | 结合缺镁、锌、铜等喷施含硫肥料 |
| 锌 | 缺锌从中位开始褪色,叶脉间逐渐褪色,叶缘黄化至变褐,叶缘枯死,叶片稍外翻或卷曲 | 叶面喷施 0.1%～0.2%硫酸锌溶液 1～2 次 |
| 硼 | 生长点附近的节间明显缩短,上位叶外卷,叶脉呈褐色,叶脉有萎缩现象,果实表皮出现木质化或有污点,叶脉间不黄化 | 叶面喷施 0.15%～0.25%硼砂水溶液 2～3 次 |
| 锰 | 植株顶部及幼叶叶脉间失绿,呈浅黄色斑纹。初期末梢仍保持绿色,使之出现明显网纹状。后期除主脉外,全部叶片均呈黄白色,并在脉间出现下陷坏死斑。叶白化最重,并最先死亡。芽的生长严重受阻,常呈黄色。新叶细小,蔓较短 | 叶面喷施 1%硫酸锰溶液 2～3 次 |
| 铁 | 缺铁植株新叶、腋芽开始变黄白,尤其是上位叶及生长点附近的叶片和新叶叶脉先黄化,逐渐失绿,但叶脉间不出现坏死斑 | 及时叶面喷施 0.1%～0.5%硫酸亚铁溶液 3～5 次 |
| 铜 | 植株节间短,全株呈丛生状;幼叶小,老叶脉间出现失绿;后期叶片呈粗绿色到褐色,并出现坏死,叶片枯黄。失绿是从老叶向幼叶发展的 | 叶面喷施 0.02%～0.05%硫酸铜溶液 2～3 次 |
| 钼 | 叶片小,叶脉间的叶肉出现不明显的黄斑,叶色白化或黄化,叶脉仍为绿色,叶缘焦枯 | 叶面喷施 0.05%～0.1%钼酸铵溶液 1～2 次 |

## 2. 设施西葫芦缺素症及补救

设施西葫芦缺素症状及补救措施可参考表 1-13。

表 1-13　设施西葫芦常见缺素症及补救措施

| 营养元素 | 缺素症状 | 补救措施 |
|---|---|---|
| 氮 | 植株生长缓慢,呈矮化状,叶片小而薄,黄化均匀,不表现斑点状。从下部老叶开始黄化,逐渐向上部叶发展。化瓜现象严重,畸形瓜增多 | 叶面喷施 0.3%～0.5%尿素溶液 2～3 次 |

| 营养元素 | 缺素症状 | 补救措施 |
| --- | --- | --- |
| 磷 | 植株矮化,叶片小而僵硬,颜色暗绿,叶片平展并微向上挺。老叶有明显的暗红色斑块,有时斑点变褐色,易脱落 | 叶面喷施 0.2% 磷酸二氢钾溶液或 0.3%~0.5% 过磷酸钙浸出液 2~3 次 |
| 钾 | 植株生长缓慢,节间变短,叶片变小,由青铜色逐渐向黄绿色转变,叶片卷曲,严重时叶片呈烧焦状干枯。主脉下陷,叶缘干枯。果实中部或顶部膨大受阻,形成细腰瓜或尖嘴瓜 | 叶面喷施 0.2%~0.4% 磷酸二氢钾溶液或 1% 草木灰浸出液 2~3 次 |
| 钙 | 植株上部叶片稍小,向内侧或向外侧卷曲;生长点附近的叶片叶缘卷曲枯死,呈降落伞状;上部叶的叶脉间出现斑点状黄化,严重时叶脉间组织除主脉外全部失绿变黄或坏死 | 叶面喷施 0.2%~0.4% 硝酸钙溶液 2~3 次 |
| 镁 | 植株下部叶叶脉间由绿逐渐变黄,最后除叶脉、叶缘残留绿色外,叶脉间全部黄白化。由下部老叶逐渐向幼叶发展,最后全株黄化。有时表现为在叶脉间出现较大的凹陷斑,最后斑点坏死,叶片萎缩 | 叶面喷施 1%~2% 硫酸镁溶液 2~3 次 |
| 锌 | 从中部叶片开始褪色,与正常叶比较,叶脉清晰可见。随着叶脉间逐渐褪色,叶缘由黄色变为褐色,叶缘枯死,叶片向外侧稍微卷曲。嫩叶生长异常,生长点丛生状 | 叶面喷施 0.1%~0.2% 硫酸锌溶液面 1~2 次 |
| 硼 | 幼瓜、成瓜均有发生裂瓜。常见裂瓜有纵向、横向或斜向开裂 3 种,裂口深浅、开裂宽窄不一,严重的可深至瓜瓤、露出种子,裂口伤面逐渐木栓化,轻者仅裂开一条小缝,接近成熟的瓜多出现较严重或严重开裂 | 叶面喷施 0.15%~0.25% 硼砂水溶液 2~3 次 |
| 锰 | 老叶脉间枯黄导致叶缘枯萎,主脉保持绿色 | 叶面喷施 1% 硫酸锰溶液 2~3 次 |
| 铁 | 缺铁植株新叶、腋芽开始变黄白,尤其是上位叶及生长点附近的叶片和新叶叶脉先黄化,逐渐失绿,但叶脉间不出现坏死斑 | 及时叶面喷施 0.1%~0.5% 硫酸亚铁溶液 3~5 次 |

### 3. 设施苦瓜缺素症及补救

设施苦瓜缺素症状及补救措施可参考表 1-14。

表 1-14　设施苦瓜常见缺素症及补救措施

| 营养元素 | 缺素症状 | 补救措施 |
|---|---|---|
| 氮 | 表现为叶片小,上位叶更小,从下往上逐渐变黄,生长点附近的节间明显短缩,叶脉间黄化,叶脉突出,后扩展至全叶,坐果少,膨大慢,果畸形 | 叶面喷施 0.5% 尿素溶液 2~3 次 |
| 磷 | 植株细小,叶小,叶深绿色,叶片僵硬,叶脉呈紫色。尤其是底部老叶表现更明显,叶片皱缩并出现大块水渍状斑,并变为褐色干枯。花芽分化受到影响,开花迟,而且容易落花和"化瓜" | 叶面喷施 0.2%~0.3% 磷酸二氢钾溶液或 0.5% 过磷酸钙浸出液 2~3 次 |
| 钾 | 植株生长缓慢,茎蔓节间变短、细弱,叶面皱曲,老叶边缘变褐枯死,并渐渐地向内扩展,严重时还会向心叶发展,使之变为淡绿色,甚至叶缘也出现焦枯状;坐果率很低,已坐的瓜,个头小而且发黄 | 叶面喷洒 0.3% 磷酸二氢钾溶液或 1% 草木灰浸出液 2~3 次 |
| 镁 | 缺镁造成黄叶症多是在生长的中后期开始,首先中下部叶片的叶脉间出现褐色的小斑点,后叶脉间逐渐黄化,仅叶缘残存绿色,叶缘上卷 | 叶面喷施 1%~2% 硫酸镁溶液 3~5 次 |
| 铜 | 节间短,株丛生,幼叶小,老叶叶脉间出现失绿,逐渐向幼叶发展,后期叶片褐色,枯萎坏死 | 叶面喷施 0.02%~0.04% 硫酸铜溶液 2~3 次 |
| 锌 | 植株矮小,发育迟缓,衰老加快 | 叶面喷施 0.1%~0.2% 硫酸锌溶液 2~3 次 |
| 硼 | 新叶黄化,上部叶向外侧卷曲,叶缘部分变褐色;上部叶的叶脉有萎缩现象;腋芽生长点萎缩死亡;茎蔓或果实出现纵向木栓化条纹 | 叶面喷施 0.1%~0.2% 硼砂或硼酸溶液 2~3 次 |
| 铁 | 首先幼叶开始出现失绿症,即叶片颜色变淡,进而叶脉间失绿黄化,但叶脉仍保持绿色。缺铁严重时整个叶片变白,叶片出现坏死的斑点 | 叶面喷施 0.2%~0.5% 硫酸亚铁溶液 2~3 次 |

### 4. 设施丝瓜缺素症及补救

设施丝瓜缺素症状及补救措施可参考表 1-15。

**表 1-15　设施丝瓜常见缺素症及补救措施**

| 营养元素 | 缺素症状 | 补救措施 |
|---|---|---|
| 氮 | 植株生长受阻,果实发育不良。新叶小,呈浅黄绿色。老叶黄化,果实短小,呈淡绿色 | 叶面喷施 0.2%～0.5%尿素溶液2～3次 |
| 磷 | 植株矮化,叶小而硬,叶暗绿色,叶片的叶脉间出现褐色区。尤其是底部老叶表现更为明显,叶脉间初期缺磷出现大块黄色水渍状斑,并变为褐色干枯 | 叶面喷施 0.2%磷酸二氢钾溶液或 0.5%过磷酸钙浸出液2～3次 |
| 钾 | 老叶叶缘黄化,后转为棕色干枯,丝瓜植株矮化,节间变短,叶小,后期叶脉间和叶缘失绿,逐渐扩展到叶的中心,并发展到整个植株 | 叶面喷洒 0.3%磷酸二氢钾溶液或1%草木灰浸出液2～3次 |
| 钙 | 上部幼叶边缘失绿,镶金边,最小的叶停止生长,叶边有深的缺刻,向上卷,生长点死亡,植株矮小,节段,植株从上向下死亡 | 叶面喷施 0.3%的氯化钙水溶液2～3次 |
| 镁 | 叶片出现叶脉间黄化,并逐渐遍及整个叶片,主茎叶片、叶脉间可能变成淡褐色或白色,侧蔓叶片、叶脉间变黄,并可能迅速变成淡褐色 | 叶面喷施 1%～2%硫酸镁溶液2～3次 |
| 铜 | 生长缓慢,叶片很小,幼叶易萎蔫,老叶出现白色花斑状失绿,逐渐变黄。果实发育不正常,黄绿色的果皮上散有小的凹陷色斑 | 叶面喷施 0.3%硫酸铜溶液2～3次 |
| 锌 | 叶片小,老叶片除主脉外变为黄绿色或黄色,主脉仍呈深绿色,叶缘最后呈淡褐色,嫩叶生长不正常,芽呈丛生状 | 叶面喷施 0.1%～0.2%硫酸锌溶液2～3次 |
| 硼 | 缺硼叶片变得非常脆弱,生长点和未展开的幼叶卷曲坏死。上部叶向外侧卷曲,叶缘部分变褐色。当仔细观察上部叶叶脉时,有萎缩现象,果实出现纵向木栓化条纹 | 叶面喷施 0.1%～0.2%硼砂或硼酸溶液2～3次 |

| 营养元素 | 缺素症状 | 补救措施 |
| --- | --- | --- |
| 锰 | 叶片变为黄绿色,生长受阻,小叶叶缘和叶脉间变为浅绿色后逐渐发展为黄绿色或黄色斑驳,而叶脉仍保持绿色 | 叶面喷施 0.2%硫酸锰溶液 2~3 次 |
| 铁 | 幼叶呈浅黄色,变小,严重时白化,芽生长停止,叶缘坏死、完全失绿 | 叶面喷施 0.2%~0.5%硫酸亚铁溶液或柠檬酸铁 100 毫克/千克溶液 2~3 次 |

# 六、主要设施豆类蔬菜营养缺素症识别与补救

## 1. 设施菜豆缺素症及补救

设施菜豆缺素症状及补救措施可参考表1-16。

**表 1-16　设施菜豆常见缺素症及补救措施**

| 营养元素 | 缺素症状 | 补救措施 |
| --- | --- | --- |
| 氮 | 植株生长差、叶色淡绿、叶小、下部叶片先老化变黄甚至脱落,后逐渐上移、遍及全株;坐荚少,荚果生长发育不良 | 叶面喷施 0.2%~0.5%尿素溶液 2~3 次 |
| 磷 | 苗期叶色浓绿、发硬、矮化;结荚期下部叶黄化,上部叶叶片小,稍微向上挺 | 叶面喷施 0.2%磷酸二氢钾溶液或 0.5%过磷酸钙浸出液 2~3 次 |
| 钾 | 在菜豆生长早期,叶缘出现轻微的黄化,在次序上先是叶缘,然后是叶脉间黄化,顺序明显;叶缘枯死,随着叶片不断生长,叶向外侧卷曲;叶片稍有硬化;荚果稍短 | 叶面喷洒 1%~2%磷酸二氢钾溶液或 1%草木灰浸出液 2~3 次 |
| 钙 | 植株矮小,未老先衰,茎端营养生长缓慢;侧根尖部死亡,呈瘤状突起;顶叶的叶脉间淡绿或黄色,幼叶卷曲,叶缘变黄失绿后从叶尖和叶缘向内死亡;植株顶芽坏死,但老叶仍绿 | 叶面喷施 0.3%的氯化钙水溶液 2~3 次 |
| 镁 | 菜豆在生长发育过程中,下部叶叶脉间的绿色渐渐地变黄,进一步发展,除了叶脉、叶缘残留点绿色外,叶脉间均黄白化 | 叶面喷施 1%~2%硫酸镁溶液 2~3 次 |

续表

| 营养元素 | 缺素症状 | 补救措施 |
|---|---|---|
| 锌 | 从中部叶开始褪色,与健康叶比较,叶脉清晰可见;随着叶脉逐渐褪色,叶缘从黄化到变成褐色;节间变短,茎顶簇生小叶,株形丛状,叶片向外侧稍微卷曲,不开花结荚 | 叶面喷施 0.1%~0.2%硫酸锌溶液 2~3 次 |
| 硼 | 株生长点萎缩变褐干枯。新形成的叶芽和叶柄色浅、发硬、易折;上部叶向外侧卷曲,叶缘部分变褐色;当仔细观察上部叶叶脉时,有萎缩现象;荚果表皮出现木质化 | 叶面喷施 0.1%~0.2%硼砂或硼酸溶液 2~3 次 |
| 锰 | 植株上部叶的叶肉残留绿色,叶脉间淡绿色到黄色。有时出现在幼茎或根上,籽粒变小,甚至坏死 | 叶面喷施 0.01%~0.02%硫酸锰溶液 2~3 次 |
| 铁 | 幼叶叶脉间褪绿,呈黄白色,严重时全叶变黄白色干枯,但不表现坏死斑,也不出现死亡 | 叶面喷施 0.1%~0.5%硫酸亚铁溶液或柠檬酸铁 100 毫克/千克溶液 2~3 次 |
| 钼 | 植株生长势差,幼叶褪绿,叶缘和叶脉间的叶肉呈黄色斑状,叶缘向内部卷曲,叶尖萎缩,常造成植株开花不结荚 | 叶面喷施 0.05%~0.1%钼酸铵溶液,分别在苗期与开花期各喷 1~2 次 |

## 2. 设施豇豆缺素症及补救

设施豇豆缺素症状及补救措施可参考表 1-17。

### 表 1-17　设施豇豆常见缺素症及补救措施

| 营养元素 | 缺素症状 | 补救措施 |
|---|---|---|
| 氮 | 豇豆植株缺氮,长势衰弱。叶片薄且瘦小,新叶叶色为浅绿色,老叶片黄化,易脱落。荚果发育不良,弯曲,籽粒不饱满 | 叶面喷施 0.3%尿素溶液 2~3 次 |
| 磷 | 植株缺磷时生长缓慢,叶片仍为绿色。其他症状不明显 | 叶面喷施 0.3%磷酸二氢钾溶液或 0.5%过磷酸钙浸出液 2~3 次 |
| 钾 | 植株缺钾时下位叶的叶脉间黄化,并向上翻卷;上位叶为浅绿色 | 叶面喷洒 0.3%磷酸二氢钾溶液或 1%草木灰浸出液 2~3 次 |

**029**

| 营养元素 | 缺素症状 | 补救措施 |
|---|---|---|
| 钙 | 植株缺钙时一般为叶缘黄化,严重时叶缘腐烂。顶端叶片表现为浅绿色或浅黄色,中下位叶片下垂呈降落伞状。籽粒不能膨大 | 叶面喷施 0.3%的氯化钙水溶液2～3次 |
| 镁 | 植株缺镁时生长缓慢矮小。下位叶的叶脉间先黄化,逐渐由浅绿色变为黄色或白色。严重时叶片坏死、脱落 | 叶面喷施 0.3%硫酸镁溶液2～3次 |
| 硼 | 缺硼时生长点坏死,茎蔓顶干枯,叶片硬,易折断,茎开裂,开花而不结实或荚果中籽粒少,严重时无粒 | 叶面喷施 0.1%～0.2%硼砂或硼酸溶液2～3次 |

### 3. 设施荷兰豆缺素症及补救

设施荷兰豆缺素症状及补救措施可参考表1-18。

**表1-18　设施荷兰豆常见缺素症及补救措施**

| 营养元素 | 缺素症状 | 补救措施 |
|---|---|---|
| 氮 | 表现为叶色变浅、发黄,植株较矮 | 叶面喷施 0.2%～0.3%尿素溶液2～3次 |
| 磷 | 叶仍保持绿色,但生长停止 | 叶面喷施 0.2%～0.3%磷酸二氢钾溶液或 0.5%过磷酸钙浸出液2～3次 |
| 钾 | 植株全株叶片初期表现为叶边缘褪绿并逐渐向内扩展,严重时,叶片边缘组织发生焦枯坏死 | 叶面喷洒 0.2%～0.3%磷酸二氢钾溶液或 1%草木灰浸出液2～3次 |
| 钙 | 植株矮小,未老先衰,茎端营养生长缓慢;侧根尖部死亡,呈瘤状突起;顶叶的叶脉间淡绿或黄色,幼叶卷曲,叶缘变黄失绿后从叶尖和叶缘向内死亡;植株顶芽坏死,但老叶仍绿 | 叶面喷施 0.3%的氯化钙水溶液2～3次 |
| 硼 | 茎变粗变硬,生长萎缩,叶片黄化,幼叶变小,叶尖褐色,生长点坏死;茎僵硬易折 | 叶面喷施 0.1%～0.2%硼砂或硼酸溶液2～3次 |

续表

| 营养元素 | 缺素症状 | 补救措施 |
|---|---|---|
| 锌 | 植株老叶片上出现黄褐色斑驳块,叶片边缘或顶端组织坏死 | 叶面喷施 0.1%～0.2%硫酸锌溶液 2～3 次 |
| 铁 | 初期为新叶出现脉间黄化,逐渐在上部叶片全部严重黄化并变为全株性黄化 | 叶面喷施 0.5%硫酸亚铁溶液 2～3 次 |
| 锰 | 幼嫩叶片的脉间轻度黄化,稍老的叶片表现为斑驳;幼嫩叶片出现浅褐色斑点或发生叶尖坏死;籽粒中部凹陷并变褐色 | 叶面喷施 0.3%～0.5%硫酸锰溶液 2～3 次 |

# 七、其他设施蔬菜营养缺素症识别与补救

## 1. 设施萝卜缺素症及补救

设施萝卜缺素症状及补救措施可参考表 1-19。

表 1-19　设施萝卜常见缺素症及补救措施

| 营养元素 | 缺素症状 | 补救措施 |
|---|---|---|
| 氮 | 自老叶新叶逐渐老化,叶片瘦小,基部变黄,生长缓慢,肉质根短细瘦弱,不膨大 | 每亩追尿素 7.5～10 千克,或用人粪尿加水稀释浇灌 |
| 磷 | 植株矮小,叶片小,呈现暗绿色,下部叶片变紫色或红褐色,侧根不良,肉质根不膨大 | 叶面喷施 0.2%～0.3%磷酸二氢钾溶液或 0.5%过磷酸钙浸出液 2～3 次 |
| 钾 | 老叶尖端和叶边变黄变褐,沿叶脉呈现组织坏死斑点,肉质根膨大时出现症状 | 叶面喷施 1%氯化钾溶液或 2%～3%硝酸钾溶液或 3%～5%草木灰浸出液 2～3 次 |
| 钙 | 新叶的生长发育受阻,同时叶缘变褐枯死 | 叶面喷施 0.3%氯化钙水溶液 2～3 次 |
| 镁 | 叶片主脉间明显失绿,有多种色彩斑点,但不易出现组织坏死症 | 叶面喷施 0.1%硫酸镁溶液 2～3 次 |
| 硫 | 幼芽先变成黄色,心叶先失绿黄化,茎细弱,根细长、暗褐色、白根少 | 叶面喷施 0.5%～2%硫酸盐溶液,或结合镁、锌、铁、铜、锰等缺素症一并防治 |

031

| 营养元素 | 缺素症状 | 补救措施 |
|---|---|---|
| 钼 | 从下部叶片出现,顺序扩展到嫩叶,老叶的叶脉较快黄化,新叶慢慢黄化,黄化部分逐渐扩大,叶缘向内翻卷成杯状。叶片瘦长,螺旋状扭曲 | 叶面喷施 0.02%～0.05%钼酸铵水溶液 2～3 次 |
| 硼 | 茎尖死亡,叶和叶柄脆弱易断,肉质根变色坏死,折断可见其中心变黑 | 叶面喷施 0.1%～0.2%硼砂或硼酸溶液 2～3 次 |
| 锌 | 新叶出现黄斑,小叶丛生,黄斑扩展全叶,顶芽不枯死 | 叶面喷施 0.1%～0.2%硫酸锌溶液 2～3 次 |
| 铁 | 易产生失绿症,顶芽和新叶黄、白化,最初叶片间部分失绿,仅在叶脉残留网状绿色,最后全部变黄,但不产生坏死的褐斑 | 叶面喷施 0.2%～0.5%硫酸亚铁溶液 2～3 次 |
| 锰 | 产生失绿症,叶脉变成淡绿色,部分黄化枯死,一般在施用石灰的土质中易发生缺锰 | 叶面喷施 0.05%～0.1%硫酸锰溶液 2～3 次 |
| 铜 | 植株衰弱,叶柄软弱,柄细叶小,从老叶开始黄化枯死,叶色呈现水渍状 | 叶面喷施 0.02%～0.04%硫酸铜溶液 2～3 次 |

## 2. 设施生姜缺素症及补救

设施生姜缺素症状及补救措施可参考表 1-20。

**表 1-20  设施生姜常见缺素症及补救措施**

| 营养元素 | 缺素症状 | 补救措施 |
|---|---|---|
| 氮 | 植株矮小,叶片黄绿,老叶易脱落,植株易早衰,地下根茎小,肉质中纤维多,质硬味辛 | 叶面喷施 0.2%～0.5%尿素溶液 |
| 磷 | 植株矮小,叶色暗绿,根茎生长不良 | 叶面喷施 0.2%～0.3%磷酸二氢钾溶液或 0.5%过磷酸钙浸出液 2～3 次 |
| 钾 | 叶片变红,易脱落,块茎皮厚肉粗,膨大不良,产量低 | 叶面喷施 1% 氯化钾溶液或 2%～3% 硝酸钾溶液或 3%～5% 草木灰浸出液 2～3 次 |

**3. 设施韭菜缺素症及补救**

设施韭菜缺素症状及补救措施可参考表1-21。

表1-21　设施韭菜常见缺素症及补救措施

| 营养元素 | 缺素症状 | 补救措施 |
|---|---|---|
| 钙 | 中心叶黄化,部分叶尖枯死 | 叶面喷施0.3%氯化钙水溶液2~3次 |
| 镁 | 外叶黄化枯死 | 叶面喷施0.1%硫酸镁溶液2~3次 |
| 硼 | 整株失绿,发病重时叶片上出现明显的黄白二色相间的长条斑,最后叶片扭曲,组织坏死 | 叶面喷施0.1%~0.2%硼砂或硼酸溶液2~3次 |
| 铁 | 叶片失绿,呈鲜黄色或淡白色,失绿部分的叶片上无霉状物,叶片外形没有变化,一般出苗后10天左右开始出现上述症状 | 叶面喷施0.3%~0.5%硫酸亚铁溶液2~3次 |
| 铜 | 发病前期生长正常,当韭菜长到最大高度时,顶端叶片1厘米以下部位出现2厘米长失绿片段,酷似干尖,一般在出苗后20~25天开始出现症状 | 叶面喷施0.02%~0.03%硫酸铜溶液2~3次 |

**4. 设施芦笋缺素症及补救**

设施芦笋缺素症状及补救措施可参考表1-22。

表1-22　设施芦笋常见缺素症及补救措施

| 营养元素 | 缺素症状 | 补救措施 |
|---|---|---|
| 氮 | 植株矮小,色泽淡黄。首先从下部老叶表现症状,逐渐向上,分枝顶端褪绿,整株生长发育不良 | 叶面喷施0.2%~0.3%尿素溶液2~3次 |
| 磷 | 植株矮小,拟叶皱缩,呈浓绿色,下部叶片变紫而脱落,茎细长,根系生长不良,整株发育迟缓 | 叶面喷施0.2%~0.3%磷酸二氢钾溶液或0.5%过磷酸钙浸出液2~3次 |
| 钾 | 在老分枝拟叶尖端有较多褪绿症状,严重时拟叶尖端干枯坏死。植株茎秆细弱不坚韧,易倒伏 | 叶面喷施0.2%~0.3%磷酸二氢钾溶液或3%~5%草木灰浸出液2~3次 |

无公害设施蔬菜配方施肥

续表

| 营养元素 | 缺素症状 | 补救措施 |
|---|---|---|
| 钙 | 植株分枝顶端紧凑、矮小,像莲座丛生长,拟叶变小,幼嫩器官最易发生 | 叶面喷施 0.3%～0.5%氯化钙水溶液 2～3 次 |
| 镁 | 较老器官易发生褪绿斑现象,不久后针状叶枯死并脱落 | 叶面喷施 0.5%～1%硫酸镁溶液 2～3 次 |
| 硼 | 植株外观病株与健康株无明显差异,病株的地下茎能正常发育。采收后,鲜笋较正常笋粗大明显,纵切或横切,则可见其形成层、茎芯部灰褐化、木质化、茎多呈中空状,中空边缘有不规则辐射状突起。当地称之"空褐心"笋 | 叶面喷施 0.1%～0.2%硼砂或硼酸溶液 2～3 次 |

# 第二章
# 设施蔬菜测土配方施肥技术

## 第一节　设施蔬菜测土配方施肥技术理论

设施蔬菜测土配方施肥技术是综合运用现代农业科技成果，以肥料田间试验和土壤测试为基础，根据设施蔬菜需肥规律、土壤供肥性能和肥料效应，在合理施用有机肥料的基础上，科学提出氮、磷、钾及中、微量元素等肥料的施用品种、数量、施肥时期和施用方法的一套施肥技术体系。

### 一、设施蔬菜测土配方施肥技术的作用

设施蔬菜测土配方施肥技术的核心是调节和解决蔬菜需肥与土壤供肥之间的矛盾，有针对性地补充设施蔬菜所需的各种营养元素，设施蔬菜缺什么补什么，需要多少补多少，实现各种养分的平衡供应，满足设施蔬菜生长发育的需要，提高蔬菜产量，改善果实品质。

**1. 测土配方施肥技术的作用**

目前农村农家肥施用过少，而盲目施用化肥和过量施肥现象较为严重，不仅造成肥料资源严重浪费，农业生产成本增加，而且影响农产品品质，污染环境。开展测土配方施肥有利于推进农业节本增效，有利于促进耕地质量建设，有利于促进农作技术的发展，是

贯彻落实科学发展观、维护农民切身利益的具体体现，是促进粮食稳定增产、农民持续增收、生态环境不断改善的重大举措。

（1）测土配方施肥技术是提高设施蔬菜单产、保障蔬菜安全的客观要求　提高设施蔬菜产量离不开土、肥、水、种四大要素。肥料在农业生产中的作用是不可或缺的，对农业产量的贡献约40%。人增地减的基本国情决定了提高单位耕地面积产量是必由之路，合理施肥能大幅度地提高蔬菜产量；在测土配方的基础上合理施肥，促进设施蔬菜对养分的吸收，可提高设施蔬菜亩产5%～20%或更高。

（2）测土配方施肥技术是降低生产成本、促进节本增效的重要途径　在测土配方施肥条件下，由于肥料品种、配比、施肥量是根据土壤供肥状况和设施蔬菜需肥特点确定，既可以保持土壤均衡供肥，还可以提高化肥利用率，降低化肥使用量，节约成本。实践证明，合理施肥，农业生产平均每亩可节约纯氮3～5千克，亩节本增效可达20元以上。

（3）测土配方施肥技术是减少肥料流失、保护生态环境的需要　盲目施肥、过量施肥，不仅易造成农业生产成本增加，而且减少肥料利用率，会带来严重的环境污染。在测土配方施肥条件下，设施蔬菜生长健壮，抗逆性增强，减少农药施用量，可降低化肥、农药对农产品及环境的污染。目前农民盲目偏施或过量施用氮肥的现象严重，氮肥大量流失，对水体营养和大气臭氧层的破坏十分严重。推行测土配方施肥技术是保护生态环境，促进农业可持续发展的必由之路。

（4）测土配方施肥技术是提高蔬菜质量、增强农业竞争力的重要环节　滥用化肥会使蔬菜质量降低。通过科学施肥，能克服过量施肥造成的徒长现象，增强设施蔬菜抗病虫害能力，从而减少农药的施用量，降低设施蔬菜中农药残留的风险。施肥方式不仅决定设施蔬菜产量的高低，同时也决定设施蔬菜品质的优劣。通过测土配方施肥技术，可实现合理用肥，科学施肥，从而改善蔬菜品质。

（5）测土配方施肥技术是不断培肥地力、提高耕地产出能力的重要措施　测土配方施肥技术是耕地质量建设的重要内容，通过有机与无机相结合，用地与养地相结合，做到缺素补素，能改良土壤，最大限度地发挥耕地的增产潜力。农业生产中施肥不合理，主要表现在不施有机肥或少施有机肥，偏施滥施氮肥，养分失衡，土壤结构受破坏，土壤肥力下降。测土配方施肥，能明白土壤中到底缺少什么养分，根据需要配方施肥，才能使土壤缺失的养分及时得到补充，维持土壤养分平衡，改善土壤理化性状。

（6）测土配方施肥技术是节约能源消耗、建设节约型社会的重大行动　化肥是资源依赖型产品，化肥生产必须消耗大量的天然气、煤、石油、电力和有限的矿物资源。节省化肥生产性支出对于缓解能源紧张矛盾具有十分重要的意义，节约化肥就是节约资源。

**2. 测土配方施肥技术的目标**

测土配方施肥技术不同于一般的项目或工程，是一项长期性、规范性、科学性、示范性和应用性都很强的农业科学技术，是直接关系到作物稳定增产、农民收入稳步增加、生态环境不断改善的一项"日常性"工作。有效全面实施测土配方施肥技术，能够达到5个方面目标。

（1）节肥增产　在合理施用有机肥料的前提下，不增加化肥投入量，调整养分配比平衡供应，使设施蔬菜单产在原有基础上，能最大限度地发挥其增产潜能。

（2）减肥优质　通过菜田土壤有效养分的测试，在掌握土壤供肥状况，减少化肥投入量的前提下，科学调控设施蔬菜营养的均衡供应，有效降低蔬菜产品中的有害物质含量，以达到设施蔬菜在产品品质上得到明显改善。

（3）配肥高效　在准确掌握菜田土壤供肥特性、设施蔬菜需肥规律和肥料利用率的基础上，合理设计养分配比，提高肥料利用率，降低生产成本，提高产投比，明显增加施肥效益。

（4）生态环保　实施测土配方施肥技术可有效控制化肥的投入量，减少肥料的面源污染，降低水源富营养化，投入与产出相平衡。要使作物—土壤—肥料形成物质和能量的良性循环，从而达到养分供应和设施蔬菜需求的时空一致性，施协调蔬菜高产和生态环保的有效措施。

（5）培肥改土　即通过有机肥和化肥配合施用，实现耕地用养平衡，在逐年提高设施蔬菜单产的同时，使土壤肥力得到不断提高，达到培肥土壤、提高耕地综合生产能力的目标。

## 二、设施蔬菜测土配方施肥技术的理论依据

### 1. 设施蔬菜测土配方施肥技术的理论基础

测土配方施肥技术是一项科学性很强的综合性施肥技术，它涉及蔬菜、土壤、肥料和环境条件，因此，它继承一般施肥理论的同时又有新的发展。其理论依据主要有养分归还学说、最小养分律、报酬递减率、因子综合作用律、必需营养元素同等重要和不可代替律等。

（1）养分归还学说　养分归还学说认为："作物从土壤中吸收养分，每次收获必从土壤中带走某些养分，使土壤中养分减少，土壤贫化，要维持地力和作物产量，就要归还作物带走的养分。"用发展的观点看，主动补充从土壤中带走的养分，对恢复地力，保证设施蔬菜持续增产有重要意义。但也不是要归还从土壤中取走的全部养分，而应该有重点地向土壤归还必要的养分就可以了。

（2）最小养分律　最小养分律认为："作物产量受土壤中相对含量最小的养分所控制，作物产量的高低则随最小养分补充量的多少而变化。"作物为了生长发育需要吸收各种养分，但是决定产量的却是土壤中那个相对含量最小的养分因素，产量也在一定限度内随着这个因素的增减而相对地变化，如果无视这个限制因素的存在，即使继续增加其他营养成分也难以再提高作物产量。但最小养分不是指土壤中绝对养分含量最小的养分；最小养分是限制蔬菜生长发育和提高产量的关键，因此，在施肥时，必须首先补充这种养分；最小养分不是固定不变的，而是随条件变化而变化的。当土壤中某种最小养分增加到能够满足作物需要时，这种养分就不再是最小养分了，另一种元素又会成为新的最小养分。我国 20 世纪 60 年代氮、磷是最小养分，70 年代北方部分地区出现钾或微量元素为最小养分。

（3）报酬递减律　报酬递减律实际上是一个经济上的定律。该定律的一般表述是："从一定土壤上所得到的报酬随着向该土地投入的劳动资本量的增大而有所增加，但报酬的增加却在逐渐减小，亦即最初的劳力和投资所得到的报酬最高，以后递增的单位投资和

劳力所得到的报酬是渐次递减的"。科学试验进一步证明，当施肥量（特别是氮）超过适量时，设施蔬菜产量与施肥量之间的关系就不再是曲线模式，而呈抛物线模式。报酬递减律是以其它技术条件不变（相对稳定）为前提，反映了投入（施肥）与产出（产量）之间具有报酬递减的关系。在推荐施肥中，重视施肥技术的改进，在提高施肥水平的情况下，力争发挥肥料最大的增产作用获得较高的经济效益。

（4）因子综合作用律　因子综合作用律的中心意思是作物产量是水分、养分、光照、温度、空气、品种以及耕作条件、栽培措施等因子综合作用的结果，但其中必有一个起主导作用的限制因子，产量在一定程度上受该种限制因子的制约。为了充分发挥肥料的增产作用和提高肥料的经济效益，一方面，施肥措施必须与其他农业技术措施密切配合；另一方面，各种养分之间的配合施用，能使养分平衡供应。总之，在制订施肥方案时，利用因子之间的相互作用效应，其中包括养分之间以及施肥与生产技术措施（如灌溉、良种、防治病虫害等）之间的相互作用效应是提高农业生产水平的一项有效措施，也是经济合理施肥的重要原理之一。发挥因子的综合作用具有在不增加施肥量的前提下，提高肥料利用率、增进肥效的显著特点。

（5）营养元素同等重要和不可代替律　大量试验证实，各种必需营养元素对于作物所起的作用是同等重要的，它们各自所起的作用，不能被其他元素所代替。这是因为每一种元素在作物新陈代谢的过程中都各有独特的功能和生化作用。例如，设施蔬菜缺氮，叶片失绿，缺铁时，叶片也失绿。氮是叶绿素的主要成分，而铁不是叶绿素的成分，但铁对叶绿素的形成同样是必需的元素。没有氮不能形成叶绿素，没有铁同样不能形成叶绿素。所以说铁和氮对作物营养来说都是同等重要的。

## 2. 测土配方施肥技术的基本原则

推广测土配方施肥技术在遵循养分归还学说、最小养分律、报酬递减率、因子综合作用律、必需营养元素同等重要律和不可代替律等基本原理基础上，还需要掌握以下基本原则。

（1）氮、磷、钾相配合　氮、磷、钾相配合是测土配方施肥技术的重要内容。随着产量的不断提高，在土壤高强度消耗养分的情况下，必须强调氮、磷、钾相互配合，并补充必要的微量元素，才能获得高产稳产。

（2）有机与无机相结合　实施测土配方施肥技术必须以有机肥料施用为基础。增施有机肥料可以增加土壤有机质含量，改善土壤理化性状，提高土壤保水保肥能力，增强土壤微生物的活性，促进化肥利用率的提高。因此，必须坚持多种形式的有机肥料投入，培肥地力，实现农业可持续发展。

（3）大量、中量、微量元素配合　各种营养元素的配合是测土配方施肥技术的重要内容，随着产量的不断提高，在耕地高度集约利用的情况下，必须进一步强调氮、磷、钾肥的相互配合，并补充必要的中量、微量元素，才能获得高产稳产。

（4）用地与养地相结合，投入与产出相平衡　要使蔬菜—土壤—肥料形成物质和能量的良性循环，必须坚持用养结合，投入产出相平衡，维持或提高土壤肥力，增强农业可持续发展能力。

**3. 测土配方施肥技术的基本方法**

我国测土配方施肥技术的方法归纳为三大类 6 种。第一类，地力分区（级）配方法；第二类，目标产量配方法，其中包括养分平衡法和地力差减法；第三类，田间试验配方法，其中包括养分丰缺指标法，肥料效应函数法和氮磷钾比例法。在确定施肥量的方法中以养分丰缺指标法、养分平衡法和肥料效应函数法应用较为广泛。

（1）地力分区（级）配方法　地力分区（级）配方法是根据土壤肥力高低分成若干等级或划出一个肥力相对均等的田块，作为一个配方区，利用土壤普查资料和肥料田间试验成果，结合群众的实践经验估算出这一配方区内比较适宜的肥料种类及施用量。

（2）目标产量配方法　包括养分平衡法和地力差减法。

① 养分平衡法。是以实现蔬菜目标产量所需养分量与土壤供应养分量的差额作为施肥的依据，以达到养分收支平衡的目的。

$$肥料用量 = \frac{目标产量所需养分总量（千克/亩）-土壤养分测定值（毫克/千克）\times 0.15 \times 校正系数}{肥料中养分含量（\%）\times 肥料当季利用率（\%）}$$

② 地力差减法。就是目标产量减去地力产量，就是施肥后增加的产量，肥料需要量可按下列公式计算。

$$肥料需要量 = \frac{作物单位产量养分吸收量 \times （目标产量 - 空白田产量）}{肥料中所含养分 \times 肥料当季利用率}$$

（3）田间试验配方法　包括养分丰缺指标法、肥料效应函数法和氮磷钾比例法。

① 肥料效应函数法。肥料效应函数法是以田间试验为基础，采用先进的回归设计，将不同处理得到的产量和相应的施肥量进行数理统计，求得在供试条件下作物产量与施肥量之间的数量关系，即肥料效应函数或称肥料效应方程式。从肥料效应方程式中不仅可以直观地看出不同肥料的增产效应和两种肥料配合施用的交互效应，而且还可以通过它计算出最大施肥量和最佳施肥量，作为配方施肥决策的重要依据。

② 养分丰缺指标法。在一定区域范围内，土壤速效养分的含量与作物吸收养分的数量之间有良好的相关性，利用这种关系，可以把土壤养分的测定值按照一定的级差划分养分丰缺等级，提出每个等级的施肥量。

③ 氮磷钾比例法。通过田间试验可确定不同地区、不同作物、不同地力水平和产量水平下氮、磷、钾三要素的最适用量，并计算三者比例。实际应用时，只要确定其中一种养分用量，然后按照比例就可确定其他养分用量。

## 三、设施蔬菜测土配方施肥的技术要点

测土配方施肥技术包括"测土、配方、配肥、供应、施肥指导"5个核心环节和"野外调查、田间试验、土壤测试、配方设计、校正试验、配方加工、示范推广、宣传培训、数据库建设、效果评价、技术创新"11项重点内容。

**1. 设施蔬菜测土配方施肥技术的核心环节**

（1）测土　在广泛的资料收集整理、深入的野外调查和典型农户调查、掌握耕地的立地条件、土壤理化性质与施肥管理水平的基础上，温室大棚蔬菜每20～30个棚室或10～15亩采一个样。对采集的土样进行有机质、全氮、水解氮、有效磷、缓效钾、速效钾及中、微量元素等养分的化验，为制定配方和田间肥料试验提供基础数据。

（2）配方　以开展田间肥料小区试验，摸清土壤养分校正系数、土壤供肥量、蔬菜需肥规律和肥料利用率等基本参数，建立不同施肥分区主要蔬菜的氮、磷、钾肥料效应模式和施肥指标体系为基础，再由专家分区域、分蔬菜根据土壤养分测试数据、蔬菜需肥规律、土壤供肥特点和肥料效应，在合理配施有机肥的基础上，提出氮、磷、钾及中、微量元素等肥料配方。

（3）配肥　依据施肥配方，以各种单质或复混肥料为原料，配制配方肥料。目前，在推广上有两种模式，一是农民根据配方建议卡自行购买各种肥料配合施用；二是由配肥企业按配方加工配方肥料，农民直接购买施用。

（4）供应　测土配方施肥技术最具活力的供肥模式是通过肥料招投标，以市场化运作、工厂化生产和网络化经营将优质配方肥料供应到户、到田。

（5）施肥　制定、发放测土配方施肥建议卡到户或供应配方肥到点，并建立测土配方施肥示范区，通过树立样板田的形式来展示测土配方施肥技术效果，引导农民应用测土配方施肥技术。

**2. 蔬菜测土配方施肥技术的重点内容**

（1）野外调查　资料收集整理与野外定点采样调查相结合，典型农户调查与随机抽样调查相结合，通过广泛深入的野外调查和取样地块农户调查，掌握耕地地理位置、自然环境、土壤状况、生产条件、菜农施肥情况以及耕作制度等基本信息进行调查，以便有的放矢地开展测土配方施肥技术工作。

（2）田间试验　田间试验是获得各种蔬菜最佳施肥量、施肥时期、施肥方法的根本途径，也是筛选、验证土壤养分测试技术、建立施肥指标体系的基本环节。通过田间试验，掌握各个施肥单元不同作物优化施肥量，基、追肥分配比例，施肥时期和施肥方法；摸清土壤养分校正系数、土壤供肥量、设施蔬菜需肥参数和肥料利用率等基本参数；构建设施蔬菜施肥模型，为施肥分区和肥料配方依据。

（3）土壤测试　土壤测试是肥料配方的重要依据之一，随着我国种植业结构不断调整，高产品种不断涌现，施肥结构和数量发生了很大的变化，土壤养分库也发生了明显改变。通过开展土壤氮、磷、钾及中、微量元素养分测试，了解土壤供肥能力状况。

（4）配方设计　肥料配方设计是测土配方施肥工作的核心。通过总结田间试验、土壤养分数据等，划分不同区域施肥分区；同时，根据气候、地貌、土壤、耕作制度等相似性和差异性，结合专家经验，提出不同蔬菜的施肥配方。

（5）校正试验　为保证肥料配方的准确性，最大限度地减少配方肥料批量生产和大面积应用的风险，在每个施肥分区单元设置配方施肥、菜农习惯施肥、空白施肥3个处理，以当地主要设施蔬菜及其主栽品种为研究对象，对比配方施肥的增产效果，校验施肥参数，验证并完善肥料施用配方，改进测土配方施肥技术参数。

（6）配方加工　配方落实到农户田间是提高和普及测土配方施肥技术的最关键环节。目前不同地区有不同的模式，其中最主要的也是最具有市场前景和运作模式就是市场化运作、工厂化加工、网络化经营。这种模式适应我国农村农民科技水平低、土地经营规模小、技物分离的现状。

（7）示范推广　为促进测土配方施肥技术能够落实到田间地点，既要解决测土配方施肥技术市场化运作的难题，又要让广大菜农亲眼看到实际效果，这是限制测土配方施肥技术推广的"瓶颈"。建立测土配方施肥示范区，为农民创建窗口，树立样板，全面展示测土配方施肥技术效果。将测土配方施肥技术物化成产品，打破技术推广"最后一公里"的"坚冰"。

（8）宣传培训　测土配方施肥技术宣传培训是提高农民科学施肥意识、普及技术的重要手段。农民是测土配方施肥技术的最终使用者，迫切需要向农民传授科学施肥方法和模式；同时还要加强对各级技术人员、肥料生产企业、肥料经销商的系统培训，逐步建立技术人员和肥料经销持证上岗制度。

（9）数据库建设　运用计算机技术、地理信息系统和全球卫星定位系统，按照规范化测土配方施肥数据字典，以野外调查、农户施肥状况调查、田间试验和分析化验数据为基础，时时整理历年土壤肥料田间试验和土壤监测数据资料，建立不同层次、不同区域的测土配方施肥数据库。

（10）效果评价　农民是测土配方施肥技术的最终执行者和落

实者，也是最终受益者。检验测土配方施肥的实际效果，及时获得菜农的反馈信息，不断完善管理体系、技术体系和服务体系。同时，为科学地评价测土配方施肥的实际效果，必须对一定的区域进行动态调查。

（11）技术创新　技术创新是保证测土配方施肥工作长效性的科技支撑。重点开展田间试验方法、土壤养分测试技术、肥料配制方法、数据处理方法等方面的创新研究工作，不断提升测土配方施肥技术水平。

# 第二节　设施蔬菜测土配方施肥技术实施

设施蔬菜测土配方施肥技术是设施蔬菜栽培生产中的重要环节之一，也是保证设施蔬菜高产、稳产、优质最有效的农艺措施。设施蔬菜测土配方施肥技术是综合运用现代农业科技成果，以肥料田间试验和土壤测试为基础，根据作物需肥规律、土壤供肥性能和肥料效应，在合理施用有机肥料的基础上，科学提出氮、磷、钾及中、微量元素等肥料的施用品种、数量、施肥时期和施用方法的一套施肥技术体系。

## 一、设施蔬菜肥效试验

设施蔬菜肥料田间试验设计推荐"2＋X"方法，分为基础施肥和动态优化施肥试验两部分，"2"是指各地均应进行的以常规施肥和优化施肥2个处理为基础的对比施肥试验研究，其中常规施肥是当地大多数农户在设施蔬菜生产中习惯采用的施肥技术，优化施肥则为当地近期获得的设施蔬菜高产高效或优质适产施肥技术；"X"是指针对不同地区、不同种类设施蔬菜可能存在一些对生产和养分高效有较大影响的未知因子而不断进行的修正优化施肥处理的动态研究试验，未知因子包括不同种类设施蔬菜养分吸收规律、施肥量、施肥时期、养分配比、中微量元素等。为了进一步阐明各个因子的作用特点，可有针对性地进一步安排试验，目的是为确定施肥方法及数量、验证土壤和植物养分测试指标等提供依据，X的研究成果也将为进一步修正和完善优化施肥技术提供参考，最终形成新的测土配方施肥（集成优化施肥）技术，有利于在田间大面积应用和示范推广。

**1. 基础施肥试验设计**

基础施肥试验取"2＋$X$"中的"2"为试验处理数。

① 常规施肥，设施蔬菜的施肥种类、数量、时期、方法和栽培管理措施均按照当地大多数农户的生产习惯进行。

② 优化施肥，即设施蔬菜的高产高效或优质适产施肥技术，可以是科技部门的研究成果，也可为科技种菜能手采用并经土壤肥料专家认可的优化施肥技术方案作为试验处理。基础施肥试验是生产应用性试验，可将小区面积适当增大，不设置重复。

**2. "$X$"动态优化施肥试验设计**

"$X$"表示根据试验地区、土壤条件、设施蔬菜种类及品种、适产优质等内容确定急需优化的技术内容方案，旨在不断完善优化处理。"$X$"动态优化施肥试验可与基础施肥试验的 2 个处理在同一试验条件下进行，也可单独布置试验。"$X$"动态优化施肥试验需要设置 3~4 次重复，必须进行长期定位试验研究，至少有 3 年以上的试验结果。

"$X$"主要针对氮肥优化管理，包括 5 个方面的试验设计，分别为 $X_1$（氮肥总量控制试验）、$X_2$（氮肥分期调控试验）、$X_3$（有机肥当量试验）、$X_4$（肥水优化管理试验）、$X_5$（蔬菜生长和营养规律研究试验）。"$X$"处理中涉及有机肥、磷钾肥的用量、施肥时期等应接近于优化管理。除有机肥当量试验外，其他试验中，有机肥根据各地实际情况选择施用或者不施（各个处理保持一致），如果施用，则应该选用当地有代表性的有机肥种类；磷钾根据土壤磷钾测试值和目标产量确定施用量，根据作物养分规律确定施肥时期。各地根据实际情况，选择设置相应的"$X$"试验；如果认为磷或钾肥为限制因子，可根据需要将磷钾单独设置几个处理。

（1）氮肥总量控制试验（$X_1$）　为了不断优化设施蔬菜氮肥适宜用量，设置氮肥总量控制试验，包括 3 个处理：优化施氮量；70％的优化施氮量；130％的优化施氮量。其中优化施氮量根据蔬菜目标产量、养分吸收特点和土壤养分状况确定，磷钾肥施用以及其他管理措施一致。各处理详见表 2-1。

表 2-1 设施蔬菜氮肥总量控制试验方案

| 试验编号 | 试验内容 | 处理 | N | P | K |
|---|---|---|---|---|---|
| 1 | 无氮区 | $N_0P_2K_2$ | 0 | 2 | 2 |
| 2 | 70%的优化氮区 | $N_1P_2K_2$ | 1 | 2 | 2 |
| 3 | 优化氮区 | $N_2P_2K_2$ | 2 | 2 | 2 |
| 4 | 130%的优化氮区 | $N_3P_2K_2$ | 3 | 2 | 2 |

注:"0"指不施该种养分;"1"指适合于当地生产条件下的推荐值的70%;"2"指适合于当地生产条件下的推荐值;"3"指该水平为过量施肥水平,为"2"水平氮肥适宜推荐量的1.3倍。

(2)氮肥分期调控试验($X_2$) 设施蔬菜作物在施肥上需要考虑肥料分次施用,遵循"少量多次"原则。为了优化氮肥分配,达到以更少的施肥次数,获得更好效益(养分利用效率,产量等)的目的,在优化施肥量的基础上,设置 3 个处理:农民习惯施肥;考虑基追比(3:7)分次优化施肥,根据蔬菜营养规律分次施用;氮肥全部用于追肥,按蔬菜营养规律分次施用。

各地根据设施蔬菜种类,依据氮素营养需求规律和氮素营养关键需求时期,以及灌溉管理措施来确定优化追肥次数。一般情况下,推荐追肥次数见表 2-2,如果生育期发生很大变化,根据实际情况增加或减少追肥次数。每次推荐氮肥(N)量控制在 2~7 千克/亩。

表 2-2 不同蔬菜及栽培灌溉模式下推荐追肥次数

| 蔬菜种类 | 栽培方式 | | 追肥次数 | |
|---|---|---|---|---|
| | | | 畦灌 | 滴灌 |
| 叶菜类蔬菜 | 设施栽培 | | 3~4 | 6~9 |
| 果菜类蔬菜 | 设施栽培 | 一年两茬 | 5~8 | 8~12 |
| | | 一年一茬 | 10~12 | 15~18 |

(3)有机肥当量试验($X_3$)。目前在设施蔬菜生产中,特别是设施蔬菜生产中,有机肥的施用很普遍。按照有机肥的养分供应特点,养分有效性与化肥进行当量研究。试验设置 6 个处理(表 2-3),分别为有机氮和化学氮的不同配比,所有处理的磷、钾养分投

入一致，其中有机肥选用当地有代表性并完全腐熟的种类。

表 2-3 有机肥当量试验方案处理

| 试验编号 | 处理 | 有机肥提供氮占总氮投入量比例 | 化肥提供氮占总氮投入量比例 | 肥料施用方式 |
|---|---|---|---|---|
| 1 | 空白 | — | — | — |
| 2 | $M_1 N_0$ | 1 | 0 | 有机肥基施 |
| 3 | $M_1 N_2$ | 1/3 | 2/3 | 有机肥基施、化肥追施 |
| 4 | $M_1 N_1$ | 1/2 | 1/2 | 有机肥基施、化肥追施 |
| 5 | $M_2 N_1$ | 2/3 | 1/3 | 有机肥基施、化肥追施 |
| 6 | $M_0 N_1$ | 0 | 1 | 化肥追施 |

注：其中有机肥提供的氮量以总氮计算。

（4）肥水优化管理试验（$X_4$） 设施蔬菜作物在施肥上需要考虑与灌溉结合。为不断优化设施蔬菜肥水总量控制和分期调控模式，明确优化灌溉前提下的肥水调控技术的应用效果，提出适用于当地的肥水优化管理技术模式，设置肥水优化管理试验。试验设置3个处理：农民传统肥水管理（常规灌溉模式，如沟灌或漫灌，习惯灌溉施肥管理）；优化肥水模式（在常规灌溉模式如沟灌或漫灌下，依据作物水分需求规律调控节水灌溉量）；新技术应用（滴灌模式，依据作物水分需求规律调控灌溉量）。其中第二处理和第三处理，施肥按照不同灌溉模式的优化推荐用量，氮素采用总量控制、分期调控，磷钾采用恒量监控或丰缺指标法确定。

（5）设施蔬菜生长和营养规律研究试验（$X_5$） 根据设施蔬菜生长和营养规律特点，采用氮肥量级试验设计，包括4个处理（表2-4），其中有机肥根据各地情况选择施用或者不施，但是4个处理应保持一致。有机肥、磷钾肥用量应接近推荐的合理用量。在蔬菜生长期间，分阶段采样，进行植株养分测定。

表 2-4 设施蔬菜氮肥量级试验方案处理

| 试验编号 | 处理 | M | N | P | K |
|---|---|---|---|---|---|
| 1 | $MN_0 P_2 K_2 / N_0 P_2 K_2$ | +/− | 0 | 2 | 2 |

| 试验编号 | 处理 | M | N | P | K |
|---|---|---|---|---|---|
| 2 | $MN_1P_2K_2 / N_1P_2K_2$ | +/- | 1 | 2 | 2 |
| 3 | $MN_2P_2K_2 / N_2P_2K_2$ | +/- | 2 | 2 | 2 |
| 4 | $MN_3P_2K_2 / N_3P_2K_2$ | +/- | 3 | 2 | 2 |

注：M 代表有机肥料；—表示不施有机肥。+表示施用有机肥，其中有机肥的种类在当地应该有代表性，其施用数量与菜田种植历史（新老程度）有关（表 2-5）。有机肥料需要测定全量氮磷钾养分。"0"指不施该种养分；"1"指适合于当地生产条件下的推荐值的一半；"2"指适合于当地生产条件下的推荐值；"3"指该水平为过量施肥水平，为"2"水平氮肥适宜推荐量的 1.5 倍。

**表 2-5 不同设施菜田推荐的有机肥用量**

| 菜田 | | 新菜田;过砂、过黏、盐碱化严重菜田 | 2～3 年新菜田 | 大于 5 年老菜田 | |
|---|---|---|---|---|---|
| 有机肥选择 | | 高 C/N 粗杂有机肥 | 粪肥、堆肥 | 堆肥 | 粪肥+秸秆 |
| 推荐量/(方/亩) | 设施 | 8～10 | 5～7 | 3～5 | 3+2 |

## 二、设施蔬菜样品采集、制备与测试

土壤样品的采集是土壤测试的一个重要环节，土壤样品采集应具有代表性，并根据不同分析项目采用相应的采样和处理方法。

**1. 棚室土壤样品的采集与制备**

（1）棚室土壤样品的采集

① 采样准备。为确保土壤测试的准确性，应选择具有采样经验，明确采样方法和要领，对采样区域农业生产情况熟悉的技术人员负责采样；如果是农民自行采样，采样前应咨询当地熟悉情况的技术人员，或在其指导下进行采样。

采样时要具备采样区域的土壤图、土地利用现状图、行政区划图等，标出样点分布位置，制定采样计划。准备 GPS、采样工具、采样袋、采样标签等。

② 采样单元。采样前要详细了解采样地区的土壤类型、肥力等级和地形等因素，将测土配方施肥区域划分为若干个采样单元，每个采样单元的土壤要尽可能均匀一致。参考第二次土壤普查采样

点确定采样点位，形成采样点位图。实际采样时严禁随意变更采样点，若有变更须注明理由。

温室大棚蔬菜每 20～30 个棚室或 10～15 亩采一个样。采样集中在位于每个采样单元相对中心位置的典型地块（同一农户的地块），采样地块面积为 1～10 亩。

有条件的地区，可以农户地块为土壤采样单元。采用 GPS 定位，记录采样地块中心点的经纬度，精确到 0.1″。

③ 采样时间。设施蔬菜在收获后或播种施肥前采集，一般在秋后。进行氮肥追肥推荐时，应在追肥前或作物生长的关键时期采集。

④ 采样周期。项目实施 3 年以后，为保证测试土壤样本数据可比性，根据项目年度取样数量，对照前 3 年取样点，进行周期性原位取样。同一采样单元，无机氮及植株氮营养快速诊断每季或每年采集 1 次；土壤有效磷、速效钾等一般 2～3 年采集 1 次；中、微量元素一般 3～5 年采集 1 次。肥料效应田间试验每年采样1 次。

⑤ 采样深度。设施蔬菜采样深度为 0～30 厘米（基肥推荐）或 0～60 厘米（氮肥追肥推荐）；用于土壤无机氮含量测定的采样深度应根据不同蔬菜、不同生育期的主要根系分布深度来确定。

⑥ 采样点数量。要保证足够的采样点，使之能代表采样单元的土壤特性。要保证足够的采样点，使之能代表采样单元的土壤特性。采样必须多点混合，每个样点由 15～20 个分点混合而成。

⑦ 采样路线。采样时应沿着一定的线路，按照"随机""等量"和"多点混合"的原则进行采样。一般采用"S"形布点采样。在地形变化小、地力较均匀、采样单元面积较小的情况下，也可采用"梅花"形布点采样（图 2-1）。要避开路边、田埂、沟边、肥堆等特殊部位。混合样点的样品采集要根据沟、垄面积的比例确定沟、垄采样点数量。

⑧ 采样方法。每个采样分点的取土深度及采样量应保持一致，土样上层与下层的比例要相同。取样器应垂直于地面入土，深度相同。用取土铲取样应先铲出一个耕层断面，再平行于断面取土。所

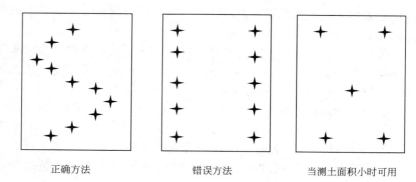

图 2-1　样品采集分布示意图

有样品都应采用不锈钢取土器或木、竹制器采样。滴灌要避开滴灌头湿润区。

⑨ 样品重。混合土样以取土 1 千克左右为宜（用于田间试验和耕地地力评价的 2 千克以上，长期保存备用），可用四分法将多余的土壤弃去。方法是将采集的土壤样品放在盘子里或塑料布上，弄碎、混匀，铺成正方形，画对角线将土样分成四份，把对角的两份分别合并成一份，保留一份，弃去一份。如果所得的样品依然很多，可再用四分法处理，直至所需数量为止（图 2-2）。

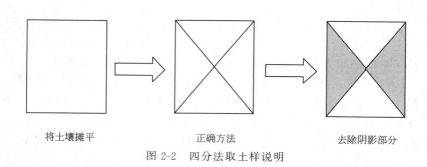

图 2-2　四分法取土样说明

⑩ 样品标记。采集的样品放入统一的样品袋，用铅笔写好标签，内外各一张。采样标签样式如表 2-6。

**表 2-6　土壤采样标签（式样）**

统一编号：(和农户调查表编号一致)　　　　　　邮编：
　　采样时间：　　年　　月　　日　　时
　　采样地点：　　省　　地　　县　　乡(镇)　　村　　地块　　农户名：
　　地块在村的(中部、东部、南部、西部、北部、东南、西南、东北、西北)
　　采样深度：① 0～20厘米；② ＿＿＿＿＿厘米(不是①的，在②填写)，该土样由＿＿＿＿＿
点混合(规范要求15～20点)
　　经度：＿＿＿度＿＿＿分＿＿＿秒　纬度：＿＿＿度＿＿＿分＿＿＿秒

采样人：　　　　　　　　　联系电话：

（2）土壤样品制备

① 新鲜样品。某些土壤成分如二价铁、硝态氮、铵态氮等在风干过程中会发生显著变化，必须用新鲜样品进行分析。为了能真实地反映土壤在田间自然状态下的某些理化性状，新鲜样品要及时送回室内进行分析，用粗玻璃棒或塑料棒将样品混匀后迅速称样测定。

新鲜样品一般不宜储存，如需要暂时储存，可将新鲜样品装入塑料袋，扎紧袋口，放在冰箱冷藏室或进行速冻保存。

② 风干样品。从野外采回的土壤样品要及时放在样品盘上，摊成薄薄的一层，置于干净整洁的室内通风处自然风干，严禁暴晒，并注意防止酸、碱等气体及灰尘的污染。风干过程中要经常翻动土样并将大土块擀碎以加速干燥，同时剔除土壤以外的侵入体。

风干后的土样按照不同的分析要求研磨过筛，充分混匀后，装入样品瓶中备用。瓶内外各放标签一张，标明编号、采样地点、土壤名称、采样深度、样品粒径、采样日期、采样人及制样时间、制样人等项目。制备好的样品要妥为储存，分析数据核实无误后，土样一般还要保存3个月至1年，以备查询。少数有价值需要长期保存的样品，须保存于广口瓶中，用蜡封好瓶口。

一般化学分析试样的制备：将风干后的样品平铺在制样板上，用木棍或塑料棍碾压，并将植物残体、石块等侵入体和新生体剔除干净，细小已断的植物须根，可采用静电吸附的方法清除。压碎的土样要全部通过2毫米孔径筛为止。有条件时，可采用土壤样品粉碎机粉碎。过2毫米孔径筛的土样可供pH值、盐分、交换性能及有效养分项目的测定。将通过2毫米孔径筛的土样用四分法取出平分继续碾磨，使之全部通过 0.25 毫米孔径筛，供有机质、全氮、碳酸钙等项目的测定。

微量元素分析试样的制备：用于微量元素分析的土样，其处理方法同一般化学分析样品，但在采样、风干、研磨、过筛、运输、储存等诸环节都要特别注意，不要接触金属器具，以防污染。如采样、制样使用木、竹或塑料工具，过筛使用尼龙网筛等。通过 2 毫米孔径尼龙筛的样品可用于测定土壤有效态微量元素。

**2. 设施蔬菜植株样品的采集与处理**

（1）设施蔬菜植株采样要求　植物样品分析的可靠性受样品数量、采集方法及植株部位影响，因此，采样应具有以下特点。第一，代表性。采集样品能符合群体情况，采样量一般为 1 千克。第二，典型性。采样的部位能反映所要了解的情况。第三，适时性。根据研究目的，在不同生长发育阶段，定期采样。

（2）设施蔬菜植株样品采集　设施蔬菜品种繁多，可大致分成叶菜、根菜、瓜果三类，按需要确定采样对象。

① 叶类设施蔬菜样品。从多个样点采集的叶类蔬菜样品，按四分法进行缩分，其中个体大的样本，如大白菜等可采用纵向对称切成 4 份或 8 份，取其 2 份的方法进行缩分，最后分取 3 份，每份约 1 千克，分别装入塑料袋，粘贴标签，扎紧袋口。如需用鲜样进行测定，采样时最好连根带土一起挖出，用湿布或塑料袋装好，防止萎蔫。采集根部样品时，在抖落泥土或洗净泥土过程中应尽量保持根系的完整。

② 瓜果类设施蔬菜样品。果菜类植株采样一定要均匀，取 10 棵左右植株，各器官按比例采取，最后混合均匀。收集老叶的生物量，同时收获时茎秆、叶片等都要收集称重。设施蔬菜地中植株取样应该统一在每行中间取植物样，以保证样品的代表性。收获期如果多次计产，则在收获中期采果实样品进行养分测定；对于经常打掉老叶的设施果类蔬菜试验，需要记录老叶的干物质重量，多次采收计产的蔬菜需要计算经济产量及最后收获时茎叶重量即打掉老叶的重量；所有试验的茎叶果实分别计重，并进行氮磷钾养分测定。

③ 标签内容。包括采样序号、采样地点、样品名称、采样人、

采集时间和样品处理号等。

④ 采样点调查内容。包括作物品种、土壤名称（或当地俗称）、成土母质、地形地势、耕作制度、前茬作物及产量、化肥农药施用情况、灌溉水源、采样点地理位置简图和坐标。

（3）设施蔬菜植株样品处理　完整的植株样品先洗干净，根据设施蔬菜生物学特性差异，采用能反映特征的植株部位，用不污染待测元素的工具剪碎样品，充分混匀后用四分法缩分至所需的数量，制成鲜样或于 85℃烘箱中杀酶 10 分钟后，保持 65～70℃恒温烘干后粉碎备用。田间所采集的新鲜设施蔬菜样品若不能马上进行分析测定，应将新鲜样品装入塑料袋，扎紧袋口，放在冰箱冷藏室或进行速冻保存。

**3. 土壤与植株测试**

土壤与植株测试是测土配方施肥技术的重要环节，也是制定养分配方的重要依据。因此，土壤与植株测试在测土配方施肥技术工作中起着关键性作用。农民自行采集的样品，可咨询专家，到当地土肥站进行测试。

（1）土壤测试　对于一个具体土壤或区域来讲，一般需要测定某几项或多项指标（表 2-7）。目前土壤测试方法有三类：M3 为主的土壤测试项目、ASI 方法为主的土壤测试项目、目前采用的常规方法。在应用时可根据测土配方施肥的要求和条件，选择相应的土壤测试方法。

**表 2-7　测土配方施肥和耕地地力评价土壤样品测试项目汇总表**

| | 测试项目 | 蔬菜测土施肥 | 耕地地力评价 |
|---|---|---|---|
| 1 | 土壤 pH 值 | 必测 | 必测 |
| 2 | 石灰需要量 | pH 值<6 的样品必测 | |
| 3 | 土壤水溶性盐分 | 必测 | |
| 4 | 土壤有机质 | 必测 | 必测 |
| 5 | 土壤全氮 | | 必测 |
| 6 | 土壤水解性氮 | 至少测试 1 项 | |
| 7 | 土壤有效磷 | 必测 | 必测 |

| | 测试项目 | 蔬菜测土施肥 | 耕地地力评价 |
|---|---|---|---|
| 8 | 土壤缓效钾 | | 必测 |
| 9 | 土壤速效钾 | | 必测 |
| 10 | 土壤交换性钙镁 | 必测<br>选测 | |
| 11 | 土壤有效硫 | | |
| 12 | 土壤有效铁、锰、铜、锌、硼 | 选测 | |
| 13 | 土壤有效钼 | 选测 | |

注：用于耕地地力评价的土壤样品，除以上养分指标必测外，项目县如果选择其他养分指标作为评价因子，也应当进行分析测试。

（2）植株测试　蔬菜植株测试项目见表2-8。

**表2-8　测土配方施肥植株样品测试项目汇总表**

| | 测试项目 | 蔬菜测土配方施肥 |
|---|---|---|
| 1 | 全氮、全磷、全钾 | 必测 |
| 2 | 水分 | 必测 |
| 3 | 粗灰分 | 选测 |
| 4 | 全钙、全镁 | 选测 |
| 5 | 全硫 | 选测 |
| 6 | 全硼、全钼 | 选测 |
| 7 | 全量铜、锌、铁、锰 | 选测 |
| 8 | 硝态氮田间快速诊断 | 选测 |
| 9 | 蔬菜叶片营养诊断 | 必测 |
| 10 | 叶片金属营养元素快速测试 | 选测 |
| 11 | 维生素C | 选测 |
| 12 | 硝酸盐 | 选测 |

# 三、田间基本情况调查

在土壤取样的同时，调查田间基本情况，填写测土配方施肥采样地块基本情况调查表，见表2-9。同时开展农户施肥情况调查，填写农户施肥情况调查表，见表2-10。

**表2-9 测土配方施肥采样地块基本情况调查表**

| | 统一编号 | | 调查组号 | | 采样序号 | |
|---|---|---|---|---|---|---|
| | 采样目的 | | 采样日期 | | 上次采样日期 | |
| 地理位置 | 省(市)名称 | | 地(市)名称 | | 县(旗)名称 | |
| | 乡(镇)名称 | | 村组名称 | | 邮政编码 | |
| | 农户名称 | | 地块名称 | | 电话号码 | |
| | 地块位置 | | 距村距离/米 | | / | / |
| | 纬度(度:分:秒) | | 经度(度:分:秒) | | 海拔高度/米 | |
| 自然条件 | 地貌类型 | | 地形部位 | | / | / |
| | 地面坡度/度 | | 田面坡度/度 | | 坡向 | |
| | 通常地下水位/米 | | 最高地下水位/米 | | 最深地下水位/米 | |
| | 常年降雨量/毫米 | | 常年有效积温/℃ | | 常年无霜期/天 | |
| 生产条件 | 农田基础设施 | | 排水能力 | | 灌溉能力 | |
| | 水源条件 | | 输水方式 | | 灌溉方式 | |
| | 熟制 | | 典型种植制度 | | 常年产量水平/(千克/亩) | |
| 土壤情况 | 土类 | | 亚类 | | 土属 | |
| | 土种 | | 俗名 | | / | / |
| | 成土母质 | | 剖面构型 | | 土壤质地(手测) | |
| | 土壤结构 | | 障碍因素 | | 侵蚀程度 | |
| | 耕层厚度/厘米 | | 采样深度/厘米 | | / | / |
| | 田块面积/亩 | | 代表面积/亩 | | / | / |
| 来年种植意向 | 茬口 | 第一季 | 第二季 | 第三季 | 第四季 | 第五季 |
| | 作物名称 | | | | | |
| | 品种名称 | | | | | |
| | 目标产量 | | | | | |

续表

| | | | | | | |
|---|---|---|---|---|---|---|
| | 统一编号 | | 调查组号 | | 采样序号 | |
| 采样调查单位 | 单位名称 | | | | 联系人 | |
| | 地址 | | | | 邮政编码 | |
| | 电话 | | 传真 | | 采样调查人 | |
| | E—Mail | | | | | |

注：每一取样地块一张表。与表 2-10 联合使用，编号一致。

**表 2-10　农户施肥情况调查表**

统一编号：

| | | | | | | |
|---|---|---|---|---|---|---|
| 施肥相关情况 | 生长季节 | | 作物名称 | | 品种名称 | |
| | 播种季节 | | 收获日期 | | 产量水平 | |
| | 生长期内降水次数 | | 生长期内降水总量 | | / | / |
| | 生长期内灌水次数 | / | 生长期内灌水总量 | | 灾害情况 | |

| | | | | | | | | | | |
|---|---|---|---|---|---|---|---|---|---|---|
| 推荐施肥情况 | 是否推荐施肥指导 | | | 推荐单位性质 | | | 推荐单位名称 | | | |
| | 配方内容 | 目标产量/(千克/亩) | 推荐肥料成本/(元/亩) | 化肥/(千克/亩) | | | | | 有机肥/(千克/亩) | |
| | | | | 大量元素 | | | 其他元素 | | 肥料名称 | 实物量 |
| | | | | N | $P_2O_5$ | $K_2O$ | 养分名称 | 养分用量 | | |
| | | | | | | | | | | |
| 实际施肥总体情况 | | 实际产量/(千克/亩) | 实际肥料成本/(元/亩) | 化肥/(千克/亩) | | | | | 有机肥/(千克/亩) | |
| | | | | 大量元素 | | | 其他元素 | | 肥料名称 | 实物量 |
| | | | | N | $P_2O_5$ | $K_2O$ | 养分名称 | 养分用量 | | |
| | | | | | | | | | | |
| 实际施肥明细 | 汇总 | | | | | | | | | |

| | | | | | | | | | | |
|---|---|---|---|---|---|---|---|---|---|---|
| 实际施肥明细 | 施肥明细 | 施肥序次 | 施肥时期 | 项目 | 施肥情况 | | | | | |
| | | | | | 第一种 | 第二种 | 第三种 | 第四种 | 第五种 | 第六种 |
| | | 第一次 | | 肥料种类 | | | | | | |
| | | | | 肥料名称 | | | | | | |

续表

| | | 施肥序次 | 施肥时期 | 项目 | | 施肥情况 | | | | | |
|---|---|---|---|---|---|---|---|---|---|---|---|
| | | | | | | 第一种 | 第二种 | 第三种 | 第四种 | 第五种 | 第六种 |
| 实际施肥明细 | 施肥明细 | 第一次 | | 养分含量情况/% | 大量元素 N | | | | | | |
| | | | | | 大量元素 $P_2O_5$ | | | | | | |
| | | | | | 大量元素 $K_2O$ | | | | | | |
| | | | | | 其他元素 养分名称 | | | | | | |
| | | | | | 其他元素 养分含量 | | | | | | |
| | | | | 实物量/(千克/亩) | | | | | | | |
| | | 第二次 | | 肥料种类 | | | | | | | |
| | | | | 肥料名称 | | | | | | | |
| | | | | 养分含量情况/% | 大量元素 N | | | | | | |
| | | | | | 大量元素 $P_2O_5$ | | | | | | |
| | | | | | 大量元素 $K_2O$ | | | | | | |
| | | | | | 其他元素 养分名称 | | | | | | |
| | | | | | 其他元素 养分含量 | | | | | | |
| | | | | 实物量/(千克/亩) | | | | | | | |
| | | 第..次 | | 肥料种类 | | | | | | | |
| | | | | 肥料名称 | | | | | | | |
| | | | | 养分含量情况/% | 大量元素 N | | | | | | |
| | | | | | 大量元素 $P_2O_5$ | | | | | | |
| | | | | | 大量元素 $K_2O$ | | | | | | |
| | | | | | 其他元素 养分名称 | | | | | | |
| | | | | | 其他元素 养分含量 | | | | | | |
| | | | | 实物量/(千克/亩) | | | | | | | |
| | | 第六次 | | 肥料种类 | | | | | | | |
| | | | | 肥料名称 | | | | | | | |

| | | | 项目 | | 施肥情况 | | | | | |
|---|---|---|---|---|---|---|---|---|---|---|
| | 施肥序次 | 施肥时期 | | | 第一种 | 第二种 | 第三种 | 第四种 | 第五种 | 第六种 |
| 实际施肥明细 | 施肥明细 | 第六次 | 养分含量情况/% | 大量元素 N | | | | | | |
| | | | | 大量元素 $P_2O_5$ | | | | | | |
| | | | | 大量元素 $K_2O$ | | | | | | |
| | | | | 其他元素 养分名称 | | | | | | |
| | | | | 其他元素 养分含量 | | | | | | |
| | | | 实物量/(千克/亩) | | | | | | | |

注：每一季作物一张表，请填写齐全采样前一个年度的每季作物。农户调查点必须填写完"实际施肥明细"，其他点必须填写完"实际施肥总体情况"及以上部分。与表 2-9 联合使用，编号一致。

## 四、设施蔬菜测土施肥配方确定

根据当前我国测土配方施肥技术工作的经验，肥料配方设计的核心是肥料用量的确定。

### 1. 基于田块的肥料配方设计

设施蔬菜基于田块的肥料配方设计首先确定氮、磷、钾养分的用量，然后确定相应的肥料组合，通过提供配方肥料或发放配肥通知单，指导农民使用。蔬菜肥料用量的确定方法主要是养分平衡法。

（1）基本原理与计算方法　根据设施蔬菜目标产量需肥量与土壤供肥量之差估算目标产量的施肥量，通过施肥实践土壤供应不足的那部分养分。施肥量的计算公式为：

$$施肥量（千克/亩）=\frac{（目标产量所需养分总量-土壤供肥量）}{肥料中养分含量\times 肥料当季利用量}$$

养分平衡法涉及目标产量、蔬菜需肥量、土壤供肥量、肥料利用率和肥料中有效养分含量五大参数。目标产量确定后因土壤供肥量的确定方法不同，形成了地力差减法和土壤有效养分校正系数法两种。

地力差减法是根据作物目标产量与基础产量之差来计算施肥量

的一种方法。其计算公式为：

$$施肥量（千克/亩）=\frac{（目标产量-基础产量）\times 单位经济产量养分吸收量}{肥料中养分含量\times 肥料利用量}$$

基础产量即为蔬菜肥效实验方案中无肥区的产量。

土壤有效养分校正系数法是通过测定土壤有效养分含量来计算施肥量。其计算公式为：

$$施肥量（千克/亩）=\frac{（蔬菜单位产量养分吸收量-目标测试值）\times 有效养分校正系数}{肥料中养分含量\times 肥料利用量}$$

（2）有关参数的确定

① 目标产量。目标产量可采用平均单产法来确定。平均单产法是利用施肥区前 3 年平均单产和年递增率为基础确定目标产量，其计算公式为：

目标产量（千克）＝（1＋递增率）×前 3 年平均单产

一般蔬菜的递增率以 10%～15% 为宜。

② 蔬菜需肥量。通过对正常成熟的全株养分的化学分析，测定各种蔬菜百千克经济产量所需养分量，即可获得蔬菜需肥量。

$$蔬菜目标产量所需养分量（千克）=\frac{目标产量（千克）}{100}\times 百千$$

克产量所需养分量

如果没有试验条件，常见作物平均百千克经济产量吸收的养分量也可参考表 2-11 进行确定。

表 2-11　不同蔬菜形成百千克经济产量所需养分

| 蔬菜名称 | 收获物 | N、$P_2O_5$、$K_2O$ 需要量/千克 | | |
| --- | --- | --- | --- | --- |
| | | N | $P_2O_5$ | $K_2O$ |
| 大白菜 | 叶球 | 1.8～2.2 | 0.4～0.9 | 2.8～3.7 |
| 小油菜 | 全株 | 2.8 | 0.3 | 2.1 |
| 结球甘蓝 | 叶球 | 3.1～4.8 | 0.5～1.2 | 3.5～5.4 |
| 花椰菜 | 花球 | 10.8～13.4 | 2.1～3.9 | 9.2～12.0 |
| 芹菜 | 全株 | 1.8～2.6 | 0.9～1.4 | 3.7～4.0 |
| 菠菜 | 全株 | 2.1～3.5 | 0.6～1.8 | 3.0～5.3 |

| 蔬菜名称 | 收获物 | N、$P_2O_5$、$K_2O$ 需要量/千克 | | |
|---|---|---|---|---|
| | | N | $P_2O_5$ | $K_2O$ |
| 莴苣 | 全株 | 2.1 | 0.7 | 3.2 |
| 番茄 | 果实 | 2.8～4.5 | 0.5～1.0 | 3.9～5.0 |
| 茄子 | 果实 | 3.0～4.3 | 0.7～1.0 | 3.1～4.6 |
| 辣椒 | 果实 | 3.5～5.4 | 0.8～1.3 | 5.5～7.2 |
| 黄瓜 | 果实 | 2.7～4.1 | 0.8～1.1 | 3.5～5.5 |
| 冬瓜 | 果实 | 1.3～2.8 | 0.5～1.2 | 1.5～3.0 |
| 南瓜 | 果实 | 3.7～4.8 | 1.6～2.2 | 5.8～7.3 |
| 架芸豆 | 豆荚 | 3.4～8.1 | 1.0～2.3 | 6.0～6.8 |
| 豇豆 | 豆荚 | 4.1～5.0 | 2.5～2.7 | 3.8～6.9 |
| 胡萝卜 | 肉质根 | 2.4～4.3 | 0.7～1.7 | 5.7～11.7 |
| 萝卜 | 肉质根 | 2.1～3.1 | 0.8～1.9 | 3.8～5.1 |
| 大蒜 | 鳞茎 | 4.5～5.1 | 1.1～1.3 | 1.8～4.7 |
| 韭菜 | 全株 | 3.7～6.0 | 0.8～2.4 | 3.1～7.8 |
| 大葱 | 全株 | 1.8～3.0 | 0.6～1.2 | 1.1～4.0 |
| 洋葱 | 鳞茎 | 2.0～2.7 | 0.5～1.2 | 2.3～4.1 |
| 生姜 | 块茎 | 4.5～5.5 | 0.9～1.3 | 5.0～6.2 |
| 马铃薯 | 块茎 | 4.7 | 1.2 | 6.7 |

③ 土壤供肥量。土壤供肥量可以通过测定基础产量、土壤有效养分校正系数两种方法估算。

通过基础产量估算（处理1产量）：不施养分区蔬菜所吸收的养分量作为土壤供肥量。

$$土壤供肥量（千克）＝\frac{不施养分区蔬菜产量（千克）}{100}×百千克$$

产量所需养分量（千克）

通过土壤有效养分校正系数估算：将土壤有效养分测定值乘一

个校正系数，以表达土壤"真实"供肥量。该系数称为土壤有效养分校正系数。

$$土壤有效养分校正系数（\%）=\frac{缺素区蔬菜地上部分吸收该元素量（千克/亩）}{该元素土壤测定值（毫克/千克）\times0.15}$$

如果没有试验条件，土壤有效养分校正系数也可参考表 2-12 进行确定。

表 2-12　不同肥力菜地的土壤有效养分校正系数参考值

| 蔬菜种类 | 土壤养分 | 土壤有效养分校正系数 | | |
|---|---|---|---|---|
| | | 低肥力 | 中肥力 | 高肥力 |
| 早熟甘蓝 | 碱解氮 | 0.72 | 0.58 | 0.45 |
| | 速效磷 | 0.50 | 0.22 | 0.16 |
| | 速效钾 | 0.72 | 0.54 | 0.38 |
| 中熟甘蓝 | 碱解氮 | 0.85 | 0.72 | 0.64 |
| | 速效磷 | 0.75 | 0.34 | 0.23 |
| | 速效钾 | 0.93 | 0.84 | 0.52 |
| 大白菜 | 碱解氮 | 0.81 | 0.64 | 0.44 |
| | 速效磷 | 0.67 | 0.44 | 0.27 |
| | 速效钾 | 0.77 | 0.45 | 0.21 |
| 番茄 | 碱解氮 | 0.77 | 0.74 | 0.36 |
| | 速效磷 | 0.52 | 0.51 | 0.26 |
| | 速效钾 | 0.86 | 0.55 | 0.47 |
| 黄瓜 | 碱解氮 | 0.44 | 0.35 | 0.30 |
| | 速效磷 | 0.68 | 0.23 | 0.18 |
| | 速效钾 | 0.41 | 0.32 | 0.14 |
| 萝卜 | 碱解氮 | 0.69 | 0.58 | — |
| | 速效磷 | 0.63 | 0.37 | 0.20 |
| | 速效钾 | 0.68 | 0.45 | 0.33 |

④ 肥料利用率。如果没有试验条件，常见肥料的当年利用率也

可参考表 2-13。

表 2-13　肥料当年利用率

| 肥料 | 利用率/% | 肥料 | 利用率/% |
|---|---|---|---|
| 堆肥 | 25～30 | 尿素 | 60 |
| 一般圈粪 | 20～30 | 过磷酸钙 | 25 |
| 硫酸铵 | 70 | 钙镁磷肥 | 25 |
| 硝酸铵 | 65 | 硫酸钾 | 50 |
| 氯化铵 | 60 | 氯化钾 | 50 |
| 碳酸氢铵 | 55 | 草木灰 | 30～40 |

⑤ 肥料养分含量。供施肥料包括无机肥料和有机肥料。无机肥料、商品有机肥料含量按其标明量，不明养分含量的有机肥料，其养分含量可参照当地不同类型有机肥养分平均含量获得。

**2. 县域施肥分区与肥料配方设计**

县域测土配方施肥以土壤类型（土种）、土地利用方式和行政区划（村）的结合作为施肥指导单元，具体工作中可应用土壤图、土地利用现状图和行政区划图叠加求交生成施肥指导单元。应用最适合于当地实际情况的肥料用量推荐方式计算每一个施肥指导单元所需要的氮肥、磷肥、钾肥及微肥用量，根据氮、磷、钾的比例，结合当地肥料生产、销售、使用的实际情况为不同作物设计肥料配方，形成县域施肥分区图。

（1）施肥指导单元目标产量的确定及单元肥料配方设计　施肥指导单元目标产量确定可采用平均单产法或其他适合于当地的计算方法。根据每一个施肥指导单元氮、磷、钾及微量元素肥料的需要量设计肥料配方，设计配方时可只考虑氮、磷、钾的比例，暂不考虑微量元素肥料。在氮、磷、钾三元素中，可优先考虑磷、钾的比例设计肥料配方。

（2）区域肥料配方设计　区域肥料配方一般以县为单位设计，施肥指导单元肥料配方要做到科学性、实用性的统一，应该突出个性化，区域肥料配方在考虑科学性、实用性的基础上，还要兼顾企业生产供应的可行性，数量不宜太多。

062

区域肥料配方设计以施肥指导单元肥料配方为基础，应用相应的数学方法（如聚类分析）将大量的配方综合形成有限的几种配方。

设计配方时不仅要考虑农艺需要，还要综合考虑肥料生产厂家、销售商及农民用肥习惯等多种因素，确保设计的肥料配方不仅科学合理，还要切实可行。

（3）制作县域施肥分区图　区域肥料配方设计完成后，按照最大限度节省肥料的原则为每一个施肥指导单元推荐肥料配方，具有相同肥料配方的施肥指导单元即为同一个施肥分区。将施肥指导单元图根据肥料配方进行渲染后即形成了区域施肥分区图。

（4）肥料配方校验　在肥料配方区域内针对特定作物，进行肥料配方验证试验。

（5）测土配方施肥建议发布　充分应用信息手段如报纸、电视、互联网、触摸屏、掌上电脑、智能手机等发布施肥建议。

**3. 田间示范**

每县在主要设施蔬菜上分别设 20～30 个测土配方施肥示范点，进行田间对比示范（图 2-3）。示范设置常规施肥对照区和测土配方

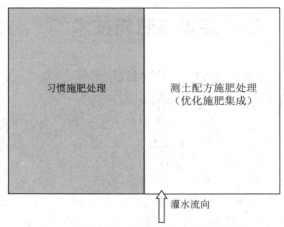

图 2-3　测土配方施肥示范小区排列示意

（习惯施肥处理完全由农民按照当地习惯进行施肥管理；测土配方施肥处理只是按照试验要求改变施肥数量和方式，对照处理则不施任何化学肥料，其他管理与习惯处理相同。处理间要筑田埂及排、灌沟，单灌单排，禁止串排串灌）

施肥区两个处理，蔬菜测土配方施肥区是集成优化施肥；设施蔬菜两个处理面积不少于 100 平方米。其他参照一般肥料试验要求。通过田间示范，综合比较肥料投入、作物产量、经济效益、肥料利用率等指标，客观评价测土配方施肥效益，为测土配方施肥技术参数的校正及进一步优化肥料配方提供依据。

对于每一个示范点，可以利用两到三个处理之间产量、肥料成本、产值等方面的比较，从增产和增收等角度进行分析，同时也可以通过测土配方施肥产量结果与计划产量之间的比较，进行参数校验。有关增产增收的分析指标如下。

（1）增产率　测土配方施肥产量与对照（常规施肥或不施肥处理）产量的差值相对于对照产量的百分数。

$$增产率（\%）=\frac{测土配方施肥产量-对照产量}{对照产量}\times 100$$

（2）增收　测土配方施肥比对照（常规施肥或不施肥处理）增加的纯收益。

增收（元/亩）＝（测土配方施肥产量-对照产量）×产品单价 -（测土配方施肥肥料成本-对照肥料成本）

# 第三节　设施蔬菜施肥新技术

## 一、设施蔬菜测土配方施肥配套新技术

### 1. 设施蔬菜二氧化碳施肥技术

二氧化碳是植物进行光合作用的重要原料，植物正常进行光合作用时周围环境中二氧化碳浓度为 300 毫克/升。设施内，日出前二氧化碳浓度可达到 1200 毫克/升；日出后，植物开始进行光合作用，二氧化碳浓度迅速下降，2 小时后降至 250 毫克/升。当降至 100 毫克/升以下时，植株光合作用减弱，植物生长发育受到严重影响。二氧化碳施肥是设施蔬菜栽培的重要增产措施之一。

（1）二氧化碳施用时期　大棚蔬菜在定植后 7～10 天（缓苗期）开始施用二氧化碳，温室蔬菜在定植后 15～20 天（幼苗期）开始施用二氧化碳，连续进行 30～35 天。果菜类开花坐果前不宜

施用二氧化碳，以免营养生长过旺造成徒长而落花落果，在开花坐果期施用二氧化碳，对减少落花落果、提高坐果率、促进果实生长具有明显作用。

（2）二氧化碳施用时间 施用时间根据日出后的光照强度确定。一般每年的 11 月至次年 2 月，于日出 1.5 小时后施放；3～4 月中旬，于日出 1 小时后施放；4 月下旬至 6 月上旬，于日出 0.5 小时后施放；施放后，将温室或大棚封闭 1.5～2.0 小时后再放风，一般每天 1 次，雨天停止。

（3）二氧化碳施用浓度 一般大棚施用浓度为 1000 毫克/升，温室为 800～1000 毫克/升，阴天适当降低施用浓度。具体浓度根据光照度、温度、肥水管理水平、蔬菜生长情况等适当调整。

（4）二氧化碳施用方法

① 开窗通风。通过棚内外空气交换使二氧化碳浓度达到内外平衡，并可排出其他有害气体，如氨气、二氧化氮、二氧化硫等，但冬季易造成低温冷害。

② 施用颗粒有机生物气肥法。将颗粒有机生物气肥按一定间距均匀施入植株行间，施入深度为 3 厘米，保持穴位土壤有一定水分，使其相对湿度在 80% 左右，利用土壤微生物发酵产生二氧化碳。该法经济有效，但释放量有限。

③ 液态二氧化碳。把酒精厂、酿造厂发酵过程中产生的液态二氧化碳装在高压瓶内，在棚内直接施放，用量可根据二氧化碳钢瓶的流量表和大棚体积进行计算，该法清洁卫生，便于控制用量，只是高压瓶造价高，应用受限。

④ 干冰气化。固体二氧化碳又称干冰，使用时将干冰放入水中，使其慢慢气化。该方法使用简单，便于控制用量，但冬季施用因二氧化碳气化时吸收热量，会降低棚内温度。

⑤ 有机物燃烧。用专制容器在大棚内燃烧甲烷、丙烷、白煤油、天然气等，生成二氧化碳，这种方法材料来源容易，但燃料价格较贵，燃烧时如氧气不足，则会生成一氧化碳，毒害蔬菜和人体，燃烧用的空气应由棚外引进，且燃料内不应含有硫化物，否则燃烧时产生亚硫酸也会造成危害。

⑥ 二氧化碳发生剂。目前大面积推广的是利用稀硫酸加碳酸

氢铵产生二氧化碳。可利用塑料桶、盆等耐酸容器盛清水，按酸水比1∶3的比例把工业用浓硫酸倒入水中稀释（不能把水倒入酸中），再按稀硫酸1份加碳酸氢铵1.66份的比例放入碳酸氢铵。为使二氧化碳缓慢释放，可用塑料薄膜把碳酸氢铵包好，扎几个小孔，再放入酸中，无气泡放出时，加过量的碳酸氢铵兑水50倍，即为硫酸铵和碳酸氢铵的混合液，可作追肥施用。也可用成套设备让反应在棚外发生，再将二氧化碳输入棚内。

⑦ 施用双微二氧化碳颗粒气肥。只需在大棚中穴播，深度3厘米左右，每次每亩10千克，一次有效期长达1个月，一茬蔬菜一般使用2~3次，省工省力，效果较好，是一种较有推广价值的二氧化碳施肥新技术。

（5）应注意的问题

① 严格控制二氧化碳施用浓度。补充二氧化碳浓度应根据品种特性、生育时期、天气状况和栽培技术等综合考虑，不要过高或过低，大棚需要密闭，以减少二氧化碳外溢，提高肥效。

② 合理安排施用时间。蔬菜在不同生育阶段施用二氧化碳其效果不是完全一样的，如毛豆在开花结荚期施用二氧化碳的增产效果比在营养生长阶段明显；番茄、黄瓜等果菜类蔬菜从定植至开花，植株生长慢，二氧化碳需求量少，一般不施用二氧化碳，以防株植徒长。

③ 加强配套栽培管理。蔬菜施用二氧化碳后，根系的吸收能力提高，生理机能改善，施肥量应适当增加，以防植株早衰，但应避免肥水过量，否则极易造成植株徒长。注意增施磷、钾肥，适当控制氮肥用量，还应注意激素点花保果，促进坐果，加强整枝打叶，改善通风透光，以减少病害发生，平衡植株的营养生长和生殖生长。

④ 注意天气情况和生育期。使用传统二氧化碳补充方法，需视天气情况和生育期而定，一般在晴天清晨施用，阴天不宜补充；苗期补充量最少，定植至坐果最多，坐果至收获补充量其次。蔬菜生产期内长期使用，才能收到较好效果。

⑤ 防止有害气体。应特别注意和防止二氧化碳气体中混有的有害气体对蔬菜作物的毒害作用。

**2. 设施蔬菜水肥一体化膜下滴灌施肥技术**

设施蔬菜水肥一体化膜下滴灌施肥技术是在地膜覆盖栽培的基础上，将施肥与灌溉结合在一起的一项农业新技术。这种灌水施肥方法，是通过滴灌系统，在灌溉的同时将肥料配对成肥液一起输送到作物根部土壤，供作物根系直接吸收利用。该方法可以精确控制灌水量、施肥量和灌溉及施肥时间，显著提高水和肥的利用率。现将设施蔬菜地膜覆盖滴灌施肥技术介绍如下。

（1）滴灌系统 主要包括水源、首部、输水管道、旁通、滴灌管等。

① 水源。连片温室大棚可实施地下输水工程在每个温室大棚内设阀门，水泵用微机控制。单个温室大棚可修建蓄水池，一般建在温室大棚的侧墙边，容积不少于 3 立方米。

② 首部。安装水泵、过滤器、压力调节阀门、流量调节器及施肥罐。

③ 输水管道。根据水源压力和滴灌面积来确定滴灌管道的安装级数。一般采用三级管道，即干管、支管和毛管。管道可采用薄壁 PE 管，在不影响使用寿命的情况下降低工程造价。

④ 旁通。具有调压功能，连接方便，可任意调整滴灌管的位置和间距。

⑤ 滴灌管。滴头可拆卸，如发生堵塞，便于清洗，滴头流量小，可形成较好的湿润体。

（2）滴灌形式。主要有膜下滴灌和地埋式滴灌。

① 膜下滴灌 滴灌管（带）铺在地表面，覆于膜下。

② 地埋式滴灌。滴灌管埋在地下 30~35 厘米处，水通过地埋毛管的滴头缓慢滴出渗入土中，再通过毛细管作用浸润作物根部。该技术对土壤的扰动较小，有利于作物保持根层疏松通透的环境条件，使地表土壤干燥，减少杂草生长。

（3）技术措施 主要包括滴灌技术、施肥技术、水肥耦合、技术集成等。

① 滴灌技术。根据作物需水生理和土壤条件制定灌溉方案，包括灌水定额、一次灌水时间、灌水周期、灌水次数等。

② 施肥技术。根据作物营养生理和土壤条件确定施肥制度，

如加肥时间、数量、比例、加肥次数和总量。

③ 水肥耦合。根据作物生长条件和前季产量确定目标产量；以作物营养的理论数据拟定施肥配方；依据土壤条件调节配方；以滴灌施肥条件下肥料吸施比计算施肥量；选配肥料与灌水制度配置用肥量。

④ 技术集成。配套运用设施地膜覆盖保水、保水剂应用等农艺保水技术及应用生物肥、有机肥培肥地力等保肥技术。

（4）使用方法　第一步，起垄栽培每垄种植两行作物。第二步，铺设滴灌管，在高垄中间铺设滴灌管（带），埋在地下或覆于膜下。第三步，施肥时，将尿素等可溶性化肥溶于施肥罐中，随水施入作物根部。施肥后，再用不含肥料的水滴灌 30 分钟。第四步，滴灌灌溉时，打开主管道堵头，冲洗 3 分钟，再将堵头装好。第五步，清洗，灌溉一段时间后，过滤器要打开清洗。

（5）效益分析　与地面灌溉相比，滴灌施肥技术自动化程度较高，可以实现精确灌溉、精准施肥，具有节水、节肥、节药、节地和省工，改善土壤及微生态环境等优点。

① 经济效益。经测算，应用滴灌施肥技术，每亩蔬菜增产 400～1000 千克，增加纯收益 2000 元以上，经济效益显著。此外，滴灌减轻了大棚内的空气湿度，降低了病虫害发生程度，每亩可节约农药投入 80 元以上。

② 生态效益。滴灌施肥可使灌溉水利用率达到 90%，氮肥当季利用率达 60%，与地面灌溉相比，节水 30%～50%，节肥 25%～30%，减少了水向深层的渗漏及移动性强的营养元素如氮素的淋洗流失，减轻了对地下水的污染。

③ 社会效益。滴灌施肥可以减轻灌溉和施肥的劳动强度，并有利于蔬菜标准化生产，提高蔬菜品质和市场化程度，促进农民增收。

## 二、无公害设施蔬菜产地环境条件及其调控技术

### 1. 无公害设施蔬菜内涵

无公害设施蔬菜是指设施蔬菜产地环境、生产过程和品质符合国家有关标准和规范要求，经有关部门认证并允许使用无公害产品

标志的未经加工或初加工的蔬菜。要准确理解和掌握这一概念，必须把握以下 6 个方面。

（1）设施蔬菜产地环境必须符合国家有关标准　所谓产地环境是指影响设施蔬菜生长发育的各种天然的和经过人工改造的自然因素的总体，包括农业用地、用水、大气、生物等。设施蔬菜的品质和产量是与环境息息相关的。环境条件符合设施蔬菜生长发育要求，设施蔬菜产量和品质就高，就能满足人们的需要、保证人们的身体健康，菜农经济效益就高。

（2）设施蔬菜的生产过程必须符合国家有关规定　这里要求设施蔬菜生产者和经营者必须从栽种到管理、从收获到初加工全程严格按照标准进行，科学合理使用肥料、农药、灌溉用水等农业投入品。

（3）设施蔬菜品质必须符合国家有关标准　设施蔬菜的品质是其内在质量，合格的蔬菜品质是生产的必然要求，是人们追求的根本目的，直接关系到消费者身心健康。目前设施蔬菜品质情况十分严峻，一方面是农业生态环境破坏加剧、产地环境污染严重；另一方面是农业投入品使用不科学，化肥、农药使用不规范，两者共同作用，致使设施蔬菜品质下降，不仅影响了其市场竞争力，甚至造成人畜急性或慢性中毒，危害人体健康。

（4）必须经有认证权的行政部门认证　根据中华人民共和国农业部、国家质检总局《无公害农产品管理办法》规定，一是产地环境认定由省级农业行政主管部门组织实施认定工作；二是生产过程质量控制由申请人（即生产经营单位或个人）严格按照有关标准或规范操作，省级农业行政主管部门组织现场检查；三是蔬菜品质检测由有资质的部级农产品质量检测中心检测；四是由农业部和国家认证认可监督管理委员会核准并公告后颁发《无公害农产品认证证书》，该证书有效期为 3 年。

（5）允许使用无公害蔬菜标志　无公害蔬菜标志可以在证书规定的产品、包装、标签、广告、说明书上使用并且受工商和商标法保护。所获标志仅限在认证的品种、数量等一定范围内使用。

（6）设施蔬菜产品必须是未经加工的或只是初加工的蔬菜　这是为了保证蔬菜原有的风味品质和营养，是无公害蔬菜的本质要求。为了耐储藏、好运输、便于交易，也可以初加工和包装。例如脱水、分级、包装等。

（7）无公害设施蔬菜有关国际标准代号含义　ISO9000 为质量管理和质量保证体系系列标准；ISO14000 为环境管理和环境保证体系系列标准；GMP 为良好操作规范；GAP 为良好农业规范；HACCP 为危害分析与关键控制点规范；IPM 为病虫害综合治理规范。

**2. 无公害设施蔬菜产地环境质量及相关标准**

（1）灌溉水质标准　用于无公害设施蔬菜灌溉的地面水、地下水和处理过的污水（废水），必须符合表 2-14 的规定，否则不允许在设施蔬菜地使用。

表 2-14　无公害设施蔬菜灌溉水质量指标/（毫克/升）

| | 项　目 | 极限指标 | | 项　目 | 极限指标 |
|---|---|---|---|---|---|
| 1 | 生物需氧量 | ≤80 | 13 | 氟化物 | ≤2.0 |
| 2 | 化学需氧量 | ≤150 | 14 | 氰化物 | ≤0.50 |
| 3 | 悬浮物 | ≤100 | 15 | 石油类 | ≤1.0 |
| 4 | 酸碱度 | 5.5～8.5 | 16 | 挥发酚 | ≤1.0 |
| 5 | 含盐量 | ≤1000 | 17 | 苯 | ≤2.5 |
| 6 | 氯化物 | ≤250 | 18 | 三氯乙醛 | ≤0.5 |
| 7 | 硫化物 | ≤1.0 | 19 | 丙烯醛 | ≤0.5 |
| 8 | 总汞 | ≤0.001 | 20 | 硼 | ≤2.0 |
| 9 | 总镉 | ≤0.005 | 21 | 粪大肠菌群 | ≤10000 |
| 10 | 总砷 | ≤0.05 | 22 | 蛔虫卵数 | ≤2 |
| 11 | 总铬 | ≤0.10 | 23 | 水温 | ≤35℃ |
| 12 | 总铅 | ≤0.10 | | | |

（2）土壤质量标准　用于种植无公害设施蔬菜的耕地必须符合表 2-15 要求；应尽量杜绝工业或乡镇企业不合标准的废水、废气和固体废弃物、城镇排污、公路主干道的影响；同时防止农药和化肥、未经处理的人畜粪便等污染。

表 2-15　无公害设施蔬菜土壤环境质量标准 /（毫克/千克）

| 项　　目 | 极　限　指　标 | | |
|---|---|---|---|
| | pH 值＜6.5 | pH 值 6.5～7.5 | pH 值＞7.5 |
| 1　镉 | ≤0.3 | ≤0.30 | ≤0.60 |
| 2　汞 | ≤0.3 | ≤0.5 | ≤1.0 |
| 3　砷 | ≤40 | ≤30 | ≤25 |
| 4　铜 | ≤50 | ≤100 | ≤100 |
| 5　铅 | ≤250 | ≤300 | ≤350 |
| 6　铬 | ≤150 | ≤200 | ≤250 |
| 7　锌 | ≤200 | ≤250 | ≤300 |
| 8　镍 | ≤40 | ≤40 | ≤60 |
| 9　六六六 | ≤0.05 | ≤0.05 | ≤1.0 |
| 10　DDT | ≤0.05 | ≤0.05 | ≤1.0 |

（3）大气污染物最高允许浓度　大气污染物最高允许浓度是设施蔬菜在长期或短期接触的情况下，能正常生长发育并且不发生急性或慢性伤害、保证人畜等免遭危害的浓度标准，见表 2-16。

表 2-16　设施蔬菜的大气污染物最高允许浓度

| 污染物 | 作物敏感程度 | 生长季节平均浓度 | 日平均浓度 | 任何一次浓度 | 蔬菜种类 |
|---|---|---|---|---|---|
| 二氧化硫 /（毫克/米³） | 敏感 | 0.05 | 0.15 | 0.50 | 麦类、大豆、甜菜、芝麻、菠菜、青菜、白菜、莴苣、黄瓜、西葫芦、洋芋、苹果、梨、葡萄、苜蓿、三叶草、黑麦草、鸭茅 |
| | 中等敏感 | 0.08 | 0.25 | 0.70 | 水稻、玉米、高粱、棉花、烟草、番茄、茄子、胡萝卜、桃、李、杏、柑橘、樱桃 |
| | 抗性 | 0.12 | 0.30 | 0.80 | 蚕豆、油菜、向日葵、甘蓝、芋头、草莓 |

| 污染物 | 作物敏感程度 | 生长季节平均浓度 | 日平均浓度 | 任何一次浓度 | 蔬菜种类 |
|---|---|---|---|---|---|
| 氟化物/（微克/米³） | 敏感 | 1.0 | 5.0 | / | 麦类、花生、甘蓝、菜豆、苹果、梨、桃、杏、李、葡萄、草莓、樱桃、桑、苜蓿、鸭茅 |
| | 中等敏感 | 2.0 | 10.0 | / | 水稻、玉米、高粱、大豆、白菜、芹菜、花椰菜、柑橘、三叶草 |
| | 抗性 | 4.5 | 15.0 | / | 向日葵、棉花、茶、茴香、番茄、茄子、辣椒、洋芋 |

（4）设施蔬菜卫生标准　设施蔬菜必须符合表 2-17 标准方能允许食用。

**表 2-17　设施蔬菜卫生标准/（毫克/千克）**

| 项　目 | 极限指标 | 项　目 | 极限指标 |
|---|---|---|---|
| 镉 | ≤0.05 | 马拉硫磷 | 不得检出 |
| 总砷 | ≤0.5 | 对硫磷 | 不得检出 |
| 总汞 | ≤0.01 | 铅 | ≤0.2 |
| 氟 | ≤1.0 | 铬 | ≤0.4 |
| 六六六 | ≤0.2 | 锌 | ≤5.0 |
| DDT | ≤0.1 | 苯并[a]芘 | ≤0.001 |
| TTV | ≤0.2 | 硝酸盐 | ≤432 |
| 乐果 | ≤1.0 | 亚硝酸盐 | ≤7.8 |

## 3. 无公害设施蔬菜产地环境控制技术

（1）农业自身污染的预防与控制措施　农业自身污染主要是农业生产过程中施用农药、化肥、生长调节剂等不合理，以及农业废弃物，如畜禽粪便等处理、利用不当而造成的污染。这方面的污染，主要是通过实施无公害设施蔬菜生产技术规程加以预防和控制。一是科学管理，合理施用化肥、农药和植物生长调节剂。这方面的内容可参考有关内容。二是利用生态模式合理利用农业废弃物。建立生态型蔬菜基地，实行多业互补，利用生态模式合理处理和利用农业废弃物，促进生态经济良性循环。如大力发展种养结合、种养沼结合、种养沼加等多业结合、多种物质循环模式，不仅可提高生物能的转化率和资源利用率，而且可防止废弃物对环境的污染。三是禁止使用对设施蔬菜产地环境有害的物质。在生产无公害蔬菜的菜田中，应避免污水、固体废弃物进入；严禁使用有害物质含量超标的污水、农用固体废弃物等，禁止使用医院废弃物及含放射性物质的废弃物。

（2）无公害设施蔬菜栽培的土壤和水源治理　第一，按照环境自然净化规律，以改变人为的对土壤和水源质量的继续污染为突破口，恢复原有的生态平衡。第二，在设施蔬菜生产基地中，坚持以设施蔬菜栽培为主，其他作物种植为辅，并结合畜牧养殖和农产品加工等产业，逐步形成一个资源利用合理的社会化物质生产系统。第三，大力推广无公害设施蔬菜生产的各项技术措施，区分地表水和地下水，可灌水和非可灌水，在对污染水进行集中处理的同时，使用深井水并作适当处理，配合采用节水灌溉技术。

（3）土壤次生盐渍化治理　一是以水除盐，依靠大水洗盐，或开沟埋设暗管排水，用垂直洗盐的方法进行，并将洗出去的盐水通过管道或排水系统排出后集中处理。二是生物除盐，采用休闲或轮作方式，种植速生吸盐植物（如玉米、苏丹草）。三是采用菜田与水田轮作。四是施用有机肥料。五是进行深耕，使表土和深层土壤适度混合。

（4）土壤中病虫害治理　一是通过土壤休闲，与大田作物进行轮作。二是在越冬前灌水，进行冻垡，或在夏季进行深翻晒垡。三是利用夏季高温施入石灰和未腐熟有机肥；或浇水后覆膜密闭30～45天，杀死病菌、虫卵。四是利用蒸汽或药物进行土壤消毒。五是要加强宣传、搞好培训、提高农民的质量意识和农药施用技术，大力推广生物农药和生物防治技术，是保护环境、提高农产品品质、实现生产无公害农副产品和绿色食品的重要措施。六是综合防治病虫草害，实行作物轮作、清洁田园、利用和引进天敌实施生物防治都是较为有效的防治手段。

（5）防治设施蔬菜肥害发生　一是合理利用有机肥资源。合理分配现有有机肥资源，将其重点分配在经济植物上；加强有机肥养分再循环，开发利用城市有机肥源，生产商品有机肥料；推广秸秆还田技术，缓解有机肥源和钾肥资源不足；积极发展绿肥，扩大绿肥种植面积。二是提高氮肥利用率。施用适宜的氮肥用量，减少对环境污染；选择合适的施肥时期，减少氮肥损失率；氮肥深施减少氮素损失率；施用硝化抑制剂和脲酶抑制剂；水肥综合调控，提高肥料利用率；平衡施肥，协调植物营养。三是注意磷肥合理施用。以轮作周期为单位施用磷肥，发挥磷肥后效；水溶性磷肥与有机肥配合施用，减少磷的固定；氮磷肥配合和混合集中施用；贫磷土壤应以有效利用磷肥和经济合理施肥为目标，丰磷土壤应以补偿性施磷为主；根据不同土壤、不同植物，合理分配磷肥品种。四是合理补施微量元素肥料。必须控制过量施用；施用微肥的同时，要配合其他相应农业措施；注意有机肥料与微肥配合施用；将微肥施用在敏感设施蔬菜上。

## 4. 无公害设施蔬菜生产技术要点

（1）建立无公设施害蔬菜生产基地　选择大气、土壤、水源等环境中所含有毒物质都不超标准的地块作为生产基地。保证基地农田大气质量符合 GB 3095－1996 标准，农田用水质量符合 GB 5084－1992 标准，农田土壤质量符合 GB 15618－1995 标准。

（2）品种选择　选择适合于当地设施栽培的抗逆性强、抗病、抗虫的高产优质蔬菜品种。

（3）培育壮苗　第一，育苗床土的配制及消毒。育苗床土应做到无病原菌、无虫卵、无杂草种子。床土由肥沃田土、有机肥、草炭土细沙等配制而成，配制床土所用的有机肥应充分腐熟并经无害化处理后方可使用。床土应选择生物农药进行消毒。第二，种子处理技术。播种前应对种子进行严格筛选和处理。种子消毒最好用物理方法消毒，如热水烫种消毒。消毒后的种子还应进行浸种催芽处理，对不同的蔬菜种子应掌握不同的浸种催芽时间。在催芽进程中，应勤翻动种子并用清水漂洗，擦去种皮上的绒毛、黏液，防止霉烂。第三，适时播种。可根据不同的栽培方式，不同蔬菜品种的日历苗龄推算播种时间，早春育苗时为提高地温可选用酿热温床育苗、电热育苗或架床育苗。第四，苗期管理。早春育苗前期应以保温为主，防止冻害发生，后期应逐渐通风降温，尤其应控制夜温，避免因夜温过高而出现秧苗徒长现象。苗期应始终保持床土温润，满足幼苗需要。定植前 7～10 天对幼苗进行低温锻炼，加大通风量，控制浇水，以增强幼苗的抗逆性，夏季育苗应注意遮阳降温、防雨。

（4）合理轮作　无公害设施蔬菜生产必须做到合理安排茬口，实行轮作，并适当调整播期，尽量避开病虫害高发期。

（5）整地措施　进行无公害设施蔬菜生产要合理整地，科学施肥，播前深翻、晒白土壤并及时清理田园。施肥应坚持以有机底肥为主，要进行测土配方施肥。有机肥应充分腐熟并经过无公害化处理后方可施用，用量为 4000 千克/亩，可限量使用限定的化学肥料。并适当施用一些微量元素肥料和优质的叶面肥。但施用化肥必须在蔬菜作物收获前 30 天完成，叶面肥在采收前 20 天施完。

（6）加强田间管理　在栽培过程中，要充分利用光、热、气等条件，要通过对环境条件的控制，创造一个有利于设施蔬菜生长而不利于病虫害发生的环境条件。如选择高畦、大小垄、大垄双行等栽培形式。棚室早熟栽培要预防低温、高湿，采取多层覆盖等增温保湿技术，及时补充二氧化碳气肥，增加光照，同时应加强通风透光。实行科学灌水，应用滴灌、渗透等节水灌溉技术。棚室延后栽培应在前期高温多雨季节遮阳降温，后期应注意防寒保温。应加强中耕除草，以提高地温，减少水分蒸发，增强保水能力。露地蔬菜栽培要及时间苗、定苗、加强水分管理并注意雨季排涝。

（7）病虫害防治　无公害设施蔬菜的病虫害防治应贯彻"预防为主，综合防治"的植保工作方针，加强病虫害的预测预报，综合运用农业防治、生态防治、生物防治、机械物理防治等措施，并辅以正确的化学防治。在化学防治过程中必须做到合理使用农药，遵循"严格、准确、适量"的原则，选择高效、低毒、低残留的农药品种，严禁使用低效、高毒、多残留以及具有三致（致癌、致畸、致突变）的农药。要讲究防治策略，适期防治，对症下药，并要严格执行农药安全间隔期。

# 第三章

# 无公害设施蔬菜生产常用肥料

## 第一节　设施蔬菜生产的常用肥料

　　设施蔬菜生产中常用的肥料类型主要有化学肥料、有机肥料、生物肥料三大类。

### 一、化学肥料

　　化学肥料，也称无机肥料，简称化肥，是用化学和（或）物理方法人工制成的含有一种或几种作物生长需要的营养元素的肥料。

#### （一）常见氮肥性质与安全施用

　　常用的氮肥有尿素、碳酸氢铵、硫酸铵、碳酸氢铵、硝酸铵、硝酸钙等。

　　**1. 尿素**

　　（1）基本性质　尿素为酰胺态氮肥，化学分子式为 $CO(NH_2)_2$，含氮 $45\%\sim46\%$。

　　尿素为白色或浅黄色结晶体，无味无臭，稍有清凉感；易溶于水，水溶液呈中性反应。尿素吸湿性强，但由于尿素在造粒中加入石蜡等疏水物质，因此肥料级尿素吸湿性明显下降。

　　尿素在造粒过程中，温度达到 50℃ 时，便有缩二脲生成；当温度超过135℃时，尿素分解生成缩二脲。尿素中缩二脲含量超过2%时，就会抑制种子发芽，危害作物生长。

（2）安全科学施用　尿素适于作基肥和追肥，一般不直接作种肥。

① 作基肥。尿素作设施蔬菜基肥可以在翻耕前撒施，也可以和有机肥掺混均匀后进行条施或沟施。一般每次每亩尿素用量以10～12千克为宜，并且要注意深施覆土，施用均匀。

水生设施蔬菜作基肥，一般在灌水前5～7天撒施，然后翻耕入土后再灌溉，每亩每次用量为8～10千克。

② 根际追肥。每亩每次用尿素8～12千克。旱地可采用沟施或穴施，施肥深度7～10厘米，施后覆土。尿素作追肥应提前4～8天。

③ 根外追肥。尿素分子体积小，易透过细胞膜，容易被叶片吸收，肥效快。因此，适宜作叶面喷施，叶面喷施浓度一般为0.2%～2.0%，白菜、萝卜、菠菜、甘蓝1.0%，黄瓜1.0%～1.5%，马铃薯、西瓜、茄子0.4%～0.8%，番茄、温室黄瓜、草莓0.2%～0.3%。

（3）适宜作物及注意事项　尿素是生理中性肥料，适用于各类设施蔬菜和各种土壤。

尿素在造粒中温度过高就会产生缩二脲，甚至三聚氰酸等产物，对设施蔬菜有抑制作用。缩二脲含量超过1%时不能作叶面肥。尿素易随水流失，水田施尿素时应注意不要灌水太多，并应结合耘田使之与土壤混合，减少尿素流失。

尿素施用入土后，在脲酶作用下，不断水解转变为碳酸铵或碳酸氢铵，才能被设施蔬菜吸收利用。尿素作追肥时应提前4～8天施用。

（4）特性及施用要点歌谣　为方便群众科学安全施用尿素，可熟记下面歌谣。

<blockquote>
尿素性平呈中性，各类土壤都适用；<br>
含氮高达四十六，根外追肥称英雄；<br>
施入土壤变碳铵，然后才能大水灌；<br>
千万牢记要深施，提前施用最关键。
</blockquote>

**2. 碳酸氢铵**

(1) 基本性质　碳酸氢铵为铵态氮肥，又称重碳酸铵，简称碳铵，化学分子式为 $NH_4HCO_3$，含 N16.5%～17.5%。

碳酸氢铵为白色或微灰色，呈粒状、板状或柱状结晶。易溶于水，水溶液为碱性反应，pH8.2～8.4。易挥发，有强烈的刺激性臭味。

干燥碳酸氢铵在 10～20℃常温下比较稳定，但敞开放置易分解成氨、二氧化碳和水。碳酸氢铵的分解造成氮素损失，残留的水加速潮解并使碳酸氢铵结块。碳酸氢铵含水量越多，与空气接触面越大，空气湿度和温度越高，其氮素损失也越快。因此，碳酸氢铵要求：制造时常添加表面活性剂，适当增大粒度，降低含水量；包装要结实，防止塑料袋破损和受潮；储存的库房要通风，不漏水，地面要干燥。

(2) 安全科学施用　碳酸氢铵适于作基肥，也可作追肥，不易作种肥，且要深施。

① 作基肥。每亩每次用碳酸氢铵 20～25 千克，可结合耕翻进行，将碳酸氢铵随撒随翻，耙细盖严；或在耕地时撒入犁沟中，边施边犁垡覆盖，俗称"犁沟溜施"。

② 作追肥。每亩每次用碳酸氢铵 10～15 千克，一般采用沟施与穴施，沟深 6～10 厘米，随后撒肥覆土。撒肥时要防止碳酸氢铵接触、烧伤茎叶。干旱季节追肥后立即灌水。

(3) 适宜作物及注意事项　碳酸氢铵是生理中性肥料，适用于各类设施蔬菜和各种土壤。

碳酸氢铵养分含量低，化学性质不稳定，温度稍高易分解挥发损失。产生的氨气对种子和叶片有腐蚀作用，故不宜作种肥和叶面施肥。

(4) 特性及施用要点歌谣　为方便群众科学安全施用碳酸氢铵，可熟记下面歌谣。

碳酸氢铵偏碱性，施入土壤变为中；
含氮十六到十七，各种蔬菜都适宜；
高温高湿易分解，施用千万要深埋；
牢记莫混钙镁磷，还有草灰人尿粪。

**3. 硫酸铵**

（1）基本性质　硫酸铵为铵态氮肥，简称硫铵，又称肥田粉，化学分子式为 $(NH_4)_2SO_4$，含氮 $20\%\sim21\%$。

硫酸铵为白色或淡黄色结晶，因含有杂质有时呈淡灰、淡绿或淡棕色。易溶于水，呈中性反应。吸湿性弱，热反应稳定，是生理酸性肥料。

（2）安全科学施用　硫酸铵适宜作设施蔬菜的基肥和追肥。

① 作基肥。每亩每次用量 $15\sim20$ 千克，可撒施随即翻入土中，或开沟条施，但都应当深施覆土。

② 作追肥。每亩每次用量 $15\sim20$ 千克，施用方法同碳酸氢铵。对于砂质土要少量多次。旱季施用硫酸铵，最好结合浇水。

（3）适宜作物及注意事项　适宜各种设施蔬菜与各类土壤，特别适于油菜、马铃薯、葱、蒜等喜硫设施蔬菜。

硫酸铵一般用在中性和碱性土壤上，酸性土壤应谨慎施用。在酸性土壤中长期施用，应配施石灰和钙镁磷肥，以防土壤酸化。水田不宜长期大量施用，以防硫化氢中毒。

（4）特性及施用要点歌谣　为方便群众科学安全施用硫酸铵，可熟记下面歌谣。

> 硫铵俗称肥田粉，氮肥以它作标准；
> 含氮高达二十一，各种蔬菜都适宜；
> 生理酸性较典型，最适土壤偏碱性；
> 混合普钙变一铵，氮磷互补增效应。

**4. 氯化铵**

（1）基本性质　氯化铵属于铵态氮肥，简称氯铵，化学分子式为 $NH_4Cl$，含氮量 $24\%\sim25\%$。

氯化铵为白色或淡黄色结晶，外观似食盐。物理性状好，吸湿性小，一般不易结块，结块后易碎。常温下较稳定，不易分解，但与碱性物质混合后常挥发损失。易溶于水，呈微酸性，生理酸性肥料。

（2）安全科学施用　氯化铵适宜作基肥、追肥，不宜作种肥。

① 作基肥。每亩用量 $20\sim40$ 千克，可撒施随即翻入土中，或开沟条施，但都应当深施覆土。

② 作追肥。每亩用量 10～20 千克，施用方法同硫酸铵。但应当尽早施用，施后适当灌水。石灰性土壤作追肥应当深施覆土。

（3）适宜作物及注意事项　氯化铵对于设施蔬菜的肥效与等氮量接近。忌氯蔬菜如马铃薯等不宜施用。

氯化铵含有大量氯离子，对种子有害，不宜作种肥。氯化铵是生理酸性肥料，应避免与碱性肥料混用。一般用在中性和碱性土壤上，酸性土壤应谨慎施用，盐碱地禁用。在酸性土壤中长期施用，应配施石灰和钙镁磷肥，以防土壤酸化。在石灰性土壤上，如果排水不好或长期干旱，施用易增加盐分含量，影响蔬菜生长。

（4）特性及施用要点歌谣　为方便群众科学安全施用氯化铵，可熟记下面歌谣。

> 氯化铵、生理酸，含有二十五个氮；
> 施用千万莫混碱，用作种肥出苗难；
> 牢记红薯马铃薯，烟叶甜菜都忌氯；
> 重用棉花和水稻，掺和尿素肥效高。

## 5. 硝酸铵

（1）基本性质　硝酸铵为硝态氮肥，简称硝铵，化学分子式为 $NH_4NO_3$，含氮量 34％～35％。

硝酸铵为白色或浅黄色结晶，有颗粒和粉末状。粉末状硝酸铵，吸湿性强，易结块。颗粒状硝酸铵表面涂有防潮湿剂，吸湿性小。硝酸铵易溶于水，易燃烧和爆炸，生理中性肥料。

（2）安全科学施用　硝酸铵更适于作旱地设施蔬菜追肥，每亩每次可施 10～15 千克。没有浇水的旱地，应开沟或挖穴施用；水浇地施用后，浇水量不宜过大。雨季应采用少量多次方式施用。

（3）适宜作物及注意事项　适宜于各种设施蔬菜和各类土壤，一般不建议用于水田设施蔬菜。

硝酸铵储存时要防燃烧、爆炸、防潮。在水田中施用效果差，不宜与未腐熟的有机肥混合施用。

（4）特性及施用要点歌谣　为方便群众科学安全施用硝酸铵，可熟记下面歌谣。

> 硝酸铵、生理酸，内含三十四个氮；
> 铵态硝态各一半，吸湿性强易爆燃；

施用最好作追肥，不施水田不混碱；

掺和钾肥氯化钾，理化性质大改观。

**6. 硝酸钙**

（1）基本性质　硝酸钙为硝态氮肥，化学分子式为 $Ca(NO_3)_2$，含氮量 $15\%\sim18\%$。

硝酸钙外观一般为白色或灰褐色颗粒。易溶于水，水溶液为碱性，吸湿性强，容易结块。肥效快，生理碱性肥料。

（2）安全科学施用　硝酸钙宜作设施蔬菜追肥，主要作叶面追肥。

① 作追肥。应当用于旱地，特别是喜钙设施蔬菜，一般每亩每次用量为 $20\sim30$ 千克。旱地应分次少量施用。

② 作叶面追肥。绝大多数设施蔬菜都是喜钙的，可在生长期或出现缺钙症状前叶面喷施 $0.1\%$ 硝酸钙溶液。

（3）适宜作物及注意事项　适用于各类土壤和设施蔬菜，特别适宜于马铃薯。适合于酸性土壤，在缺钙的酸性土壤上效果更好。不宜在水田蔬菜中施用。

硝酸钙贮存时要注意防潮。由于含钙，不要与磷肥直接混用；避免与未发酵的厩肥和堆肥混合施用。

（4）特性及施用要点歌谣　为方便群众科学安全施用硝酸钙，可熟记下面歌谣。

硝酸钙、又硝石，吸湿性强易结块；

含氮十四生理碱，易溶于水呈弱酸；

各类土壤都适宜，最好施用缺钙田；

盐碱土上施用它，物理性状可改善。

**（二）常见磷肥性质与安全施用**

**1. 过磷酸钙**

过磷酸钙，又称普通过磷酸钙、过磷酸石灰，简称普钙。其产量约占全国磷肥总产量的 $70\%$ 左右，是磷肥工业的主要基石。

（1）基本性质　过磷酸钙主要成分为磷酸一钙 [$Ca(H_2PO_4)_2 \cdot H_2O$] 和硫酸钙（$CaSO_4$）的复合物，其中磷酸一钙约占其重量的 $50\%$，硫酸钙约占 $40\%$，此外 $5\%$ 左右的游离酸，$2\%\sim4\%$ 的硫酸铁、硫酸铝。其有效磷（$P_2O_5$）含量为 14%～20%。

过磷酸钙为深灰色、灰白色或淡黄色等粉状物，或制成粒径为 2～4 毫米的颗粒。其水溶液呈酸性反应，具有腐蚀性，易吸湿结块。由于硫酸铁、铝盐存在，吸湿后，磷酸一钙会逐渐退化成难溶性磷酸铁、磷酸铝，从而失去有效性，这种现象称为过磷酸钙的退化作用，因此在储运过程中要注意防潮。

（2）安全科学施用 过磷酸钙可以作基肥、种肥和追肥。具体施用方法如下。

① 集中施用。过磷酸钙不管作基肥、种肥和追肥，均应集中施用和深施。作基肥每亩每次用量为 30～50 千克，作追肥每亩每次用量 15～20 千克，作种肥每亩每次用量 5 千克左右。集中施用旱地以条施、穴施、沟施的效果为好。

② 与有机肥料混合施用。过磷酸钙与有机肥料混合作基肥每亩用量可在 20～25 千克，可显著提高磷肥肥效。

③ 根外追肥。设施蔬菜叶面喷施浓度为 0.5%～1%。方法是将过磷酸钙与水充分搅拌并放置过夜，取上层清液喷施。

（3）适宜作物和注意事项 过磷酸钙适宜各种设施蔬菜及大多数土壤。酸性土壤配施石灰，施用石灰可调节土壤 pH 值到 6.5 左右。

过磷酸钙不宜与碱性肥料混用，以免发生化学反应降低磷的有效性。储存时要注意防潮，以免结块；要避免日晒雨淋，减少养分损失。运输时车上要铺垫耐磨的垫板和篷布。

（4）特性及施用要点歌谣 为方便群众科学安全施用过磷酸钙，可熟记下面歌谣。

> 过磷酸钙水能溶，各种作物都适用；
> 混沤厩肥分层施，减少土壤磷固定；
> 配合尿素硫酸铵，以磷促氮大增产；
> 含磷十八性呈酸，运储施用莫遇碱。

## 2. 重过磷酸钙

（1）基本性质 重过磷酸钙，也称三料磷肥，简称重钙，主要成分是一水磷酸二氢钙，分子式为 $Ca(H_2PO_4)_2 \cdot H_2O$，含磷（$P_2O_5$）量 42%～45%。

重过磷酸钙外观一般为深灰色颗粒或粉状，性质与过磷酸钙类似。粉末状重钙以吸潮、结块；含游离磷酸 4%～8%，呈酸性，腐蚀性强。颗粒状商品性好、使用方便。

（2）安全科学施用 重过磷酸钙宜作基肥、追肥和种肥，施用量比过磷酸钙减少一半以上，施用方法同过磷酸钙。

（3）适宜作物和注意事项 重过磷酸钙适宜各种设施蔬菜及大多数土壤，但在喜硫设施蔬菜上施用效果不如过磷酸钙。

产品易吸潮结块，储运时要注意防潮、防水，避免结块损失。

（4）特性及施用要点歌谣 为方便群众科学安全施用重过磷酸钙，可熟记下面歌谣。

> 过磷酸钙名加重，也怕铁铝来固定；
> 含磷高达四十六，俗称重钙呈酸性；
> 用量掌握要灵活，它与普钙用法同；
> 由于含磷比较高，不宜拌种蘸根苗。

**3. 钙镁磷肥**

（1）基本性质 钙镁磷肥的主要成分是磷酸三钙，含五氧化二磷、氧化镁、氧化钙、二氧化硅等成分，无明确的分子式和分子量，有效磷（$P_2O_5$）含量为 14%～20%。

钙镁磷肥由于生产原料及方法不同，成品呈灰白、浅绿、墨绿、灰绿、黑褐等色，粉末状。不吸潮、不结块，无毒，无臭，没有腐蚀性。不溶于水，溶于弱酸，物理性状好，呈碱性反应。

（2）安全科学施用 钙镁磷肥多作基肥，施用时要深施、均匀施，使其与土壤充分混合。每亩每次用量 15～20 千克，也可采用 1 年 30～40 千克、隔年施用的方法。

在酸性土壤上也可蘸秧根，每亩用量 10 千克左右。如果与有机肥料混施有较好效果，但应堆沤 1 个月以上，沤好后的肥料可作基肥、种肥。

（3）适宜作物和注意事项 适宜各种设施蔬菜和缺磷的酸性土壤，特别是南方酸性红壤。

钙镁磷肥不能与酸性肥料混用，不要直接与普钙、氮肥等混合施用，但可分开施用。钙镁磷肥为细粉产品，若用纸袋包装，在储存和搬运时要轻挪轻放，以免破损。

（4）特性及施用要点歌谣　为方便群众科学安全施用钙镁磷肥，可熟记下面歌谣。

钙镁磷肥水不溶，溶于弱酸属枸溶；

作物根系分泌酸，土壤酸液也能溶；

含磷十八呈碱性，还有钙镁硅锰铜；

酸性土壤施用好，石灰土壤不稳定；

施用应作基肥使，一般不作追肥用；

二十千克施一亩，用前堆沤肥效增。

## （三）常见钾肥性质与安全施用

### 1. 氯化钾

（1）基本性质　氯化钾分子式为 KCl，含钾（$K_2O$）不低于 60%，含氯化钾应大于 95%。肥料中还含有氯化钠约 1.8%，氯化镁 0.8% 和少量的氯离子，水分含量少于 2%。

盐湖钾肥是我国青海省盐湖钾盐矿中提炼制造而成的。主要成分为氯化钾，含钾（$K_2O$）52%～55%，氯化钠约 3%～4%，氯化镁约 2%，硫酸钙 1%～2%，水分 6% 左右。

氯化钾一般呈白色或粉红色或淡黄色结晶，易溶于水，物理性状良好，不易吸湿结块，水溶液呈化学中性，属于生理酸性肥料。盐湖钾肥为白色晶体，水分含量高，杂质多，吸湿性强，能溶于水。

（2）安全科学施用　氯化钾适宜作基肥深施，作追肥要早施，不宜作种肥。

① 作基肥。一般每亩每次用量 10～15 千克，通常要在播种前 10～15 天，结合耕地施入。氯化钾应配合施用氮肥和磷肥效果较好。

② 作早期追肥。一般每亩用量在 7.5～10 千克，一般要求在蔬菜苗长大后追施。

（3）适宜作物和注意事项　氯化钾适于大多数设施蔬菜。但忌氯蔬菜不宜施用，如马铃薯、西瓜等，尤其是幼苗或幼龄期更要少用或不用。氯化钾适宜与多数土壤，但盐碱地不宜施用。

酸性土壤施用要配合石灰，石灰性土壤施用要配合施用有机肥料。氯化钾具有吸湿性，储存时要放在干燥地方，防雨防潮。

（4）特性及施用要点歌谣 为方便群众科学安全施用氯化钾，可熟记下面歌谣。

> 氯化钾、早当家，钾肥家族数它大；
> 易溶于水性为中，生理反应呈酸性；
> 白色结晶似食盐，也有淡黄与紫红；
> 酸性土施加石灰，中和酸性增肥力；
> 盐碱土上莫用它，莫施忌氯作物地；
> 亩用一十五千克，基肥追肥都可以。

**2. 硫酸钾**

（1）基本性质 硫酸钾分子式为 $K_2SO_4$，含钾（$K_2O$）48%～52%，含硫（S）约 18%。

硫酸钾一般呈白色或淡黄色或粉红色结晶，易溶于水，物理性状好，不易吸湿结块，是化学中性、生理酸性肥料。

（2）安全科学施用 硫酸钾可作基肥、追肥、种肥和根外追肥。

① 作基肥。一般每亩施用量为 30～80 千克，块根、块茎设施蔬菜可多施一些，应深施覆土，减少钾的固定。

② 作追肥。一般每亩每次施用量为 10～15 千克左右，应集中条施或穴施到蔬菜根系较密集的土层；砂性土壤一般易追肥。

③ 作种肥。一般每亩用量 1.5～2.5 千克。

④ 根外追肥。叶面施用时，硫酸钾可配成 2%～3% 的溶液喷施。

（3）适宜作物和注意事项 硫酸钾适宜各种设施蔬菜和土壤，对忌氯蔬菜和喜硫蔬菜（油菜、大蒜等）有较好效果。

硫酸钾在酸性土壤、水田上应与有机肥、石灰配合施用，不易在通气不良土壤上施用。硫酸钾施用时不易贴近作物根系。

（4）特性及施用要点歌谣 为方便群众科学安全施用硫酸钾，可熟记下面歌谣。

> 硫酸钾、较稳定，易溶于水性为中；
> 吸湿性小不结块，生理反应呈酸性；
> 含钾四八至五十，基种追肥均可用；

集中条施或穴施，施入湿土防固定；

酸土施用加矿粉，中和酸性又增磷；

石灰土壤防板结，增施厩肥最可行；

每亩用量十千克，块根块茎用量增；

易溶于水肥效快，氮磷配合增效应。

**3. 硫酸钾镁肥**

（1）基本性质　硫酸钾镁肥化学分子式为 $K_2SO_4 \cdot MgSO_4$，含钾（$K_2O$）22％以上。除了含钾外，还含有镁11％以上、硫22％以上，因此是一种优质的钾、镁、硫多元素肥料，近几年推广施用前景很好。

钾镁肥为白色、浅灰色结晶，也有淡黄色或肉色相杂的颗粒，易溶于水，弱碱性，不易吸潮，物理性状较好，属于中性肥料。

（2）安全科学施用　钾镁肥可作基肥、追肥和叶面追肥，施用方法同硫酸钾。

① 作基肥。一般每亩用量，叶菜类设施蔬菜为15～20千克，茄果类和根菜类设施蔬菜为20～25千克，豆类蔬菜为25～30千克，西瓜为75～95千克。

② 作追肥。每亩用量为15～20千克。

钾镁肥与等钾量（$K_2O$）的单质钾肥氯化钾、硫酸钾相比，农用钾镁肥的施用效果优于氯化钾，略优于硫酸钾。

（3）适宜作物和注意事项　钾镁肥适用于各类设施蔬菜和各种土壤，特别适合南方缺镁的红黄壤地区。

钾镁肥多为双层袋包装，在储存和运输过程中要防止受潮、破包。钾镁肥还可以作为复合肥料、复混肥料、配方肥料的原料，进行二次加工。

（4）特性及施用要点歌谣　为方便群众科学安全施用钾镁肥，可熟记下面歌谣。

钾镁肥、为中性，吸湿性强水能溶；

含钾可达二十七，还含食盐和镁肥；

用前最好要堆沤，适应酸性红土地；

忌氯作物不用用，千万莫要作种肥。

**4. 草木灰**

（1）基本性质　植物残体燃烧后剩余的灰，称为草木灰。含有多种元素，如钾、钙、镁、硫、铁、硅等，主要成分为碳酸钾，含钾（$K_2O$）5%～10%，主要成分能溶于水，碱性反应。草木灰颜色与成分因其燃烧不同差异很大，颜色由灰白色至黑灰色。

（2）安全科学施用　可作基肥、追肥和根外追肥。

① 作基肥。一般每亩用量为 50～100 千克，与湿润细土掺和均匀后于整地前撒施均匀、翻耕，也可沟施或条施，深度约 10 厘米。

② 作追肥。宜采用穴施或沟施效果较好，每亩用量 50 千克，也可叶面撒施，既能提供营养，又能减少病虫害发生。

③ 作根外追肥。一般作物用 1% 水浸液，蔬菜用 2%～3% 水浸液。

（3）适宜作物和注意事项　适宜于各种蔬菜和土壤，特别是酸性土壤上施于豆类蔬菜效果更好。

草木灰为碱性肥料，不能与铵态氮肥和腐熟有机肥料混合施用，也不能作为垫圈材料。

（4）特性及施用要点歌谣　为方便群众科学安全施用草木灰，可熟记下面歌谣。

> 草木灰含碳酸钾，黏质土壤吸附大；
> 易溶于水肥效高，不要混合人粪尿；
> 由于性质呈现碱，也莫掺和铵态氮；
> 含钾虽说只有五，还有磷钙镁硫素。

**（四）中量元素肥料与安全施用**

在蔬菜生长过程中，需要量仅次于氮、磷、钾，但比微量元素肥料需要量大的营养元素肥料称为中量元素肥料。主要是含钙、镁、硫等元素的肥料。

**1. 含钙肥料**

（1）主要含钙肥料种类与性质　含钙的肥料主要有石灰、石膏、硝酸钙、石灰氮、过磷酸钙等见表 3-1。

表 3-1　常见含钙肥料品种成分含量

| 名称 | 主要成分 | 钙含量/% | 主要性质 |
|---|---|---|---|
| 石灰石粉 | $CaCO_3$ | 44.8～56.0 | 碱性,难溶于水 |
| 生石灰(石灰岩烧制) | $CaO$ | 84.0～96.0 | 碱性,难溶于水 |
| 生石灰(牡蛎蚌壳烧制) | $CaO$ | 50.0～53.0 | 碱性,难溶于水 |
| 生石灰(白云石烧制) | $CaO$ | 26.0～58.0 | 碱性,难溶于水 |
| 熟石灰 | $Ca(OH)_2$ | 64.0～75.0 | 碱性,难溶于水 |
| 普通石膏 | $CaSO_4 \cdot 2H_2O$ | 26.0～32.0 | 微溶于水 |
| 熟石膏 | $CaSO_4 \cdot 1/2H_2O$ | 35.0～38.0 | 微溶于水 |
| 磷石膏 | $CaSO_4 \cdot Ca_3(PO_4)_2$ | 20.8 | 微溶于水 |
| 过磷酸钙 | $Ca(H_2PO_4)_2 \cdot H_2O$, $CaSO_4 \cdot 2H_2O$ | 16.5～28.0 | 酸性,溶于水 |
| 重过磷酸钙 | $Ca(H_2PO_4)_2 \cdot H_2O$ | 19.6～20.0 | 酸性,溶于水 |
| 钙镁磷肥 | $\alpha\text{-}Ca_3(PO_4)_2 \cdot$ $CaSiO_3 \cdot MgSiO_3$ | 25.0～30.0 | 微碱性,弱酸溶性 |
| 氯化钙 | $CaCl_2 \cdot 2H_2O$ | 47.3 | 中性,溶于水 |
| 硝酸钙 | $Ca(NO_3)_2$ | 26.6～34.2 | 中性,溶于水 |
| 粉煤灰 | $SiO_2 \cdot Al_2O_3 \cdot$ $Fe_2O_3 \cdot CaO \cdot MgO$ | 2.5～46.0 | 难溶于水 |
| 硅钙肥 | $CaSiO_3$ | 30.0～48.0 | 难溶于水 |
| 草木灰 | $K_2CO_3 \cdot K_2SO_4 \cdot$ $CaSiO_3 \cdot KCl$ | 0.89～25.2 | 水溶液呈碱性 |
| 石灰氮 | $CaCN_2$ | 53.9 | 强碱性,不溶于水 |
| 骨粉 | $Ca_3(PO_4)_2$ | 26.0～27.0 | 难溶于水 |

（2）主要石灰物质　石灰石最主要的钙肥，包括生石灰、熟石灰、碳酸石灰等。

① 生石灰。又称烧石灰，主要成分为氧化钙，通常用石灰石烧制而成。多为白色粉末或块状，呈强碱性，具吸水性，与水反应产生高热，并转化成粒状的熟石灰。生石灰中和土壤酸性能力很

强，施入土壤后，可在短期内矫正土壤酸度。此外，生石灰还有杀虫、灭草和土壤消毒的功效。

② 熟石灰。又称消石灰，主要成分为氢氧化钙，由生石灰吸湿或加水处理而成。多为白色粉末，溶解度大于石灰石粉，呈碱性反应。施用时不产生热，是常用的石灰。中和土壤酸度能力也很强。

③ 碳酸石灰。主要成分为碳酸钙，由石灰石、白云石或贝壳类磨碎而成的粉末。不易溶于水，但溶于酸，中和土壤酸度能力缓效而持久。石灰石比生石灰加工简单，节约能源，成本低而改土效果好，同时不板结土壤，淋溶损失小，后效长，增产作用大。

（3）石灰安全科学施用　石灰多用作基肥，也可用作追肥。

① 作基肥。在整地时将石灰与农家肥一起施入土壤，也可结合绿肥压青进行。一般每亩 40～80 千克。在缺钙土壤上种植根类设施蔬菜，每亩施用石灰 15～25 千克，沟施或穴施；白菜可在幼苗移栽时用石灰与农家肥混匀穴施。

② 作追肥。旱地在设施蔬菜生育前期以每亩条施或穴施 15 千克左右为宜。

（4）适宜作物和注意事项　石灰主要适宜与酸性土壤和酸性土壤上种植的大多数蔬菜，特别是喜钙设施蔬菜。

石灰施用要注意不应过量，否则会降低土壤肥力，引起土壤板结。石灰还要施用均匀，否则会造成局部土壤石灰过多，影响作物生长。石灰不能与氮、磷、钾、微肥等一起混合施用，一般先施石灰，几天后再施其他肥料。石灰肥料有后效，一般隔 3～5 年施用 1 次。

（5）石灰特性及施用要点歌谣　为方便群众科学安全施用石灰，可熟记下面歌谣。

> 钙质肥料施用早，常用石灰与石膏；
> 主要调节土壤用，改善土壤理化性；
> 有益繁殖微生物，直接间接都可供；
> 石灰可分生与熟，适宜改良酸碱土；
> 施用不仅能增钙，还能减少病虫害；
> 亩施掌握百千克，莫混普钙人粪尿。

**2. 含镁肥料**

(1) 含镁肥料种类与性质　农业上应用的镁肥有水溶性镁盐和难溶性镁矿物两大类，含镁的肥料有硫酸镁、氯化镁、水镁矾、硝酸镁、白云石、钙镁磷肥等，一些常用镁肥的养分含量见表3-2。

表 3-2　主要含镁肥料品种成分含量

| 名称 | 主要成分 | 镁含量/% | 主要性质 |
|---|---|---|---|
| 氯化镁 | $MgCl_2 \cdot 6H_2O$ | 12.0 | 酸性，易溶于水 |
| 硝酸镁 | $Mg(NO_3)_2 \cdot 6H_2O$ | 10.0 | 酸性，易溶于水 |
| 硫酸镁(泻盐) | $MgSO_4 \cdot 7H_2O$ | 9.6 | 酸性，易溶于水 |
| 硫酸镁(水镁矾) | $MgSO_4 \cdot H_2O$ | 17.4 | 酸性，易溶于水 |
| 硫酸钾镁 | $K_2SO_4 \cdot 2MgSO_4$ | 8.4 | 酸性—中性，易溶于水 |
| 生石灰(白云石烧制) | $CaO, MgO$ | 8.4 | 碱性，微溶于水 |
| 菱镁矿 | $MgCO_3$ | 27.0 | 中性，微溶于水 |
| 光卤石 | $KCl \cdot MgCl_2 \cdot 6H_2O$ | 8.8 | 中性，微溶于水 |
| 钙镁磷肥 | $Ca_3(PO_4)_2, CaSiO_3, MgSiO_3$ | 8.7 | 碱性，微溶于水 |
| 钢渣磷肥 | $Ca_4P_2O_9, CaSiO_3, MgSiO_3$ | 2.3 | 碱性，微溶于水 |
| 钾镁肥 | $MgCl_2, MgSO_4, NaCl, KCl$ | 16.2 | 碱性，微溶于水 |
| 硅镁钾肥 | $CaSiO_3, MgSiO_3, K_2O, Al_2O_3$ | 9.0 | 碱性，微溶于水 |

(2) 水溶性镁肥安全施用　水溶性镁肥的品种主要有氯化镁、硝酸镁、七水硫酸镁、一水硫酸镁、硫酸钾镁等，其中以七水硫酸镁、一水硫酸镁应用最为广泛。

农业生产上常用的泻盐，实际上是七水硫酸镁，化学分子式$MgSO_4 \cdot 7H_2O$，易溶于水，稍有吸湿性，吸湿后会结块。水溶液为中性，属生理酸性肥料。目前，80%以上用作农肥。硫酸镁是一种双养分优质肥料，硫、镁均为中量元素，不仅可以增加蔬菜产量，而且可以改善品质。

可作基肥、追肥、叶面喷施等。可作基肥或追肥，用量因土壤、蔬菜而异，一般每亩硫酸镁用量10～15千克为宜。硫酸镁可叶面喷施，在设施蔬菜上喷施浓度，硫酸镁为0.5%～1.5%。

（3）硫酸镁特性及施用要点歌谣　为方便群众科学安全施用硫酸镁，可熟记下面歌谣。

> 硫酸镁，名泻盐，无色结晶味苦咸；
>
> 易溶于水为速效，酸性缺镁土需要；
>
> 基肥追肥均可用，配施有机肥效高；
>
> 基肥亩施时千克，叶面喷肥百分二。

**3. 含硫肥料**

（1）含硫肥料种类与性质　含硫肥料种类较多，大多数是氮、磷、钾及其他肥料的成分，如硫酸镁、硫酸铵、硫酸钾、过磷酸钙、硫酸钾镁等，但只有石膏、硫磺被作为硫肥施用（表3-3）。

**表 3-3　主要含硫肥料品种成分含量**

| 名称 | 主要成分 | 硫含量/% | 主要性质 |
|------|----------|----------|----------|
| 石膏 | $CaSO_4 \cdot 2H_2O$ | 18.6 | 微溶于水,缓效 |
| 硫黄 | S | 95～99 | 难溶于水,迟效 |
| 硫酸铵 | $(NH_4)_2SO_4$ | 24.2 | 易溶于水,速效 |
| 过磷酸钙 | $Ca(H_2PO_4)_2 \cdot H_2O$, $CaSO_4 \cdot 2H_2O$ | 12 | 部分溶于水,速效 |
| 硫酸钾 | $K_2SO_4$ | 17.6 | 易溶于水,速效 |
| 硫酸钾镁 | $K_2SO_4 \cdot 2MgSO_4$ | 12 | 易溶于水,速效 |
| 硫酸镁 | $MgSO_4 \cdot 7H_2O$ | 13 | 易溶于水,速效 |
| 硫酸亚铁 | $FeSO_4 \cdot 7H_2O$ | 11.5 | 易溶于水,速效 |

（2）主要含硫物质　主要石膏和硫黄。农用石膏有生石膏、熟石膏和磷石膏三种。

① 生石膏。即普通石膏，俗称白石膏，主要成分是二水硫酸钙，由石膏矿直接粉碎而成。呈粉末状，微溶于水，粒细有利于溶解，改土效果也好，通常以60目筛孔为宜。

② 熟石膏。又称雪花石膏，主要成分是二分之一水硫酸钙，是由生石膏加热脱水而成。吸湿性强，吸水后又变成生石膏，物理性质变差，施用不便，宜储存在干燥处。

③ 磷石膏。主要成分是 $CaSO_4 \cdot Ca_3(PO_4)_2$，是硫酸分解磷

矿石制取磷酸后的残渣，是生产磷铵的副产品。其成分因产地而异，一般含硫（S）11.9%，五氧化二磷2%左右。

④ 农用硫黄（S）。含S 95%～99%，难溶于水，施入土壤经微生物氧化为硫酸盐后被植物吸收，肥效较慢但持久。农用硫黄必需100%通过16目筛，50%通过100目筛。

（3）石膏安全施用

① 改良碱地使用。一般土壤氢离子浓度在1纳摩尔/升以下（pH值9以上）时，需要石膏中和碱性，其用量视土壤交换性钠含量来确定。交换性钠占土壤阳离子总量5%以下，不必施用石膏；占10%～20%时，适量施用石膏；大于20%时，石膏施用量要加大。

石膏多作基肥施用，结合灌溉排水施用石膏。由于一次施用难以撒匀，可结合耕翻整地，分期分批施用，以每次每亩150～200千克为宜。施用石膏要尽可能研细，石膏溶剂度小，后效长，不必年年施用。如果碱土呈斑状分布，其碱斑面积不足15%时，石膏最好撒在碱斑面上。

磷石膏含氧化钙少，但价格便宜，并含有少量磷素，也是较好的碱土改良剂。用量以比石膏多施1倍为宜。

② 作为钙、硫营养施用。一般水田可结合耕作施用或栽苗后撒施，每亩用量5～10千克为宜；作基肥或追肥每亩用量5～10千克为宜。

旱地基施撒施于土表，再结合翻耕，也可条施或穴施作基肥，一般基肥用量每亩15～25千克为宜，种肥每亩用量4～5千克为宜。

（4）适宜作物和注意事项　石膏主要用于碱性土壤改良或缺钙的沙质土壤、红壤、砖红壤等酸性土壤。

石灰施用量要合适，过量施用会降低硼、锌等微量元素的有效性。石灰施用要配合有机肥料施用，还要考虑钙与其他营养离子间的相互平衡。

（5）石膏特性及施用要点歌谣　为方便群众科学安全施用石膏，可熟记下面歌谣。

石膏性质为酸性，改良碱土土壤用；

无论磷石与生熟，都含硫钙二元素；

碱土亩施百千克，深耕灌排利改土；

喜硫蔬菜有多种，品质提高产量增。

## （五）微量元素肥料与安全施用

对于设施蔬菜来说，含量介于 $0.2\sim200$ 毫克/千克（按干物重计）的必需营养元素称为微量营养元素。主要有锌、硼、锰、钼、铜、铁、氯 7 种，由于氯因自然界中比较丰富，未发现设施蔬菜缺氯症状，因此一般不用作肥料施入。

### 1. 硼肥

（1）硼肥的主要种类与性质 硼是应用最广泛的微量元素之一。目前生产上常用的硼肥主要有硼砂、硼酸、硬硼钙石、五硼酸钠、硼钠钙石、硼镁肥等，其中最常用的是硼砂和硼酸（表3-4）。

表3-4 主要硼肥养分含量及特性

| 名称 | 分子式 | 硼含量(B)/% | 主要特性 | 施肥方式 |
|---|---|---|---|---|
| 硼酸 | $H_3BO_3$ | 17.5 | 易溶于水 | 基肥、追肥 |
| 硼砂 | $Na_2B_4O_7 \cdot 10H_2O$ | 11.3 | 易溶于水 | 基肥、追肥 |
| 无水硼砂 | $Na_2B_4O_7$ | 约 20 | 易溶于水 | 基肥、追肥 |
| 五硼酸钠 | $Na_2B_{10}O_{16} \cdot 10H_2O$ | $18\sim21$ | 易溶于水 | 基肥、追肥 |
| 硼镁肥 | $H_3BO_3 \cdot MgSO_4$ | 1.5 | 主要成分溶于水 | 基肥 |
| 硬硼钙石 | $Ca_2B_6O_{11} \cdot 5H_2O$ | $10\sim16$ | 难溶于水 | 基肥 |
| 硼钠钙石 | $NaCaB_5O_9 \cdot 8H_2O$ | $9\sim10$ | 难溶于水 | 基肥 |
| 硼玻璃 | — | $10\sim17$ | 溶于弱酸 | 基肥 |

硼酸，化学分子式 $H_3BO_3$。外观白色结晶，含硼（B）17.5%，冷水中溶解度较低，热水中较易溶解，水溶液呈微酸性。硼酸为速溶性硼肥。

硼砂，化学分子式 $Na_2B_4O_7 \cdot 10H_2O$。外观为白色或无色结晶，含硼（B）11.3%，冷水中溶解度较低，热水中较易溶解。在干燥条件下硼砂失去结晶水而变成白色粉末状，即无水硼砂（四硼酸钠），易溶于水，吸湿性强，称为速溶硼砂。

（2）安全科学施用　设施蔬菜地土壤水溶性硼含量低于 0.5 毫克/千克时缺硼或发生缺硼症状时，需要施用硼肥。硼肥主要作基肥、追肥、根外追肥。

① 作基肥。可与氮肥、磷肥配合施用，也可单独施用。在缺硼的菜地一般每亩用 0.5～1.5 千克硼酸或硼砂与 10～15 千克干细土，或与农家肥、化肥混合均匀，条施或穴施于土中。硼肥当季利用率为 2%～20%，具有后效，施用后可持续 3～5 年不施。

② 作追肥。可在设施蔬菜苗期每亩用 0.5 千克硼酸或硼砂拌干细土 10～15 千克，在离苗 7～10 厘米开沟或挖穴施入。

③ 作根外追肥。每亩可用 0.1%～0.2%硼砂或硼酸溶液 50～75 千克，在蔬菜苗后期、花期和后期各喷 1 次。喷洒浓度过大都有可能产生毒害，应慎重对待。

（3）特性及施用要点歌谣　为方便群众科学安全施用硼肥，可熟记下面歌谣。

> 常用硼肥有硼酸，硼砂已经用多年；
> 硼酸弱酸带光泽，三斜晶体粉末白；
> 有效成分近十八，热水能够溶解它；
> 四硼酸钠称硼砂，干燥空气易风化；
> 含硼十一性偏碱，适应各类酸性田；
> 蔬菜缺硼植株小，叶片厚皱色绿暗；
> 增施硼肥能增产，用作喷洒浸拌种；
> 浸种浓度掌握稀，万分之一就可以；
> 叶面喷洒作追肥，浓度万分一至二；
> 用于基肥农肥混，每亩莫过一千克。

**2. 锌肥**

（1）锌肥的主要种类与性质　目前生产上用到的锌肥主要有硫酸锌、氯化锌、碳酸锌、螯合态锌、氧化锌、硝酸锌、尿素锌等，最常用的是七水硫酸锌（表 3-5）。

表 3-5　主要锌肥养分含量及特性

| 名称 | 分子式 | 锌含量(Zn)/% | 主要特性 | 施肥方式 |
| --- | --- | --- | --- | --- |
| 七水硫酸锌 | $ZnSO_4 \cdot 7H_2O$ | 20～30 | 无色晶体,易溶于水 | 基肥、种肥、追肥 |

续表

| 名称 | 分子式 | 锌含量(Zn)/% | 主要特性 | 施肥方式 |
|---|---|---|---|---|
| 一水硫酸锌 | $ZnSO_4 \cdot H_2O$ | 35 | 白色粉末,易溶于水 | 基肥、种肥、追肥 |
| 氧化锌 | $ZnO$ | 78~80 | 白色晶体或粉末,不溶于水 | 基肥、种肥、追肥 |
| 氯化锌 | $ZnCl_2$ | 46~48 | 白色粉末或块状棒状,易溶于水 | 基肥、种肥、追肥 |
| 硝酸锌 | $Zn(NO_3)_2 \cdot 6H_2O$ | 21.5 | 无色四方晶体,易溶于水 | 基肥、种肥、追肥 |
| 碱式碳酸锌 | $ZnCO_3 \cdot 2Zn(OH)_2 \cdot H_2O$ | 57 | 白色细微无定型粉末,不溶于水 | 基肥、种肥、追肥 |
| 尿素锌 | $Zn \cdot CO(NH_2)_2$ | 11.5~12 | 白色晶体或粉末,易溶于水 | 基肥、种肥、追肥 |
| 螯合锌 | $Na_2ZnEDTA$ | 14 | 微晶粉末,易溶于水 | 基肥、种肥、追肥 |
| | $Na_2ZnHEDTA$ | 9 | 液态,易溶于水 | 追肥 |

硫酸锌,一般指七水硫酸锌,俗称皓矾,化学分子式 $ZnSO_4 \cdot 7H_2O$,锌(Zn)含量20%~30%。无色斜方晶体,易溶于水。在干燥环境下会失去结晶水变成白色粉末。

(2)安全科学施用　一般菜地土壤有效锌含量低于1毫克/千克时或发生缺锌症状,可施用锌肥。锌肥可以作基肥、种肥和根外追肥。

①作基肥。每亩施用1~2千克硫酸锌,可与生理酸性肥料混合施用。轻度缺锌地块隔1~2年再行施用,中度缺锌地块隔年或于翌年减量施用。

②作根外追肥。一般设施蔬菜喷施浓度0.02%~0.1%的硫酸锌溶液。在设施蔬菜苗期和生长旺期各喷1次。喷施浓度不要过高,否则会引起毒害。施用时一定要撒施均匀、喷施均匀,否则效果欠佳。锌肥不能与碱性肥料、碱性农药混合,否则会降低肥效。

③作种肥。主要采用浸种或拌种方法,浸种用硫酸锌浓度为0.02%~0.05%,浸种12小时,阴干后播种。拌种每千克种子用2~6克硫酸锌。

（3）特性及施用要点歌谣　为方便群众科学安全施用锌肥，可熟记下面歌谣。

> 常用锌肥硫酸锌，按照剂型有区分；
> 一种七水化合物，白色颗粒或白粉；
> 含锌稳定二十三，易溶于水为弱酸；
> 二种含锌三十六，菱状结晶性有毒；
> 最适土壤石灰性，还有酸性砂质土；
> 是否缺锌要诊断，酸性增锌能增产；
> 亩施莫超两千克，混合农肥生理酸；
> 遇磷生成磷酸锌，不易溶水肥效减；
> 蔬菜浓度千分一，连喷三次效明显；
> 拌种千克四克肥，浸种一克就可以。

### 3. 铁肥

（1）铁肥的主要种类与性质　目前生产上用到的铁肥主要有硫酸亚铁、三氯化铁、硫酸亚铁铵、尿素铁、螯合铁、柠檬酸铁、葡萄糖酸铁等品种，常用的品种是七水硫酸亚铁和螯合铁肥（表 3-6）。

表 3-6　主要铁肥养分含量及特性

| 名称 | 分子式 | 铁含量(Fe)/% | 主要特性 | 施肥方式 |
|---|---|---|---|---|
| 硫酸亚铁 | $FeSO_4 \cdot 7H_2O$ | 19 | 易溶于水 | 基肥、种肥、根外追肥 |
| 三氯化铁 | $FeCl_3 \cdot 6H_2O$ | 20.6 | 易溶于水 | 根外追肥 |
| 硫酸亚铁铵 | $(NH_4)_2SO_4 \cdot FeSO_4 \cdot 6H_2O$ | 14 | 易溶于水 | 基肥、种肥、根外追肥 |
| 尿素铁 | $Fe[(NH_4)_2CO]_6(NO_3)_3$ | 9.3 | 易溶于水 | 种肥、根外追肥 |
| 螯合铁 | EDTA-Fe，HEDHA-Fe，DTPA-Fe，EDDHA-Fe | 5～12 | 易溶于水 | 根外追肥 |
| 氨基酸螯合铁 | $Fe \cdot H_2N \cdot RCOOH$ | 10～16 | 易溶于水 | 种肥、根外追肥 |

硫酸亚铁，又称黑矾、绿矾，化学分子式 $FeSO_4 \cdot 7H_2O$，含铁（Fe）19％～20％。外观为浅绿色或蓝绿色结晶，易溶于水，有一定吸湿性。硫酸亚铁性质不稳定，极易被空气中的氧氧化为棕红色的硫酸铁，因此硫酸亚铁要放置于不透光的密闭容器中，并置于阴凉处存放。

螯合铁肥，主要有乙二胺四乙酸铁（EDTA-Fe）、二乙烯三胺五乙酸铁（DTPA-Fe）、羟乙基乙二胺三乙酸铁（HEDHA-Fe）、乙二胺邻羟基苯乙酸铁（EDDHA-Fe）等，这类铁肥可适用的pH、土壤类型广泛，肥效高，可混性强。

羟基羧酸盐铁盐，主要有氨基酸铁、柠檬酸铁、葡萄糖酸铁等。氨基酸铁、柠檬酸铁土施可提高土壤铁的溶解吸收，可促进土壤钙、磷、铁、锰、锌的释放，提高铁的有效性，其成本低于EDTA铁类，可与许多农药混用，对作物安全。

（2）安全科学施用　对铁敏感的设施蔬菜有菠菜、番茄等。一般情况下，其他设施蔬菜很少见到缺铁。石灰性土壤易发生缺铁失绿症；此外，高位泥炭土、沙质土、通气不良的土壤、富含磷或大量施用磷肥的土壤、有机质含量低的酸性土壤、过酸的土壤易发生缺铁。铁肥可作基肥、根外追肥等。

① 作基肥。一般施用硫酸亚铁，每亩用1.5～3千克；铁肥在土壤中易转化为无效铁，其后效弱，需要年年施用。

② 根外追肥。一般选用硫酸亚铁或螯合铁等，喷施浓度为一般蔬菜为0.2％～1.0％，每隔7～10天喷1次，连喷3～4次。

（3）特性及施用要点歌谣　为方便群众科学安全施用铁肥，可熟记下面歌谣。

> 常用铁肥有黑矾，又名亚铁色绿蓝；
> 含铁十九硫十二，易溶于水性为酸；
> 北方土壤多缺铁，直接施地肥效减；
> 为免土壤来固定，最好根外追肥用；
> 亩需黑矾二百克，兑水一百千克整；
> 时间掌握出叶芽，连喷三次效果明。

**4. 锰肥**

（1）锰肥的主要种类与性质　目前生产上用到的锰肥主要有硫

酸锰、氧化锰、碳酸锰、氯化锰、硫酸铵锰、硝酸锰、锰矿泥、含锰矿渣、螯合态锰、氨基酸锰等，常用的锰肥是硫酸锰（表3-7）。

**表 3-7　主要锰肥养分含量及特性**

| 名称 | 分子式 | 锰含量(Mn)/% | 主要特性 | 施肥方式 |
|---|---|---|---|---|
| 硫酸锰 | $MnSO_4 \cdot H_2O$<br>$MnSO_4 \cdot 4H_2O$ | 31<br>24 | 易溶于水 | 基肥、追肥、种肥 |
| 氧化锰 | $MnO$ | 62 | 难溶于水 | 基肥 |
| 氯化锰 | $MnCl_2 \cdot 4H_2O$ | 27 | 易溶于水 | 基肥、追肥 |
| 碳酸锰 | $MnCO_3$ | 43 | 难溶于水 | 基肥 |
| 硫酸铵锰 | $3MnSO_4 \cdot (NH_4)SO_4$ | 26～28 | 易溶于水 | 基肥、追肥、种肥 |
| 硝酸锰 | $Mn(NO_3)_2 \cdot 4H_2O$ | 21 | 易溶于水 | 基肥 |
| 锰矿泥 | — | 9 | 难溶于水 | 基肥 |
| 含锰矿渣 | — | 1～2 | 难溶于水 | 基肥 |
| 螯合态锰 | $Na_2MnEDTA$ | 12 | 易溶于水 | 喷施、拌种 |
| 氨基酸螯合锰 | $Mn \cdot H_2N \cdot RCOOH$ | 5～12 | 易溶于水 | 喷施、拌种 |

硫酸锰，有一水硫酸锰和四水硫酸锰两种，化学分子式分别为 $MnSO_4 \cdot H_2O$、$MnSO_4 \cdot 4H_2O$，含锰（Mn）分别为31%和24%，都易溶于水。外观淡玫瑰红色细小晶体。是目前常用的锰肥，速效。

（2）安全科学施用　对锰敏感的设施蔬菜有豌豆、马铃薯、莴苣、黄瓜、萝卜、菠菜、花椰菜、芹菜、番茄、胡萝卜等。中性及石灰性土壤上施用锰肥效果较好；沙质土、有机质含量低的土壤、干旱土壤等施用锰肥效果较好。锰肥可作基肥、叶面喷施和种子处理等。

① 作基肥。一般每亩用硫酸锰2～4千克，掺合适量的农家肥或干细土20～30千克，穴施或条施后盖土。锰肥应在施足基肥和氮肥、磷肥、钾肥等基础上施用。锰肥后效较差，一般采取隔年施用。

② 叶面喷施。用0.1%～0.2%硫酸锰溶液在设施蔬菜苗期至

生长盛期喷施 2～3 次。

③ 种子处理。一般采用浸种，用 0.1‰硫酸锰溶液浸种 12～48 小时；也可采用拌种，每千克种子用 2～6 克硫酸锰少量水溶解后进行拌种。

（3）特性及施用要点歌谣　为方便群众科学安全施用锰肥，可熟记下面歌谣。

　　　　　　常用锰肥硫酸锰，结晶白色或淡红；
　　　　　　含锰二六至二八，易溶于水易风化；
　　　　　　蔬菜缺锰叶肉黄，出现病斑烧焦状；
　　　　　　严重全叶都失绿，叶脉仍绿特性强；
　　　　　　对照病态巧诊断，科学施用是关键；
　　　　　　一般亩施三千克，生理酸性农肥混；
　　　　　　对锰敏感蔬菜多，拌种千克用六克，
　　　　　　浸种叶喷浓度同，千分之一就可用。

**5. 铜肥**

（1）铜肥的主要种类与性质　生产上用的铜肥有硫酸铜、碱式硫酸铜、氧化亚铜、氧化铜、含铜矿渣等，其中五水硫酸铜是最常用的铜肥（表 3-8）。

**表 3-8　主要铜肥养分含量及特性**

| 名称 | 分子式 | 铜含量/% | 主要特性 | 施肥方式 |
|---|---|---|---|---|
| 硫酸铜 | $CuSO_4 \cdot 5H_2O$ | 25～35 | 易溶于水 | 基肥、追肥、种肥 |
| 碱式硫酸铜 | $CuSO_4 \cdot 3Cu(OH)_2$ | 15～53 | 难溶于水 | 基肥、追肥 |
| 氧化亚铜 | $Cu_2O$ | 89 | 难溶于水 | 基肥 |
| 氧化铜 | $CuO$ | 75 | 难溶于水 | 基肥 |
| 含铜矿渣 | | 0.3～1 | 难溶于水 | 基肥 |

目前最常用的五水硫酸铜，俗称胆矾、铜矾、蓝矾。化学分子式 $CuSO_4 \cdot 5H_2O$，含铜 25%～35%。深蓝色块状结晶或蓝色粉末。有毒、无臭，带金属味。蓝矾常温下不潮解，于干燥空气中风化脱水成为白色粉末。能溶于水、醇、甘油及氨液，水溶液呈酸性。硫酸铜与石灰混合乳液称为波尔多液，是一种良好的杀菌剂。

（2）安全科学施用　对铜敏感的设施蔬菜有菠菜、莴苣、番茄、白菜等。有机质含量低的土壤，如山坡地、风沙土、砂姜黑土、西北某些瘠薄黄土等，有效铜均较低，施用铜肥可取的良好效果。另外石灰岩、花岗岩、砂岩发育的土壤也容易缺铜。常用的铜肥是硫酸铜，可以作基肥、种肥、种子处理、根外追肥。

① 作基肥。每亩用量 0.2～1 千克，最好与其他生理酸性肥料配合施用，可与细土混合均匀后撒施、条施、穴施。土壤施铜具有明显的长期后效，其后效可维持 6～8 年甚至 12 年，依据施用量与土壤性质，一般为每 4～5 年施用 1 次。

② 作种肥。拌种时，每千克种子用 0.2～1 克硫酸铜，将肥料先用少量水溶解，再均匀地喷于种子上，阴干播种。浸种浓度 0.01%～0.05%，浸泡 24 小时后捞出阴干即可播种。

③ 根外追肥。叶面喷施硫酸铜或螯合铜，用量少，效果好。喷施浓度为 0.02%～0.1%，一般在蔬菜苗期或开花前喷施，每亩喷液量 50～75 千克。

（3）特性及施用要点歌谣　为方便群众科学安全施用铜肥，可熟记下面歌谣。

目前铜肥有多种，溶水只有硫酸铜；
五水含铜二十五，蓝色结晶有毒性；
应用铜肥有技术，科学诊断看苗情；
蔬菜缺铜叶尖白，叶缘多呈黄灰色；
认准缺铜才能用，多用基肥浸拌种；
基肥亩施一千克，可掺十倍细土混；
重施石灰砂壤土，土壤肥沃富钾磷；
浸种用水十千克，兑肥零点两克准；
外加五克氢氧钙，以免作物受毒害；
根外喷洒浓度大，氢氧化钙加百克；
掺拌种子一千克，仅需铜肥为一克；
由于铜肥有毒性，浓度宁稀不要浓。

**6. 钼肥**

（1）钼肥的主要种类与性质　生产上用的钼肥有钼酸铵、钼酸钠、三氧化钼、含钼玻璃肥料、含钼矿渣等，其中钼酸铵是最常用的钼肥（表 3-9）。

表 3-9 主要钼肥养分含量及特性

| 名称 | 分子式 | 钼含量/% | 主要特性 | 施肥方式 |
|---|---|---|---|---|
| 钼酸铵 | $(NH_4)_6Mo_7O_{24} \cdot 4H_2O$ | 50～54 | 易溶于水 | 基肥、根外追肥 |
| 钼酸钠 | $Na_2MoO_4 \cdot 2H_2O$ | 35～39 | 溶于水 | 基肥、根外追肥 |
| 三氧化钼 | $MoO_3$ | 66 | 难溶于水 | 基肥 |
| 含钼玻璃肥料 | | 2～3 | 难溶于水 | 基肥 |
| 含钼矿渣 | | 10 左右 | 难溶于水 | 基肥 |

钼酸铵，化学分子式 $(NH_4)_6Mo_7O_{24} \cdot 4H_2O$，含钼 50%～54%。无色或浅黄色，棱形结晶，溶于水、强酸及强碱中，不溶于醇、丙酮。在空气中易风化失去结晶水和部分氨，高温分解形成三氧化钼。

（2）安全科学施用 对钼敏感的设施蔬菜有花椰菜、萝卜、叶菜类、黄瓜、番茄、甘蓝、菠菜、莴苣、马铃薯等。酸性土壤容易缺钼。酸性土壤上施用石灰可以提高钼的有效性。常用的钼酸铵可以作基肥、追肥、种子处理、根外追肥等。

① 作基肥。在播种前每亩用 10～50 克钼酸铵与常量元素肥料混合施用，或者喷涂在一些固体物料的表面，条施或穴施。

② 作追肥。可在设施蔬菜生长前期，每亩用 10～50 克钼酸铵与常量元素肥料混合条施或穴施，也能取得较好效果。

③ 种子处理。主要拌种和浸种，拌种为每千克种子用 2～6 克钼酸铵，先用热水溶解，后用冷水稀释至所需体积，喷洒在种子上阴干。浸种浓度 0.05%～0.1%，浸泡 12 小时后捞出阴干即可播种。

④ 根外追肥。喷施浓度为 0.05%～0.1%，每亩喷液量 50～75 千克。喷施时期，豆科设施蔬菜在苗期至初花期，叶菜类设施蔬菜在苗期至生长旺期，果菜类设施蔬菜在苗期至初花期。一般每隔 7～10 天喷施 1 次，共喷 2～3 次。

（3）特性及施用要点歌谣 为方便群众科学安全施用钼铜肥，

可熟记下面歌谣。

> 常用钼肥钼酸铵，五十四钼六个氮；
> 粒状结晶易溶水，也溶强碱及强酸；
> 太阳暴晒易风化，失去晶水以及氨；
> 蔬菜缺钼叶失绿，首先表现叶脉间；
> 豆科蔬菜叶变黄，番茄叶边向上卷；
> 不适葱韭等蔬菜，用作基肥混普钙；
> 每亩仅用一百克，严防施用超剂量；
> 经常用于浸拌种，根外喷洒最适应；
> 浸种浓度千分一，根外追肥也适宜；
> 拌种千克需两克，兑水因种各有异；
> 还有钼肥钼酸钠，含钼有达三十八；
> 白色晶体易溶水，酸地施用加石灰。

## 二、有机肥料

有机肥料是指利用各种有机废弃物料加工积制而成的含有有机物质的肥料总称。目前已有工厂化积制的有机肥料出现，这些有机肥料被称作商品有机肥料。有机肥料按其来源、特性、积制方法、未来发展等方面综合考虑，可以分为四类：农家肥、秸秆肥、绿肥、商品有机肥等。

### 1. 农家肥

农家肥是农村就地取材、就地积制、就地施用的一类自然肥料。主要包括人畜粪尿、厩肥、禽粪、堆肥、沤肥、饼肥等。

（1）人粪尿肥　人粪尿是一种养分含量高、肥效快的有机肥料。

① 基本性质。人粪含有 $70\% \sim 80\%$ 的水分、$20\%$ 左右的有机物和 $5\%$ 左右的无机物，新鲜人粪一般呈中性；人尿约含 $95\%$ 的水分、$5\%$ 左右的水溶性有机物和无机盐类，新鲜的尿液为淡黄色透明液体，不含有微生物，因含有少量磷酸盐和有机酸而呈弱酸性。

人粪尿的排泄量和其中的养分及有机质的含量因人而异，不同的年龄、饮食状况和健康状况都不相同（表3-10）。

表 3-10　人粪尿的养分含量

| 种　类 | 主要成分含量(鲜基)/% | | | | |
|---|---|---|---|---|---|
| | 水分 | 有机物 | N | $P_2O_5$ | $K_2O$ |
| 人　粪 | ＞70 | 约 20 | 1.00 | 0.50 | 0.37 |
| 人　尿 | ＞90 | 约 3 | 0.50 | 0.13 | 0.19 |
| 人粪尿 | ＞80 | 5～10 | 0.5～0.8 | 0.2～0.4 | 0.2～0.3 |

②　安全施用。人粪尿可作基肥和追肥施用，人粪尿每亩施用量一般为 500～1000 千克，还应配合其他有机肥料和磷、钾肥，可条施或穴施。人尿还可以作种肥用来浸种，时间以 2～3 小时为宜。

③　适宜蔬菜与土壤。人粪尿适合于大多数设施蔬菜，尤其是叶菜类设施蔬菜（如白菜、甘蓝、菠菜等）施用效果更为显著。但对忌氯蔬菜（如马铃薯）应当少用。

人粪尿适用于各种土壤，尤其是含盐量在 0.05％以下的土壤，具有灌溉条件的土壤，以及雨水充足地区的土壤。但对于干旱地区灌溉条件较差的土壤和盐碱土，施用人粪尿时应加水稀释，以防止土壤盐渍化加重。

（2）家畜粪尿　家畜粪尿主要指人们饲养的牲畜，如猪、牛、羊、马、驴、骡、兔等的排泄物及鸡、鸭、鹅等禽类排泄的粪便。

①　基本性质。家畜粪尿中养分的含量，常因家畜的种类、年龄、饲养条件等而有差异，表 3-11 是各种家畜粪尿中主要养分的平均含量。

表 3-11　新鲜家畜粪尿中主要养分的平均含量/%

| 家畜种类 | | 水分 | 有机质 | 氮(N) | 磷($P_2O_5$) | 钾($K_2O$) | C/N |
|---|---|---|---|---|---|---|---|
| 猪 | 粪 | 81.5 | 15.0 | 0.60 | 0.40 | | 0.44 |
| | 尿 | 96.7 | 2.8 | 0.30 | 0.12 | | 1.00 |
| 马 | 粪 | 75.8 | 21.0 | 0.58 | 0.30 | | 0.24 |
| | 尿 | 90.1 | 7.1 | 1.20 | 微量 | | 1.50 |
| 牛 | 粪 | 83.3 | 14.5 | 0.32 | 0.25 | | 0.16 |
| | 尿 | 93.8 | 3.5 | 0.95 | 0.03 | | 0.95 |

| 家畜种类 | | 水分 | 有机质 | 氮(N) | 磷($P_2O_5$) | 钾($K_2O$) | C/N |
|---|---|---|---|---|---|---|---|
| 羊 | 粪 | 65.5 | 31.4 | 0.65 | 0.47 | 0.23 |
| | 尿 | 87.2 | 8.3 | 1.68 | 0.03 | 2.10 |

② 安全施用。各类家畜粪的性质与施用可参考表 3-12。

**表 3-12　家畜粪尿的性质与施用**

| 家畜粪尿 | 性质 | 施用 |
|---|---|---|
| 猪粪 | 质地较细,含纤维少,C/N 低,养分含量较高,且蜡质含量较多;阳离子交换量较高;含水量较多,纤维分解细菌少,分解较慢,产热少 | 适宜于各种土壤和蔬菜,可作基肥和追肥 |
| 牛粪 | 粪质地细密,C/N 为 21∶1,含水量较高,通气性差,分解较缓慢,释放出的热量较少,称为冷性肥料 | 适宜于有机质缺乏的轻质土壤,作基肥 |
| 羊粪 | 质地细密干燥,有机质和养分含量高,C/N 为 12∶1 分解较快,发热量较大,热性肥料 | 适宜于各种土壤,可作基肥 |
| 马粪 | 纤维素含量较高,疏松多孔,水分含量低,C/N 为 13∶1,分解较快,释放热量较多,称为热性肥料 | 适宜于质地黏重的土壤,多作基肥 |
| 兔粪 | 富含有机质和各种养分,C/N 窄,易分解,释放热量较多,热性肥料 | 多用于蔬菜,可作基肥和追肥 |
| 禽粪 | 纤维素较少,粪质细腻,养分含量高于家畜粪,分解速度较快,发热量较低 | 适宜于各种土壤和蔬菜,可作基肥和追肥 |

（3）厩肥　厩肥是以家畜粪尿为主，和各种垫圈材料（如秸秆、杂草、黄土等）及饲料残渣等混合积制的有机肥料统称。北方称为"土粪"或"圈粪"，南方称为"草粪"或"栏粪"。

① 基本性质。不同的家畜，由于饲养条件不同和垫圈材料的差异，可使各种和各地厩肥的成分有较大的差异，特别是有机质和氮素的含量差异更显著（表 3-13）。

**表 3-13　新鲜厩肥中主要养分的平均含量/%**

| 种类 | 水分 | 有机质 | N | $P_2O_5$ | $K_2O$ | CaO | MgO | $SO_3$ |
|---|---|---|---|---|---|---|---|---|
| 猪厩肥 | 72.4 | 25.0 | 0.45 | 0.19 | 0.60 | 0.08 | 0.08 | 0.08 |

续表

| 种类 | 水分 | 有机质 | N | $P_2O_5$ | $K_2O$ | CaO | MgO | $SO_3$ |
|------|------|--------|------|------|------|------|------|------|
| 牛厩肥 | 77.5 | 20.3 | 0.34 | 0.16 | 0.40 | 0.31 | 0.11 | 0.06 |
| 马厩肥 | 71.3 | 25.4 | 0.58 | 0.28 | 0.53 | 0.21 | 0.14 | 0.01 |
| 羊厩肥 | 64.3 | 31.8 | 0.083 | 0.23 | 0.67 | 0.33 | 0.28 | 0.15 |

② 安全施用。厩肥中的养分大部分是迟效性的，养分释放缓慢，因此应作基肥施用，一般每亩 1000～4000 千克。但腐熟的优质厩肥也可用追肥，只是肥效不如基肥效果好。

施用厩肥时，应因土、因厩肥养分的有效性，配施相应的不同种类与数量的化学肥料。一般应根据作物种类、土壤性质、气候条件、肥料本身的性质以及施用的主要目的而有所区别。一般来说，根茎类蔬菜，如马铃薯和十字花科的油菜、萝卜等，对厩肥的利用率较高，可施用半腐熟厩肥；而其他蔬菜，对厩肥的利用率较低，则应选用腐熟程度高的厩肥。若施用厩肥的目的是为了改良土壤，就可选择腐熟程度稍差的，让厩肥在土壤中进一步分解，这样有助于改土；若用于做苗肥施用，则应选择腐熟程度较好的厩肥。就土壤条件而言，质地黏重、排水差的土壤，应施用腐熟的厩肥，而且不宜耕翻过深；对砂质土壤，则可施用半腐熟厩肥，翻耕深度可适当加深。施用时应撒施均匀，随施随耕翻。

（4）堆肥　堆肥是利用秸秆、杂草、绿肥、泥炭、垃圾和人畜粪尿等废弃物为原料混合后，按一定方式进行堆制的肥料。

① 基本性质。堆肥的性质基本和厩肥类似，其养分含量因堆肥原料和堆制方法不同而有差别（表3-14）。堆肥一般含有丰富的有机质，碳氮比较小，养分多为速效态；堆肥还含有维生素、生长素及微量元素等。

表 3-14　堆肥的养分含量/%

| 种类 | 水分 | 有机质 | 氮（N） | 磷（$P_2O_5$） | 钾（$K_2O$） | C/N |
|------|------|--------|---------|---------|---------|------|
| 高温堆肥 | — | 24～42 | 1.05～2.00 | 0.32～0.82 | 0.47～2.53 | 9.7～10.7 |
| 普通堆肥 | 60～75 | 15～25 | 0.4～0.5 | 0.18～0.26 | 0.45～0.70 | 16～20 |

② 安全施用。堆肥主要作基肥，每亩施用量一般为 1000～2000 千克。用量较多时，可以全耕层均匀混施；用量较少时，可以开沟施肥或穴施。在温暖多雨季节或地区，或在土壤疏松通透性较好的条件下，或种植生育期较长的蔬菜和多年生蔬菜时，或当施肥与播种或插秧期相隔较远时，可以使用半腐熟或腐熟程度更低的堆肥。

堆肥还可以作种肥和追肥使用。作种肥时常与过磷酸钙等磷肥混匀施用，作追肥时应提早施用，并尽量施入土中，以利于养分的保持和肥效的发挥。堆肥和其他有机肥料一样，虽然是营养较为全面的肥料，但氮养分含量相对较低，需要和化肥一起配合施用，以更好地发挥堆肥和化肥的肥效。

(5) 沤肥　沤肥是利用秸秆、杂草、绿肥、泥炭、垃圾和人畜粪尿等废弃物为原料混合后，按一定方式进行沤制的肥料。沤肥因积制地区、积制材料和积制方法的不同而名称各异，如江苏的草塘泥、湖南的凼肥、江西和安徽的窖肥、湖北和广西的垱肥、北方地区的坑沤肥等，都属于沤肥。

① 基本性质。沤肥的养分含量因材料配比和积制方法的不同而有较大的差异，一般而言，沤肥的 pH 值为 6～7，有机质含量为 3%～12%、全氮量为 2.1～4.0 克/千克、速效氮含量为 50～248 毫克/千克、全磷量（$P_2O_5$）为 1.4～2.6 克/千克、速效磷（$P_2O_5$）含量为 17～278 毫克/千克、全钾（$K_2O$）量为 3.0～5.0 克/千克、速效钾（$K_2O$）含量为 68～185 毫克/千克。

② 安全施用。沤肥一般作基肥施用，多用于旱地。在旱地上施用时，也应结合耕地作基肥。每亩沤肥的施用量一般在 2000～5000 千克，并注意配合化肥和其他肥料一起施用，以解决沤肥肥效长，但速效养分供应强度不大的问题。

(6) 沼气发酵肥　沼气发酵产生的沼气可以缓解农村能源的紧张，协调农牧业的均衡发展，发酵后的废弃物（池渣和池液）还是优质的有机肥料，即沼气发酵肥料，也称作沼气池肥。

① 基本性质。沼气发酵产物除沼气可用于能源使用、粮食储藏、沼气孵化和柑橘保鲜外，沼液（占总残留物 13.2%）和池渣（占总残留物 86.8%）还可以进行综合利用。沼液含速效氮 0.03%～0.08%、

速效磷 0.02％～0.07％、速效钾 0.05％～1.40％，同时还含有钙、镁、硫、硅、铁、锌、铜、钼等各种矿质元素，以及各种氨基酸、维生素、酶和生长素等活性物质。池渣含全氮 5～12.2 克/千克（其中速效氮占全氮的 82％～85％）、速效磷 50～300 毫克/千克、速效钾 170～320 毫克/千克，以及大量的有机质。

② 安全施用。沼液是优质的速效性肥料，可作追肥施用。一般土壤追肥每亩施用量为 2000 千克，并且要深施覆土。沼气池液还可以作叶面追肥，将沼液和水按 1∶（1～2）稀释，7～10 天喷施 1 次，可收到很好的效果。除了单独施用外，沼液还可以用来浸种，可以和池渣混合作基肥和追肥施用。

池渣可以和沼液混合施用，作基肥每亩施用量为 2000～3000 千克，作追肥每亩施用量 1000～1500 千克。池渣也可以单独作基肥或追肥施用。

（7）其他农家肥　指除上述农家肥以外的农家肥，也称为杂肥，包括泥炭及腐殖酸类肥料、饼肥或菇渣、城市有机废弃物等，它们的养分含量及施用见表 3-15。

**表 3-15　杂肥类有机肥料的养分含量与施用**

| 名称 | 养分含量 | 安全科学施用 |
|---|---|---|
| 泥炭 | 含有机质 40％～70％、腐殖酸 20％～40％、全氮 0.49％～3.27％、全磷 0.05％～0.6％、全钾 0.05％～0.25％，多酸性至微酸性反应 | 多作垫圈或堆肥材料、肥料生产原料、营养钵无土栽培基质，一般较少直接施用 |
| 饼肥 | 主要有大豆饼、菜籽饼、花生饼等，含有机质 75％～85％、全氮 1.1％～7.0％、全磷 0.4％～3.0％、全钾 0.9％～2.1％、蛋白质及氨基酸等 | 一般作饲料，不做肥料。若用作肥料，可作基肥和追肥，但需腐熟 |
| 菇渣 | 含有机质 60％～70％、全氮 1.62％、全磷 0.454％、钾 0.9％～2.1％、速效氮 212 毫克/千克、速效磷 188 毫克/千克，并含丰富微量元素 | 可作饲料、吸附剂、栽培基质。腐熟后可作基肥和追肥 |
| 城市垃圾 | 处理后垃圾肥含有机质 2.2％～9.0％、全氮 0.18％～0.20％、全磷 0.23％～0.29％、全钾 0.29％～0.48％ | 经腐熟并达到无害化后多作基肥施用 |

**2. 商品有机肥料**

商品有机肥料是以植物和动物残体及畜禽粪便等富含有机物质的资源为主要原料，采用工厂化方式生产的有机肥料。商品有机肥料主要有精制有机肥料、生物有机肥、有机无机复混肥等，一般主要是指精制有机肥料。

（1）商品有机肥料的技术指标　商品有机肥料必须按肥料登记管理办法办理肥料登记，并取得登记证号，方可在农资市场上流通销售。商品有机肥料外观要求褐色或灰褐色，粒状或粉状，无机械杂质，无恶臭。其技术指标见表 3-16。

表 3-16　商品有机肥的技术指标

| 项目 | 指标 |
| --- | --- |
| 有机质(以干基计)/% | ≥30.0 |
| 总养分(N+P$_2$O$_5$+K$_2$O)/% | ≥4.0 |
| 水分(游离水)/% | ≤20.0 |
| pH 值 | 5.5～8.0 |

有机肥料中的重金属含量、蛔虫卵死亡率和大肠杆菌值指标应符合 GB 8172 的要求。

（2）商品有机肥料的安全施用　商品有机肥料一般作基肥施用，也可作追肥。一般每亩施用 100～500 千克。施用时应根据土壤肥力情况，推荐量有所不同。如果用作基肥时，最好配合氮磷钾复混肥，肥效会更佳。

**3. 秸秆肥**

秸秆用作肥料的基本方法是将秸秆粉碎埋于菜园中进行自然发酵，或者将秸秆发酵后施于菜田中。

（1）催腐剂堆肥技术　催腐剂就是根据微生物中的钾细菌、氨化细菌、磷细菌、放线菌等有益微生物的营养要求，以有机物（包括作物秸秆、杂草、生活垃圾）为培养基，选用适合有益微生物营养要求的化学药品制成定量氮、磷、钾、钙、镁、铁、硫等营养的化学制剂，有效地改善了有益微生物的生态环境，加速了有机物分解腐烂。该技术在玉米、小麦秸秆的堆沤中应用效果很好，目前在我国北方一些省市开始推广。

秸秆催腐方法：选择靠水源的场所、地头、路旁平坦地。堆腐1 吨秸秆需用催腐剂 1.2 千克，1 千克催腐剂需用 80 千克清水溶解。先将秸秆与水按 1：1.7 的比例充分湿透后，用喷雾器将溶解的催腐剂均匀喷洒于秸秆中，然后把喷洒过催腐剂的秸秆堆成宽1.5 米、高 1 米左右的堆垛，用泥密封，防止水分蒸发、养分流失，冬季为了缩短堆腐时间，可在泥上加盖薄膜提温保温（厚约 1.5 厘米）。

使用催腐剂堆腐秸秆后，能加速有益微生物的繁殖，促进其中粗纤维、粗蛋白的分解，并释放大量热量，使堆温快速提高，平均堆温达 54℃。不仅能杀灭秸秆中的致病真菌、虫卵和杂草种子，加速秸秆腐解，提高堆肥质量，使堆肥有机质含量比碳酸氢铵堆肥提高 54.9％、速效氮提高 10.3％、速效磷提高 76.9％、速效钾提高68.3％，而且能使堆肥中的氨化细菌比碳酸氢铵堆肥增加 265 倍、钾细菌增加 1231 倍、磷细菌增加 11.3％、放线菌增加 5.2％，成为高效活性生物有机肥。

（2）速腐剂堆肥技术　秸秆速腐剂是在"301"菌剂的基础上发展起来的，由多种高效有益微生物和多种酶类以及无机添加剂组成的复合菌剂。将速腐剂加入秸秆中，在有水的条件下，菌株能大量分泌纤维酶，能在短期内将秸秆粗纤维分解为葡萄糖，因此施入土壤后可迅速培肥土壤，减轻作物病虫害，刺激作物增产，实现用地养地相结合。实际堆腐应用表明，采用速腐剂腐烂秸秆，高效快速，不受季节限制，且堆肥质量好。

秸秆速腐剂一般由两部分构成。一部分是以分解纤维能力很强的腐生真菌等为中心的秸秆腐熟剂，质量为 500 克，占速腐剂总数的 80％，它属于高湿型菌种，在堆沤秸秆时能产生 60℃ 以上的高温，20 天左右将种类秸秆堆腐成肥料。另一部分是由固氮，有机、无机磷细菌和钾细菌组成的增肥剂，质量为 200 克（每种菌均为 50克），它要求 30～40℃ 的中温，在翻捣肥堆时加入，旨在提高堆肥肥效。

秸秆速腐方法：按秸秆重的 2 倍加水，使秸秆湿透，含水量约达 65％，再按秸秆重的 0.1％加速腐剂，另加 0.5％～0.8％的尿素调节 C/N 值，亦可用 10％的人畜粪尿代替尿素。堆沤分三层，第一层、第二层各厚 60 厘米，第三层（顶层）厚 30～40 厘米，速腐剂和尿素用量比自下而上按 4∶4∶2 分配，均匀撒入各层，将秸秆堆垛（宽 2 米，高 1.5 米），堆好后用铁锹轻轻拍实，就地取泥封堆，加盖农膜，以保水、保温、保肥，防止雨水冲刷。此法不受季节和地点限制，干草、鲜草均可利用，堆制的有机肥其有机质可达 60％，且含有 8.5％～10％的氮、磷、钾及微量元素，主要用作基肥，一般每亩施用 250 千克。

（3）酵素菌堆肥技术　酵素菌是由能够产生多种酶的好（兼）氧细菌、酵母菌和霉菌组成的有益微生物群体。利用酵素菌产生的水解酶的作用，在短时间内，可以把作物秸秆等有机质材料进行糖化和氮化分解，产生低分子的糖、醇、酸，这些物质是有益微生物生长繁殖的良好培养基，可以促进堆肥中放射线菌的大量繁殖，从而改善土壤的微生态环境，创造作物生长发育所需的良好环境。利用酵素菌把大田作物秸秆堆沤成优质有机肥后，可施用于大棚蔬菜、蔬菜等经济价值较高的作物。

堆腐材料有秸秆 1 吨，麸皮 120 千克，钙镁磷肥 20 千克，酵素菌扩大菌 16 千克，红糖 2 千克，鸡粪 400 千克。堆腐方法：先将秸秆在堆肥池外喷水湿透，使含水量达到 50％～60％，依次将鸡粪均匀铺撒在秸秆上，麸皮和红糖（研细）均匀撒到鸡粪上，钙镁磷肥和扩大酵素菌均匀搅拌在一起，再均匀撒在麸皮和红糖上面；然后用叉拌匀后，挑入简易堆肥池里，底宽 2 米左右，堆高 1.8～2 米，顶部呈圆拱形，顶端用塑料薄膜覆盖，防止雨水淋入。

**4. 绿肥**

利用植物生长过程中所产生的全部或部分绿色体，直接或间接翻压到土壤中作肥料，称为绿肥。

（1）绿肥养分含量　绿肥植物鲜草产量高，含较丰富的有机质，有机质含量一般在 12％～15％（鲜基），而且养分含量较高（表 3-17）。种植绿肥可增加土壤养分，提高土壤肥力，改良低产田。绿肥能提供大量新鲜有机质和钙素营养，根系有较强的穿透能力和团聚能力，有利于水稳性团粒结构形成。绿肥还可固沙护坡，防止冲刷，防止水土流失和土壤沙化。绿肥还可作饲料，发展畜牧业。

**表 3-17　主要绿肥植物养分含量**

| 绿肥品种 | 鲜草主要成分（鲜基）/% | | | 干草主要成分（干基）/% | | |
|---|---|---|---|---|---|---|
| | N | $P_2O_5$ | $K_2O$ | N | $P_2O_5$ | $K_2O$ |
| 草木樨 | 0.52 | 0.13 | 0.44 | 2.82 | 0.92 | 2.42 |
| 毛叶苕子 | 0.54 | 0.12 | 0.40 | 2.35 | 0.48 | 2.25 |
| 紫云英 | 0.33 | 0.08 | 0.23 | 2.75 | 0.66 | 1.91 |
| 黄花苜蓿 | 0.54 | 0.14 | 0.40 | 3.23 | 0.81 | 2.38 |
| 紫花苜蓿 | 0.56 | 0.16 | 0.31 | 2.32 | 0.78 | 1.31 |
| 田菁 | 0.52 | 0.07 | 0.15 | 2.60 | 0.54 | 1.68 |
| 沙打旺 | — | — | — | 3.08 | 0.36 | 1.65 |
| 柽麻 | 0.78 | 0.15 | 0.30 | 2.98 | 0.50 | 1.10 |
| 肥田萝卜 | 0.27 | 0.06 | 0.34 | 2.89 | 0.64 | 3.66 |
| 紫穗槐 | 1.32 | 0.36 | 0.79 | 3.02 | 0.68 | 1.81 |
| 箭筈豌豆 | 0.58 | 0.30 | 0.37 | 3.18 | 0.55 | 3.28 |
| 水花生 | 0.15 | 0.09 | 0.57 | | | |
| 水葫芦 | 0.24 | 0.07 | 0.11 | — | — | — |
| 水浮莲 | 0.22 | 0.06 | 0.10 | | | — |
| 绿萍 | 0.30 | 0.04 | 0.13 | 2.70 | 0.35 | 1.18 |

（2）绿肥的合理利用技术　目前，我国绿肥主要利用方式有直接翻压、作为原材料积制有机肥料和用作饲料。绿肥直接翻压（也叫压青）施用后的效果与翻压绿肥的时期、翻压深度、翻压量和翻压后的水肥管理密切相关。

①绿肥翻压时期。常见绿肥品种中紫云英应在盛花期；苕子和田菁应在现蕾期至初花期；豌豆应在初花期；柽麻应在初花期至盛花期。翻压绿肥时期的选择，除了根据不同品种绿肥植物生长特性外，还要考虑蔬菜的播种期和需肥时期。一般应与播种和移栽期有一段时间间距，大约 8～15 天左右。

②　绿肥翻压量与深度。绿肥翻压量一般根据绿肥中的养分含量、土壤供肥特性和蔬菜的需肥量来考虑，每亩应控制在 1000～1500 千克，然后再配合施用适量的其他肥料，来满足蔬菜对养分的需求。绿肥翻压深度应控制在 12～20 厘米之间，不宜过深或过浅。

③　翻压后水肥管理。绿肥在翻压后，应配合施用磷、钾肥，既可以调整 N/P，还可以协调土壤中氮、磷、钾的比例，从而充分发挥绿肥的肥效。对于干旱地区和干旱季节，还应及时灌溉，尽量保持充足的水分，加速绿肥的腐熟。

也可将绿肥与秸秆、杂草、树叶、粪尿、河塘泥、含有机质的垃圾等有机废弃物配合进行堆肥或沤肥。还可以配合其他有机废弃物进行沼气发酵，既可以解决农村能源，又可以保证有足够的有机肥料的施用。

## 三、腐殖酸肥料

腐殖酸肥料过去常作为有机肥料一种利用，由于近年来人们对作物品质要求较高，以及肥料生产技术的改进，腐殖酸肥料的产品越来越多，已得到农民群众的认可。

### 1. 腐殖酸基本性质

腐殖酸，又名胡敏酸，是一组含芳香结构、性质类似、无定形的酸性物质组成的混合物。其分子结构十分复杂，含有芳香环和含氮杂环，环上有酚羟基、羟基、醇羟基、醌羟基、烯醇基、磺酸基、胺基、羧基、游离的醌基、半醌基、醌氧基、甲氧基等多功能团。

腐殖酸为黑色或黑褐色无定形粉末，在稀溶液条件下像水一样无黏性，或多或少地溶解在酸、碱、盐、水和一些有机溶剂中，具有弱酸性。是一种亲水胶体，具有较高的离子交换性、络合性和生理活性。

### 2. 腐殖酸肥料性质

腐殖酸肥料品种主要有腐殖酸铵、硝基腐殖酸铵、腐殖酸磷、腐殖酸铵磷、腐殖酸钠、腐殖酸钾等。

（1）腐殖酸铵　　简称腐铵，化学分子式为 R-COONH$_4$，一般水溶性腐殖酸铵 25％以上，速效氮 3％以上。外观为黑色有光泽颗粒或黑色粉末，溶于水，呈微碱性，无毒，在空气中稳定。可做基肥（亩用量 40～50 千克）、追肥、浸种或浸根等，适用于各种土壤和蔬菜。

（2）硝基腐殖酸铵　是腐殖酸与稀硝酸共同加热，氧化分解形成的。一般含水溶性腐殖酸铵 45％以上，速效氮 2％以上。外观为黑色有光泽颗粒或黑色粉末，溶于水，呈微碱性，无毒，在空气中较稳定。可做基肥（亩用量 40～75 千克）、追肥、浸种或浸根等，适用于各种土壤和蔬菜。

（3）腐殖酸钠、腐殖酸钾　腐殖酸钠、腐殖酸钾的化学分子式 R-COONa、R-COOK，一般腐殖酸钠含腐殖酸 40％～70％、腐殖酸钾含腐殖酸 70％以上。二者呈棕褐色，易溶于水，水溶液呈强碱性。可作基肥（0.05％～0.1％浓度液肥与农家肥拌在一起施用）、追肥（每亩用 0.01％～0.1％浓度液肥 250 千克浇灌）、种子处理（浸种浓度 0.005％～0.05％、浸根插条等浓度 0.01％～0.05％）、根外追肥（喷施浓度 0.01％～0.05％）等。

（4）黄腐酸　又称富里酸、富啡酸、抗旱剂一号、旱地龙等，溶于水、酸、碱，水溶液呈酸性，无毒，性质稳定。黑色或棕黑色。含黄腐酸 70％以上，可作拌种（用量为种子量的 0.5％）、蘸根（100 克加水 20 千克加黏土调成糊状）、叶面喷施（稀释 1000 倍）等。

**3. 腐殖酸肥料安全施用**

（1）施用条件　腐殖酸肥适于各种土壤，特别是有机质含量低的土壤、盐碱地、酸性红壤、新开垦红壤、黄土、黑黄土等效果更好。腐殖酸肥对各种蔬菜均有增产作用，效果好的蔬菜有白菜、萝卜、番茄、马铃薯等。

（2）固体腐殖酸肥安全科学施用　腐殖酸肥与化肥混合制成腐殖酸复混肥，可以作基肥、种肥、追肥或根外追肥；可撒施、穴施、条施或压球造粒施用。

① 作基肥。可以采用撒施、穴施、条施等办法，不过集中施用比撒施效果好，深施比浅施、表施效果好，一般每亩可施腐殖酸铵等 40～50 千克左右、腐殖酸复混肥 25～50 千克。

②作种肥。可穴施于种子下面 12 厘米附近，每亩腐殖酸复混肥 10 千克左右。

③作追肥。应该早施，应在距离设施蔬菜根系 6～9 厘米附近穴施或条施，追施后结合中耕覆土。可将硝基腐殖酸铵作为增效剂与化肥混合施用效果较好，每亩施用量 10～20 千克。

（3）水溶腐殖酸肥安全科学施用　液体腐殖酸肥是以适合植物生长所需比例的矿物源腐殖酸，添加适量比例的氮、磷、钾大量元素或铜、铁、锰、锌、硼、钼微量元素而制成的液体或固体水溶肥料。其技术指标见表 3-18、表 3-19。

表 3-18　含腐殖酸水溶肥料（大量元素型）技术指标

| 项目 | 固体指标 | 液体指标 |
|---|---|---|
| 游离腐殖酸含量 | ≥3.0 % | ≥30 克/升 |
| 大量元素含量 | ≥20.0 % | ≥200 克/升 |
| 水不溶物含量 | ≤5.0 % | ≤50 克/升 |
| pH 值(1∶250 倍稀释) | 3.0～10.0 | |
| 水分($H_2O$)/% | ≤5.0 % | / |
| 汞(Hg)(以元素计) | ≤5 毫克/千克 | |
| 砷(As)(以元素计) | ≤10 毫克/千克 | |
| 镉(Cd)(以元素计) | ≤10 毫克/千克 | |
| 铅(Pb)(以元素计) | ≤50 毫克/千克 | |
| 铬(Cr)(以元素计) | ≤50 毫克/千克 | |

注：大量元素含量指总 N、$P_2O_5$、$K_2O$ 含量之和。产品应至少包含两种大量元素。单一大量元素含量不低于 2.0%(20 克/升)。

表 3-19　含腐殖酸水溶肥料（微量元素型）技术指标

| 项目 | 指标 |
|---|---|
| 游离腐殖酸含量 | ≥3.0 % |
| 大量元素含量 | ≥6.0 % |
| 水不溶物含量 | ≤5.0 % |

续表

| 项目 | 指标 |
|------|------|
| pH 值（1∶250 倍稀释） | 3.0～9.0 |
| 水分（$H_2O$）/% | ≤5.0% |
| 汞（Hg）（以元素计） | ≤5 毫克/千克 |
| 砷（As）（以元素计） | ≤10 毫克/千克 |
| 镉（Cd）（以元素计） | ≤10 毫克/千克 |
| 铅（Pb）（以元素计） | ≤50 毫克/千克 |
| 铬（Cr）（以元素计） | ≤50 毫克/千克 |

注：微量元素含量指铜、铁、锰、锌、硼、钼元素含量之和。产品应至少包含一种微量元素。含量不低于 0.05% 的单一微量元素均应计入微量元素含量中。钼元素含量不高于 0.5%。

① 浸种。可将水溶腐殖酸肥配成 0.01%～0.05% 浓度，蔬菜浸种 5～10 小时，浸种后捞出阴干即可播种。

② 蘸秧根、浸插条。可将水溶腐殖酸肥配成 0.05%～0.1% 浓度溶液，将设施蔬菜秧苗浸泡 11～24 小时，捞出移栽。也可在移栽前将腐殖酸肥料溶液加泥土调制成糊状，将移栽设施蔬菜根系或插条蘸一下，立即移栽。

③ 根外喷施。可将水溶腐殖酸肥配成 0.01%～0.05% 浓度溶液，每亩喷施 50 千克，喷洒时间在每天 14～18 时，喷施 2～3 次。喷施时期一般在设施蔬菜生殖生长时期结合其他叶面喷肥进行。

④ 浇灌。可将水溶腐殖酸肥溶于灌溉水中，随水浇灌到作物根系。旱地可在浇底墒水或生育期内灌水时在入水口加入原液，原液浓度 0.05%～0.1%，每亩用量 50 千克。

（4）注意问题　腐殖酸肥效缓慢，后效较长，应该尽量早施，在作物生长前期施用。腐殖酸肥料本身不是肥料，必须与其他肥料配合施用才能发挥作用。腐殖酸肥料作为水溶肥料施用必须注意适宜浓度，过高会抑制作物生长，过低不起作用。腐殖酸肥料作为水溶肥料施用配制时最好不要使用含钙、镁较多的硬水，以免发生沉淀影响效果，pH 值要控制在 7.2～7.5 之间。

**4. 腐殖酸肥料特性及施用要点歌谣**

为方便施用腐殖酸肥料肥料，可熟记下面歌谣。

> 腐肥内含腐殖酸，具有较多功能团；
> 与钙结合成团粒，最适沙黏及盐碱；
> 基肥追肥都能用，还可浸种秧根蘸；
> 根外喷施肥效好，提早成熟粒饱满；
> 腐肥产生刺激素，施用关键是浓度；
> 浸种一般万分三，蘸根莫过万分五；
> 适宜蔬菜有多种，白菜番茄与萝卜；
> 要想质优产量高，掌握浓度与温度。

# 四、氨基酸肥料

氨基酸肥料过去常作为有机肥料一种利用，由于近年来人们对作物品质要求较高，以及肥料生产技术的改进，氨基酸肥料的产品越来越多，已得到农民群众的认可。

**1. 氨基酸基本性质**

氨基酸的分子通式为 $H_2N \cdot R \cdot COOH$，同时含有羧基和氨基，因此具有羧酸羧基的性质和氨基的一切性质。纯品是无色结晶体，能溶于水。

**2. 水溶性氨基酸肥料安全施用**

水溶性氨基酸肥料是以游离氨基酸为主体的，按适合作物生长所需比例，添加适量钙、镁中量元素或铜、铁、锰、锌、硼、钼微量元素而制成的液体或固体水溶肥料。其技术指标见表 3-20、表 3-21。

表 3-20　含氨基酸水溶肥料（中量元素型）技术指标

| 项目 | 固体指标 | 液体指标 |
|---|---|---|
| 游离氨基酸含量 | ≥10.0 % | ≥100 克/升 |
| 中量元素含量 | ≥3.0 % | ≥30 克/升 |
| 水不溶物含量 | ≤5.0 % | ≤50 克/升 |
| pH 值(1：250 倍稀释) | 3.0～9.0 | |

| 项目 | 固体指标 | 液体指标 |
| --- | --- | --- |
| 水分($H_2O$)/% | ≤4.0% | / |
| 汞(Hg)(以元素计) | ≤5 毫克/千克 | |
| 砷(As)(以元素计) | ≤10 毫克/千克 | |
| 镉(Cd)(以元素计) | ≤10 毫克/千克 | |
| 铅(Pb)(以元素计) | ≤50 毫克/千克 | |
| 铬(Cr)(以元素计) | ≤50 毫克/千克 | |

注：中量元素含量指钙、镁元素含量之和。产品应至少包含一种中量元素。含量不低于0.1%(1克/升)的单一中量元素均应计入中量元素含量中。

**表 3-21　含氨基酸水溶肥料（微量元素型）技术指标**

| 项目 | 固体指标 | 液体指标 |
| --- | --- | --- |
| 游离氨基酸含量 | ≥10.0% | ≥100 克/升 |
| 微量元素含量 | ≥2.0% | ≥20 克/升 |
| 水不溶物含量 | ≤5.0% | ≤50 克/升 |
| pH 值(1:250 倍稀释) | 3.0~9.0 | |
| 水分($H_2O$)/% | ≤4.0% | / |
| 汞(Hg)(以元素计) | ≤5 毫克/千克 | |
| 砷(As)(以元素计) | ≤10 毫克/千克 | |
| 镉(C 天)(以元素计) | ≤10 毫克/千克 | |
| 铅(Pb)(以元素计) | ≤50 毫克/千克 | |
| 铬(Cr)(以元素计) | ≤50 毫克/千克 | |

注：微量元素含量指铜、铁、锰、锌、硼、钼元素含量之和。产品应至少包含一种微量元素。含量不低于0.05%(0.5克/升)的单一微量元素均应计入微量元素含量中。钼元素含量不高于0.5%(5克/升)。

水溶性氨基酸肥料一般采用叶面喷施、拌种、浸种、蘸根、灌根、滴灌、无土栽培等。

(1) 叶面喷施　按设施蔬菜种类和不同生长期一般用水稀释800~1600 倍，喷施于作物叶面呈湿润而不滴流为宜，一般喷施 2~3

次,一般每隔 7～10 天。

(2) 拌种 用 1:600 倍的稀释液与种子拌匀(稀释液量为种子的 3% 左右),放置 6 小时后播种。

(3) 浸种 用 1:1200 倍的稀释液,软皮种子浸 10～30 分钟;硬壳种子浸 10～24 小时,捞出阴干后播种。

(4) 蘸根 移栽时秧苗在稀释 600～800 倍的肥料溶液中蘸根浸泡 5～10 分钟,捞出移栽。也可在移栽前将腐殖酸肥料溶液加泥土调制成糊状,将移栽蔬菜根系或插条蘸一下,立即移栽。

(5) 灌根 将肥料液稀释 1000～1200 倍,浇入作物根部,每亩 100～200 千克。

(6) 滴灌 将肥料液稀释 300～600 倍,然后按作物不同调整滴流速度。

(7) 无土栽培 将肥料液稀释 1200～1500 倍,用于无土栽培。

**3. 注意事项**

为提高喷施效果,可将氨基酸水溶肥料与肥料或农药混合喷施,但应注意营养元素之间的关系、肥料与农药之间是否有害。

**4. 氨基酸肥料特性及施用要点歌谣**

为方便施用氨基酸肥料肥料,可熟记下面歌谣。

> 氨基酸肥性为酸,主要用于喷叶面;
> 即可用来浸拌种,又可用来秧根蘸;
> 产品多为棕色液,无毒无害无污染;
> 叶面喷施三百倍,促根苗壮植株健;
> 光合作用能增强,抗灾抗病又增产;
> 生育期中喷三遍;优质高产又高效。

# 五、生物肥料

微生物肥料是指一类含有活微生物的特定制品,应用于农业生产中,能够获得特定的肥料效应,在这种效应的产生中,制品中活微生物起关键作用,符合上述定义的制品均归于微生物肥料。主要有根瘤菌肥料、固氮菌肥料、磷细菌肥料、钾细菌肥料、复合微生物肥料等。

**1. 根瘤菌肥料**

根瘤菌能和豆科作物共生、结瘤、固氮，用人工选育出来的高效根瘤菌株，经大量繁殖后，用载体吸附制成的生物菌剂称为根瘤菌肥料。

（1）肥料性质　根瘤菌肥料按剂型不同分为固体、液体、冻干剂3种。固体根瘤菌肥料的吸附剂多为草炭，为黑褐色或褐色粉末状固体，湿润松散，含水量20%～35%，一般菌剂含活菌数1亿～2亿个/克，杂菌数小于15%，pH值6～7.5。液体根瘤菌肥料应无异臭味，含活菌数5亿～10亿个/升，杂菌数小于5%，pH值5.5～7。冻干根瘤菌肥料不加吸附剂，为白色粉末状，含菌量比固体型高几十倍，但生产上应用很少。

（2）安全科学施用　根瘤菌肥料多用于拌种，用量为每亩地种子用30～40克菌剂加3.75千克水混匀后拌种，或根据产品说明书施用。拌种时要掌握互接种族关系，选择与蔬菜相对应的根瘤菌肥。作物出苗后，发现结瘤效果差时，可在幼苗附近浇泼兑水的根瘤菌肥料。

（3）注意事项　根瘤菌结瘤最适温度为20～40℃，土壤含水量为田间持水量的60%～80%，适宜中性到微碱性（pH值6.5～7.5），良好的通气条件有利于结瘤和固氮；在酸性土壤上使用时需加石灰调节土壤酸度；拌种及风干过程切忌阳光直射，已拌菌的种子需当天播完；不可与速效氮肥及杀菌农药混合使用，如果种子需要消毒，需在根瘤菌拌种前2～3周使用，使菌、药有较长的间隔时间，以免影响根瘤菌的活性。

**2. 固氮菌肥料**

固氮菌肥料是指含有大量好气性自生固氮菌的生物制品。具有自生固氮作用的微生物种类很多，在生产上得到广泛应用的是固氮菌科的固氮菌属，以圆褐固氮菌应用较多。

（1）肥料性质　固氮菌肥料可分为自生固氮菌肥和联合固氮菌肥。自生固氮菌肥是指由人工培育的自生固氮菌制成的微生物肥料，能直接固定空气中的氮素，并产生很多激素类物质刺激蔬菜生长。联合固氮菌是指在固氮菌中有一类自由生活的类群，生长于蔬菜根表和近根土壤中，靠根系分泌物生存，与蔬菜根系密切。联合固氮菌肥是指利用联合固氮菌制成的微生物肥料，对增加蔬菜氮素来源、提高产量、促进蔬菜根系的吸收作用，增强抗逆性有重要作用。

固氮菌肥料的剂型有固体、液体、冻干剂3种。固体剂型多为黑褐色或褐色粉末状，湿润松散，含水量20％～35％，一般菌剂含活菌数1亿个/克以上，杂菌数小于15％，pH值6～7.5。液体剂型为乳白色或淡褐色，浑浊，稍有沉淀，无异臭味，含活菌数5亿个/升以上，杂菌数小于5％，pH值5.5～7。冻干剂型为乳白色结晶，无味，含活菌数5亿个/升以上，杂菌数小于2％，pH值6.0～7.5。

（2）安全科学施用　固氮菌肥料适用于各种蔬菜，可作基肥、追肥和种肥，施用量按说明书确定。也可与有机肥、磷肥、钾肥及微量元素肥料配合施用。

①基肥。可与有机肥配合沟施或穴施，施后立即覆土。也可蘸秧根或作基肥施在蔬菜菌床上混施。

②追肥。把菌肥用水调成糊状，施于作物根部，施后覆土，一般在作物开花前施用较好。

③种肥。一般作拌种施用，加水混匀后拌种，将种子阴干后即可播种。对于移栽作物，可采取蘸秧根的方法施用。

固体固氮菌肥一般每亩用量250～500克、液体固氮菌肥每亩100毫升、冻干剂固氮菌肥每亩用500亿～1000亿个活菌。

（3）注意事项　固氮菌属中温好气性细菌，最适温度为25～30℃。要求土壤通气良好，含水量为田间持水量的60％～80％，最适pH值7.4～7.6。在酸性土壤（pH值<6）中活性明显受到抑制，因此，施用前需加石灰调节土壤酸度，固氮菌只有在环境中有丰富的碳水化合物而缺少化合态氮时才能进行固氮作用，与有机肥、磷肥、钾肥及微量元素肥料配合施用，对固氮菌的活性有促进作用，在贫瘠土壤上尤其重要。过酸、过碱的肥料或有杀菌作用的农药都不宜与固氮菌肥混施，以免影响其活性。

**3. 磷细菌肥料**

磷细菌肥料是指含有能强烈分解有机或无机磷化合物的磷细菌的生物制品。

（1）肥料性质　目前国内生产的磷细菌肥料有液体和固体两种剂型。液体剂型的磷细菌肥料，外观呈棕褐色浑浊液，含活细菌5亿～15亿个/毫升，杂菌数小于5％，含水量20％～35％，有机磷细菌≥1亿个/毫升，无机磷细菌≥2亿个/毫升，pH值6.0～7.5。颗粒剂型的磷细菌肥料，外观呈褐色，有效活细菌数大于3亿个/克，杂菌数小于20％，含水量小于10％，有机质含量≥25％，粒径2.5～4.5毫米。

（2）安全科学施用　磷细菌肥料可作基肥、追肥和种肥。

① 基肥。可与有机肥、磷矿粉混匀后沟施或穴施，一般每亩用量为1.5～2千克，施后立即覆土。

② 追肥。可将磷细菌肥料用水稀释后在蔬菜开花前施用为宜，菌液施于根部。

③ 种肥。主要是拌种，可先将菌剂加水调成糊状，然后加入种子拌匀，阴干后立即播种，防止阳光直接照射。一般每亩种子用固体磷细菌肥料1.0～1.5千克或液体磷细菌肥料0.3～0.6千克，加水4～5倍稀释。

（3）注意事项　磷细菌的最适温度为30～37℃，适宜pH值7.0～7.5。拌种时随配随拌，不宜留存；暂时不用的，应该放置在阴凉处覆盖保存。磷细菌肥料不与农药及生理酸性肥料同时施用，也不能与石灰氮、过磷酸钙及碳酸氢铵混合施用。

**4. 钾细菌肥料**

钾细菌肥料，又名硅酸盐细菌肥料、生物钾肥。钾细菌肥料是指含有能对土壤中云母、长石等含钾的铝硅酸盐及磷灰石进行分解，释放出钾、磷与其他灰分元素，改善作物营养条件的钾细菌的生物制品。

（1）肥料性质　钾细菌肥料产品主要有液体和固体两种剂型。液体剂型外观为浅褐色浑浊液，无异臭，有微酸味，有效活菌数大于10亿个/毫升，杂菌数小于5％，pH值5.5～7.0。固体剂型是以草炭为载体的粉状吸附剂，外观呈黑褐色或褐色，湿润而松散，无异味，有效活细菌数大于1亿个/克，杂菌数小于20％，含水量小于10％，有机质含量≥25％，粒径2.5～4.5毫米，pH值6.9～7.5。

（2）安全科学施用　钾细菌肥料可作基肥、追肥、种肥。

① 作基肥。固体剂型与有机肥料混合沟施或穴施，立即覆土，每亩用量 3～4 千克，液体用 2～4 千克菌液。

② 作追肥。按每亩用菌剂 1～2 千克兑水 50～100 千克混匀后进行灌根。

③ 作种肥。每亩用 1.5～2.5 千克钾细菌肥料与其他种肥混合施用。也可将固体菌剂加适量水制成菌悬液或液体菌加适量水稀释，然后喷到种子上拌匀，稍干后立即播种。也可将固体菌剂或液体菌稀释 5～6 倍，搅匀后，把蔬菜的根蘸入，蘸后立即移栽。

（3）注意事项　紫外线对钾细菌有杀灭作用，因此在储、运、用过程中应避免阳光直射，拌种时应在室内或棚内等避光处进行，拌好晾干后应立即播完，并及时覆土。钾细菌肥料不能与过酸或过碱的肥料混合施用。当土壤中速效钾含量在 26 毫克/千克以下时，不利于钾细菌肥料肥效发挥；当土壤速效钾含量在 50～75 毫克/千克时，钾细菌解钾能力可达到高峰。钾细菌的最适温度为 25～27℃，适宜 pH 值 5.0～8.0。

**5. 复合微生物肥料的安全科学施用**

复合微生物肥料是指两种或两种以上的有益微生物或一种有益微生物与营养物质复配而成，能提供、保持或改善植物的营养，提高农产品产量或改善农产品品质的活体微生物制品。

（1）复合微生物肥料类型　一般有两种，第一种是菌与菌复合微生物肥料，可以是同一微生物菌种的复合（如大豆根瘤菌的不同菌系分别发酵，吸附时混合），也可以是不同微生物菌种的复合（如固氮菌、解磷细菌、解钾细菌等分别发酵，吸附时混合）；第二种是菌与各种营养元素或添加物、增效剂的复合微生物肥料，采用的复合方式有菌与大量元素复合、菌与微量元素复合、菌与稀土元素复合、菌与作物生长激素复合等。

（2）复合微生物肥料性质　复合微生物肥料可以增加土壤有机质、改善土壤菌群结构，并通过微生物的代谢物刺激植物生长，抑制有害病原菌。

目前按剂型主要有液体、粉剂和颗粒 3 种。粉剂产品应松散；颗粒产品应无明显机械杂质、大小均匀，具有吸水性。复合微生物肥料产品技术指标见表 3-22。复合微生物肥料产品中无害化指标见表 3-23。

表 3-22　复合微生物肥料产品技术指标

| 项目 | 剂型 | | |
| --- | --- | --- | --- |
| | 液体 | 粉剂 | 颗粒 |
| 有效活菌数[①]/[亿个/克(毫升)] | ≥0.50 | ≥0.20 | ≥0.20 |
| 总养分(N+P_2O_5+K_2O)/% | ≥4.0 | ≥6.0 | ≥6.0 |
| 杂菌率/% | ≤15.0 | ≤30.0 | ≤30.0 |
| 水分/% | — | ≤35.0 | ≤20.0 |
| pH 值 | 3.0~8.0 | 5.0~8.0 | 5.0~8.0 |
| 细度/% | — | ≥80.0 | ≥80.0 |
| 有效期[②]/月 | ≥3 | ≥6 | |

① 含两种以上微生物的复合微生物肥料,每一种有效菌的数量不得少于 0.01 亿个/克(毫升)。

② 此项仅在监督部门或仲裁双方认为有必要时才检测。

表 3-23　复合微生物肥料产品无害化指标

| 参数 | 标准极限 |
| --- | --- |
| 粪大肠菌群数/[个/克(毫升)] | ≤100 |
| 蛔虫卵死亡率/% | ≥95 |
| 砷及其化合物(以 As 计)/(毫克/千克) | ≤75 |
| 镉及其化合物(以 Cd 计)/(毫克/千克) | ≤10 |
| 铅及其化合物(以 Pb 计)/(毫克/千克) | ≤100 |
| 铬及其化合物(以 Cr 计)/(毫克/千克) | ≤150 |
| 汞及其化合物(以 Hg 计)/(毫克/千克) | ≤5 |

（3）复合微生物肥料的安全科学施用　适用于各类蔬菜。

① 作基肥。每亩用复合微生物肥料 1~2 千克,与有机肥料或细土混匀后沟施、穴施、撒施均可,沟施或穴施后立即覆土;结合

整地可撒施，应尽快将肥料翻于土中。

② 蘸根或灌根。每亩用肥 2～5 千克兑水 5～20 倍，移栽时蘸根或干栽后适当增加稀释倍数灌于根部。

③ 冲施。根据不同蔬菜每亩用 1～3 千克复合微生物肥料与化肥混合，用适量水稀释后灌溉时随水冲施。

**6. 微生物肥料特性及施用要点歌谣**

为方便施用微生物肥料，可熟记下面歌谣。

> 细菌肥料前景好，持续农业离不了；
> 清洁卫生无污染，品质改善又增产；
> 掺混农肥效果显，解磷解钾又固氮；
> 杀菌农药不能混，莫混过酸与过碱；
> 基追种肥都适用，水稻蔬菜秧根蘸；
> 施后即用湿土埋，严防阳光来暴晒；
> 种肥随用随拌菌，剩余种子阴处盖；
> 增产效果确实有，莫将化肥来替代。

# 六、复合（混）肥料

复合（混）肥料是氮、磷、钾三种养分中至少有两种养分标明量的由化学方法和（或）掺混方法制成的肥料。一般分为复合肥料、复混肥料和掺混肥料。

**1. 常见复合肥料**

（1）磷酸铵系列　磷酸铵系列包括磷酸一铵、磷酸二铵、磷酸铵和聚磷酸铵，是氮、磷二元复合肥料。

① 基本性质。磷酸一铵的化学分子式为 $NH_4H_2PO_4$，含氮 10%～14%、五氧化二磷 42%～44%。外观为灰白色或淡黄色颗粒或粉末，不易吸潮、结块，易溶于水，其水溶液为酸性，性质稳定，氨不易挥发。

磷酸二铵，简称二铵，化学分子式为 $(NH_4)_2HPO_4$，含氮 18%、五氧化二磷计 46%。纯品白色，一般商品外观为灰白色或淡黄色颗粒或粉末，易溶于水，水溶液中性至偏碱，不易吸潮、结块，相对于磷酸一铵，性质不是十分稳定，在湿热条件下，氨易挥发。

目前，用作肥料磷酸铵产品，实际是磷酸一铵、磷酸二铵的混合物，含氮12％～18％、五氧化二磷47％～53％。产品多为颗粒状，性质稳定，并加有防湿剂以防吸湿分解。易溶于水，水溶液中性。

② 安全施用。可用作基肥、种肥，也可以叶面喷施。作基肥一般每亩用量15～25千克，通常在整地前结合耕地将肥料施入土壤；也可在播种后开沟施入。作种肥时，通常将种子和肥料分别播入土壤，每亩用量2.5～5千克。

③ 适宜作物和注意事项。基本适合所有土壤和设施蔬菜。磷酸铵不能和碱性肥料混合施用。当季如果施用足够的磷酸铵，后期一般不需再施磷肥，应以补充氮肥为主。施用磷酸铵的设施蔬菜应补充施用氮、钾肥，同时应优先用在需磷较多的设施蔬菜和缺磷土壤。磷酸铵用作种肥时要避免与种子直接接触。

④ 特性及施用要点歌谣。为方便施用磷酸铵，可熟记下面歌谣。

> 一铵二铵合磷铵，复合肥中为骨干；
> 各色颗粒易溶水，遇碱也能释放氨；
> 适用各类土壤上，可作基肥和种肥；
> 磷酸一铵性为酸，四十四磷十一氮；
> 我国土壤多偏碱，适应尿素掺一铵；
> 氮磷互补增肥效，省工省钱又高产；
> 磷酸二铵性偏碱，四十六磷十八氮；
> 国产二铵含量低，四十五磷氮十三；
> 二铵适合酸性地，碱性土壤施一铵；
> 基肥二十千克用，千万莫与石灰掺；
> 种肥最好三千克，磷铵种子莫相掺；
> 施用最好掺氮钾，平衡施肥能增产。

（2）硝酸磷肥　硝酸磷肥的生产工艺有冷冻法、碳化法、硝酸-硫酸法，因而其产品组成也有一定差异。

① 基本性质。主要成分是磷酸二钙、硝酸铵、磷酸一铵，另外还含有少量的硝酸钙、磷酸二铵，含氮13％～26％、五氧化二磷12％～20％。冷冻法生产的硝酸磷肥中有效磷75％为水溶性磷、

25％为弱酸溶性磷；碳化法生产的硝酸磷肥中磷基本都是弱酸溶性磷；硝酸-硫酸法生产的硝酸磷 30％～50％为水溶性磷。硝酸磷肥一般为灰白色颗粒，有一定吸湿性，部分溶于水，水溶液呈酸性反应。

② 安全施用。硝酸磷肥主要作基肥和追肥。作基肥条施、深施效果较好，每亩用量 45～55 千克。一般是在底肥不足情况下，作追肥施用。

③ 适宜作物和注意事项。硝酸磷肥含有硝酸根，容易助燃和爆炸，在储存、运输和施用时应远离火源，如果肥料出现结块现象，应用木棍将其击碎，不能使用铁锹拍打，以防爆炸伤人。硝酸磷肥呈酸性，适宜施用在北方石灰质的碱性土壤上，不适宜施用在南方酸性土壤上。硝酸磷肥含硝态氮，容易随水流失。硝酸磷肥做追肥时应避免根外喷施。

④ 特性及施用要点歌谣。为方便施用硝酸磷肥，可熟记下面歌谣。

> 硝酸磷肥性偏酸，复合成分有磷氮；
> 二十六氮十三磷，最适中低旱作田；
> 由于含有硝态氮，最好施用在旱田；
> 莫混碱性肥料用，遇碱也能放出氨；
> 由于具有吸湿性，储运施用严加管。

(3) 硝酸钾

① 基本性质。硝酸钾分子式为 $KNO_3$，含 N13％，含 $K_2O$ 46％。纯净的硝酸钾为白色结晶，粗制品略带黄色，有吸湿性，易溶于水，为化学中性，生理中性肥料。在高温下易爆炸，属于易燃易爆物质，在储运、施用时要注意安全。

② 安全施用。硝酸钾适作旱地追肥，每亩用量一般 5～10 千克。硝酸钾也可做根外追肥，适宜浓度为 0.6％～1％。在干旱地区还可以与有机肥混合作基肥施用，每亩用量 10 千克。硝酸钾还可用来拌种、浸种，浓度为 0.2％。

③ 适宜作物和注意事项。硝酸钾适合各种蔬菜，对马铃薯等喜钾而忌氯的蔬菜具有良好的肥效，在豆类蔬菜上反应也比较好。

硝酸钾属于易燃易爆品，生产成本较高，所以用作肥料的比重不大。运输、储存和施用时要注意防高温，切忌与易燃物接触。

④ 特性及施用要点歌谣。为方便施用硝酸钾，可熟记下面歌谣。

> 硝酸钾，称火硝，白色结晶性状好；
> 不含其他副成分，生理中性好肥料；
> 硝态氮素易淋失，莫施水田要牢记；
> 旱地宜作基追肥，薯类豆科肥效高；
> 四十六钾十三氮，根外追肥效果好；
> 以钾为主氮偏低，补充氮磷配比调。

（4）磷酸二氢钾

① 基本性质。磷酸二氢钾是含磷、钾的二元复肥，分子式为 $KH_2PO_4$，含五氧化二磷 52％、氧化钾 35％。灰白色粉末，吸湿性小，物理性状好，易溶于水，是一种很好的肥料，但价格高。

② 安全施用。可作基肥、追肥和种肥。因其价格贵，多用于根外追肥和浸种。喷施浓度 0.1～0.3％，在作物生殖生长期开始时使用；浸种浓度为 0.2％。

目前推广的设施蔬菜磷酸二氢钾超常量施用技术是，黄瓜、番茄、豆角、茄子等蔬菜育苗期用浓度为 1％的磷酸二氢钾（或磷酸二氢钾铵）喷施 2 次。移植时可用浓度为 1％的磷酸二氢钾（或磷酸二氢钾铵）液浸根或灌根，定苗至花前期喷施 2 次，每亩每次用磷酸二氢钾（或磷酸二氢钾铵）200 克兑水 30 千克，坐果后每 7 天喷施 1 次，每亩每次用 400 克兑水 50 千克。

③ 适宜作物和注意事项。磷酸二氢钾主要用作叶面喷施、拌种和浸种，适宜各种作物。

磷酸二氢钾和一些氮素化肥、微肥及农药等做到合理配合，进行混施，可节省劳力，增加肥效和药效。

④ 特性及施用要点歌谣。为方便施用磷酸二氢钾，可熟记下面歌谣。

> 复肥磷酸二氢钾，适宜根外来喷洒；
> 内含五十二个磷，还有三十四个钾；

一亩土地百余克，提前成熟籽粒大；

还能抵御干热风，改善品质味道佳；

易溶于水呈酸性，还可用来浸拌种；

浸种浓度千分二，浸泡半天可播种。

（5）磷铵系复合肥料　在磷酸铵生产基础上，为了平衡氮、磷营养比例，加入单一氮肥品种，便形成磷酸铵系列复混肥，主要有尿素磷酸盐、硫磷铵、硝磷铵等。

① 基本性质。尿素磷酸盐有尿素磷铵、尿素磷酸二铵等。尿素磷酸铵含氮 17.7%、五氧化二磷 44.5%。尿素磷酸二铵养分含量有 37-17-0、29-29-0、25-25-0 等。

硫磷铵是以氨通入磷酸与硫酸的混合液制成的，含有磷酸一铵、磷酸二铵和硫酸铵等成分，含氮 16%、五氧化二磷 20%。灰白色颗粒，易溶于水，不吸湿，易储存，物理性状好。

硝磷铵的主要成分是磷酸一铵和硝酸铵，养分含量有 25-25-0、28-14-0 等品种。

② 安全施用。可以作基肥、追肥和种肥，适宜于多种蔬菜和土壤。

（6）三元复合肥　主要有硝磷钾、铵磷钾、尿磷铵钾、磷酸尿钾等。

① 铵磷钾。是用硫酸钾和磷酸盐按不同比例混合而成或磷酸铵加钾盐制成的三元复合肥料，一般有 12-24-12、12-20-15、10-30-10 等品种。物理性质很好，养分均为速效，易被作物吸收，适宜于多种蔬菜和土壤，可作基肥和追肥。

② 尿磷铵钾。尿素磷酸铵钾养分含量多为 22-22-11。可以作基肥、追肥和种肥，适宜于多种蔬菜和土壤。

③ 磷酸尿钾。是硝酸分解磷矿时，加入尿素和氯化钾即制得磷酸尿钾，氮磷钾比例为 1:0.7:1。可以作基肥、追肥和种肥，适宜于多种蔬菜和土壤。

**2. 复混肥料**

复混肥料是基础肥料之间发生某些化学反应。生产上一般根据蔬菜的需要常配成氮、磷、钾比例不同的专用肥。复混肥料体系的分类见表 3-24。

### 表 3-24　复混肥料体系分类

| 养分浓度 | 原料体系 |
|---|---|
| 低浓度（二元≥20%，三元≥25%） | 尿素-普钙-钾盐；氯化铵-普钙-钾盐；硝酸铵-普钙-钾盐；硫酸铵-普钙-钾盐；尿素-钙镁磷肥-钾盐 |
| 中浓度（≥30%） | 尿素-普钙-磷铵-钾盐；氯化铵-普钙-磷铵-钾盐；尿素-普钙-重钙-钾盐；氯化铵-普钙-重钙-钾盐 |
| 高浓度（≥40%） | 尿素-磷铵-钾盐；氯化铵-磷铵-钾盐；硝酸铵-磷铵-钾盐；尿素-重钙-钾盐；氯化铵-重钙-钾盐；硝酸铵-重钙-钾盐 |

（1）硝铵-磷铵-钾盐复混肥系列　该系列复混肥可用硝酸铵、磷铵或过磷酸钙、硫酸钾或氯化钾等混合制成，也可在硝酸磷肥基础上配入磷铵、硫酸钾等进行生产。产品执行国家标准 GB15063—2009。10—10—10（S）或 15—15—15（Cl）。由于该系列复混肥含有部分的硝基氮，可被蔬菜直接吸收利用，肥效快，磷素的配置比较合理，速缓兼容，表现为肥效长久，可作种肥施用，不会发生肥害。

该系列复混肥呈淡褐色颗粒状，氮素中有硝态氮和铵态氮，磷素中 30%～50% 为水溶性磷、50%～70% 为枸溶性磷，钾素为水溶性。有一定的吸湿性，应注意防潮结块。该肥料一般作基肥和早期追肥，每亩用量 30～50 千克。

（2）磷酸铵-硫酸铵-硫酸钾复混肥系列　主要有铵磷钾肥，是用磷酸一铵或磷酸二铵、硫酸铵、硫酸钾按不同比例混合而生产的三元复混肥料。产品执行国家标准 GB15063—2009。养分含量有 12—24—12（S）、10—20—15（S）、10—30—10（S）等多种。铵磷钾肥的物理性状良好，易溶于水，易被蔬菜吸收利用。主要用作基肥，也可作早期追肥，每亩用量 30～40 千克。

（3）尿素-过磷酸钙-氯化钾复混肥系列　是用尿素、过磷酸钙、氯化钾为主要原料生产的三元系列复混肥料，总养分含量在 28% 以上，还含有钙、镁、铁、锌等中量和微量元素。产品执行国家标准 GB15063—2009。

外观为灰色或灰黑色颗粒，不起尘，不结块，便于装卸和施用，在水中会发生崩解。应注意防潮、防晒、防重压，开包施用最好一次用完，以防吸潮结块。

一般作基肥和早期追肥，但不能直接接触种子和设施蔬菜根系。基肥一般每亩 50～60 千克，追肥一般每亩 10～15 千克。

（4）尿素-钙镁磷肥-氯化钾复混肥系列　是用尿素、钙镁磷肥、氯化钾为主要原料生产的三元系列复混肥料，产品执行国家标准 GB15063—2009。由于尿素产生的氨在和碱性的钙镁磷肥充分混合的情况下，易产生挥发损失，因此在生产上采用酸性黏结剂包裹尿素工艺技术，既可降低颗粒肥料的碱性度，施入土壤后又可减少或降低氮素的挥发损失和磷、钾素的淋溶损失，达到进一步提高肥料利用率。

该产品含有较多营养元素，除含有氮、磷、钾外，还含有 6%左右的氧化镁、1%左右的硫、20%左右的氧化钙、10%以上的二氧化硅，以及少量的铁、锰、锌、钼等微量元素。物理性状良好，吸湿性小。

适用于南方酸性土壤。一般作基肥，但不能直接接触种子和蔬菜根系。基肥一般每亩 50～60 千克。

（5）氯化铵-过磷酸钙-氯化钾复混肥系列　这类产品由氯化铵、过磷酸钙、氯化钾为主要原料生产的三元复混肥，产品执行国家标准 GB15063—2009。

该产品物理性状良好，但有一定的吸湿性，储存过程中应注意防潮结块。由于产品中含氯离子较多，适用于耐氯作物上。长期施用易使土壤变酸，因此酸性土壤上施用应配施石灰和有机肥料。不宜在盐碱地以及干旱缺雨的地区施用。

该肥料主要作基肥和追肥施用，基肥一般每亩 50～60 千克，追肥一般每亩 15～20 千克。

（6）尿素-磷酸铵-硫酸钾复混肥系列　用尿素、磷酸铵、硫酸钾为主要原料生产的三元复混肥料，属于无氯型氮磷钾三元复混肥，其总养分量大于 54%以上，水溶性磷大于 80%以上。产品执行国家标准 GB15063—2009。

该产品有粉状和粒状两种。粉状肥料外观为灰白色或灰褐色均匀粉状物，不易结块，除了部分填充料外，其他成分均能在水中溶解。粒状肥料外观为灰白色或黄褐色粒状，pH 值 5～7，不起尘，不结块，便于装、运和施肥。

可作为忌氯蔬菜的专用肥料。主要作基肥和追肥施用，基肥一般每亩 40～50 千克，追肥一般每亩 10～15 千克。

（7）含微量元素的复混肥　生产含微量元素的复混肥品种的原则：要有一定数量的基本微量元素种类，满足种植在缺乏微量元素的土壤上作物的需要；微量元素的形态要适合所有的施用方法。目前生产的含微量元素复混肥料大都是颗粒状。

① 含锰复混肥料。是用尿素磷铵钾、磷酸铵和高浓度无机混合肥等，在造粒前加入硫酸锰，或将硫酸锰事先与一种肥料混合，再与其他肥料混合，经造粒而制成。主要品种有含锰尿素磷铵钾，18-18-18-1.5（Mn）；含锰硝磷铵钾，17-17-17-1.3（Mn）；含锰无机混合肥料，18-18-18-1.0（Mn）；含锰磷酸一铵，12-52-0-3.0（Mn）。

含锰复混肥料一般作基肥，撒施用量每亩 15～25 千克，条施用量每亩 4～8 千克。主要用在缺锰土壤和对锰敏感的设施蔬菜上。

② 含硼复混肥料。是将硝磷铵钾肥、尿素磷铵钾肥、磷酸铵及高浓度无机混合肥等在造粒前加入硼酸，或将硼酸事先与一种肥料混合，再与其他肥料混合，经造粒而制成。主要品种有含硼尿素磷铵钾，18-18-18-0.20（B）；含硼锰硝磷铵钾，17-17-17-0.17（B）；含硼无机混合肥料，16-24-16-0.2（B）；含硼磷酸一铵，12-52-0-0.17（B）。

含硼复混肥料一般作基肥，撒施用量每亩 20～27 千克，穴施用量每亩 4～7 千克。主要用在缺硼锰土壤和对硼敏感的设施蔬菜上。

③ 含钼复混肥料。是硝磷钾肥、磷-钾肥（重过磷酸钙＋氯化钾或过磷酸钙＋氯化钾）同钼酸铵的混合物。含钼硝磷钾肥是向磷酸中添加钼酸铵进行中和，或者进行氨化、造粒而制成的。在制造磷-钾-钼肥时，需事先把过磷酸钙或氯化钾同钼酸铵进行浓缩。主要品种有含钼硝磷钾肥，17-17-17-0.5（Mo）；含钼重过磷酸钙＋氯化钾，0-27-27-0.9（Mo）；含钼过磷酸钙＋氯化钾，0-15-15-0.5（Mo）。

含钼复混肥适合于设施蔬菜作物。一般作基肥，撒施一般每亩

17～20千克，穴施用量每亩3.5～6.7千克。

④含铜复混肥料。是用尿素、氯化钾和硫酸铜为原料所制成的氮-钾-铜复混肥料，含氮14％～16％，氧化钾34％～40％，铜0.6％～0.7％。一般可用在泥炭土和其他缺铜的土壤上。一般作基肥或播种前作种肥，每亩用量为14～34千克。

⑤含锌复混肥料。是以磷酸铵为基础制成的氮-磷-锌肥和氮-磷-钾-锌肥。含氮12％～13％，五氧化二磷50％～60％，锌0.7％～0.8％，或氮18％～21％，五氧化二磷18％～21％，氧化钾18％～21％，锌0.3％～0.4％。适用于对锌敏感设施蔬菜和缺锌土壤，一般作基肥，撒施一般每亩20～25千克，穴施用量每亩5～8千克。

**3. 掺混肥料**

又称配方肥、BB肥，是由两种以上粒径相近的单质肥料或复合肥料为原料，按一定比例，通过简单的机械掺混而成，是各种原料混合物。这种肥料一般是农户根据土壤养分状况和作物需要随混随用。

掺混肥料的优点是生产工艺简单，操作灵活，生产成本较低，养分配比适应微域调控或具体田块作物的需要。与复合、复混肥料相比，掺混肥料在生产、储存、施用等方面有其独特之处。

掺混肥料一般是针对当地设施蔬菜和土壤为生产，因此要因土壤、蔬菜而施用，一般作基肥。

# 第二节　露地蔬菜生产的新型肥料

新型肥料是指利用新方法、新工艺生产的，具有复合高效、全营养控释、环境友好等特点的一类肥料的总称。主要类型有缓控释氮肥、新型磷肥、长效钾肥、新型水溶肥料、新型复混肥料等。

## 一、缓控释肥料

我国最新的行业标准《缓控释肥料》（HG/T3931-2007）认为：以各种调节机制使其养分最初释放延缓，延长植物对其有效养分吸收利用的有效期，使其养分按照设定的释放率和释放期缓慢或控制释放的肥料。其判定标准为 25℃ 静水中浸泡 24 小时后未释放出且在 28 天的释放率不超过 75% 的，但在标明释放期其释放能达到 80% 以上的肥料。

**1. 缓控释氮肥**

缓控释氮肥按其化学性质可分为四类：合成缓溶性有机氮肥（如脲甲醛、异丁叉二脲、丁烯叉二脲、草酰胺等）、包膜缓释肥料（如硫衣尿素、涂层尿素、添加硝化抑制剂肥料等）、缓溶性无机肥料、天然有机质为基体的各种氨化肥料。这里主要介绍前两类。

（1）脲甲醛　代号为 UF，含脲分子 2～6 个，白色粒状或粉末状的微溶无臭固体，吸湿性很小，含氮量 36%～38%。施于土壤后主要靠微生物分解，不易淋失，在适宜条件下最后分解为甲醛和尿素，后者进一步水解成二氧化碳和铵供作物吸收利用。脲甲醛常作基肥一次性施入，施在一年生蔬菜上时必须配合施用一些速效氮肥，以避免蔬菜前期因氮素供应不足而生长不良。

（2）丁烯叉二脲　代号为 CDU，白色微溶粉末，不具有吸湿性，长期储存不结块，含氮量 28%～32%。施于土壤后最终分解产物为尿素和 β-羟基丁醛，尿素能被作物吸收利用，β-羟基丁醛易被微生物氧化分解成 $CO_2$ 和水，没有残毒。丁烯叉二脲适宜酸性土壤施用，特别适合于蔬菜。常作基肥一次性施入，施在一年生作物上时必须配合施用一些速效氮肥，以避免蔬菜前期因氮素供应不足而生长不良。

（3）异丁叉二脲　代号为 IBDU，是尿素与异丁醛反应的缩合物，白色粉末，不吸湿，水溶性很低，含氮量 32.18%。异丁叉二脲易分解无残毒。异丁叉二脲用于蔬菜时，可掺入一定量的速效氮肥；在日本将异丁叉二脲压制成 34 毫米×34 毫米×20 毫米的砖形"IB 砖片"肥料，能持续供应养分 3～5 年。

（4）草酰胺　代号为 OA，白色粉末，含氮量 31.8%，多以塑料工业的副产品氰酸为原料合成，成本低。施于土壤后矿化作用很快，易导致 $NH_3$ 挥发损失，并可在肥粒处形成碳酸铵，造成局部 pH 升高和 $NH_4^+$ 的浓度增大，施用时应特别注意。

（5）硫衣尿素　代号为 SCU，含氮量 34.2%，主要成分为尿素和硫黄，其中尿素约 76%、硫黄 19%、石蜡 3%、煤焦油

0.25％、高岭土1.5％。其氮素释放机理为微生物分解和渗透压，温暖潮湿条件下释放较快，低温干旱时较慢。因此冬性作物施用时需补施速效氮肥。硫衣尿素在蔬菜上施用比水溶性氮肥优越。该产品施用方法同尿素。

（6）涂层尿素　是用海藻胶作为涂层液，再加入适量的微量元素，用高压喷枪将涂层液从造粒塔底部喷至造粒塔上部，使涂层液在尿素的表面形成一层较薄的膜，在尿素表面的余热条件下，水分被蒸发，生产出涂层黄色尿素。涂层尿素施入土壤后，由于海藻胶的作用，可以延缓脲酶对尿素的酶解速度，延长肥效期，提高氮肥利用率。该产品施用方法同尿素。

**2. 新型磷肥**

新型磷肥是指高浓度或超高浓度的长效磷肥，主要有聚磷酸盐、磷酸甘油酯、酰胺磷酸、包膜磷酸一铵等。

（1）聚磷酸盐　聚磷酸盐的主要成分是焦磷酸、三聚磷酸或环状磷酸组成，含有效磷（$P_2O_5$）76％～85％，是一种超高浓度磷肥，具有较高水溶性。其主要特点是可与金属离子形成可溶性络合物，减少磷的固定；制成液体肥料时，加入微量元素后仍呈可溶态；能在土壤中逐步分解为正磷酸盐，一次足量施用可满足作物整个生育期的需要；在酸性土壤上施用不宜被铁、铝固定，在石灰性土壤中易于分解，有效性高。

聚磷酸盐是一种白色小颗粒，粒径1.4～2.8毫米。在酸性土壤上施用效果与正磷酸盐相等，在中性和碱性土壤上施用优于正磷酸盐，但其具有较长的后效，其后效超过正磷酸盐。

（2）磷酸甘油酯　磷酸甘油酯是一种有机磷化合物，含有效磷（$P_2O_5$）41％～46％，溶于水。其主要特点是即使与钙结合也能保持水溶性，不被土壤固定；施用方便，可以撒施，也可以与灌溉水结合施入土壤；在土壤中被磷酸酶水解为正磷酸盐后缓慢供作物利用。

（3）酰胺磷酯　酰胺磷酯是一种具有N-P共价键的有机氮磷化合物，其主要成分为（$C_2H_5O$）$_2PONH_2$、[（$C_2H_5O$）$_2N$]$_2PONH_2$等。其特点是水解前不易被土壤固定，水解后能不断供给作物氮、磷、钙。但其价格昂贵，目前难以在生产中推广应用。

### 3. 长效钾肥

目前有关长效钾肥的研究较少。美国生产的偏磷酸钾（0-60-40）、聚磷酸钾（0-57-37）是两种主要的长效钾肥，二者均不溶于水，而溶于2%的柠檬酸，在土壤中不易被淋失，可以逐步水解，对作物不产生盐害，其肥效与水溶性钾的含量及粒径大小有关，大体上与氯化钾、硫酸钾相当或略低。

## 二、新型水溶肥料

新型水溶性肥料是一种可以溶于水的多元素复合肥料，它能迅速地溶解于水中，更容易被作物吸收，而且其吸收利用率相对较高。新型水溶性肥料具有使用方法简单、方便等特点，因此它在全世界得到了广泛的应用。

### 1. 新型水溶肥料类型

新型水溶肥料是我国目前大量推广应用的一类新型肥料，多为通过叶面喷施或随灌溉施入（又叫冲施肥）的一类水溶性肥料。可分为无机营养型、氨基酸型、腐殖酸型和生长调节剂型等。无机营养型包括微量元素水溶肥料、大量元素水溶肥料等。

（1）微量元素水溶肥料　是由铜、铁、锰、锌、硼、钼微量元素按照所需比例制成的或单一微量元素制成的液体或固体水溶肥料。外观要求为均匀的液体；均匀、松散的固体。微量元素水溶肥料产品技术指标应符合表3-25的要求。

**表3-25　微量元素水溶肥料技术指标**

| 项目 | 固体指标 | 液体指标 |
| --- | --- | --- |
| 微量元素含量 | ≥10.0% | ≥100克/升 |
| 水不溶物含量 | ≤5.0% | ≤50克/升 |
| pH值(1：250倍稀释) | 3.0~10.0 | |
| 水分($H_2O$)/% | ≤6.0% | / |

注：微量元素含量指铜、铁、锰、锌、硼、钼元素含量之和。产品应至少包含一种微量元素。含量不低于0.05%(0.5克/升)的单一微量元素均应计入微量元素含量中。钼元素含量不高于1.0%(10克/升)(单质含钼微量元素产品除外)。

（2）大量元素水溶肥料　大量元素水溶肥料是一种可以完全溶

于水的多元素全水溶肥料，它能迅速地溶解于水中，更容易被作物吸收，而且其吸收利用率相对较高，营养全面用量少见效快的速效肥料。经水溶解或稀释，用于灌溉施肥、叶面施肥、无土栽培、浸种蘸根等用途的液体或固体肥料。

根据中华人民共和国农业部标准（NY1107—2010），大量元素水溶肥料主要有两种类型，即大量元素水溶肥料（中量元素型）和大量元素水溶肥料（微量元素型），每种类型有分固体和液体两种剂型。产品技术指标应符合表3-26、表3-27的要求。

表 3-26　大量元素水溶肥料（中量元素型）技术指标

| 项目 | 固体指标 | 液体指标 |
| --- | --- | --- |
| 大量元素含量 | ≥50.0% | ≥500 克/升 |
| 中量元素含量 | ≥1.0% | ≥10 克/升 |
| 水不溶物含量 | ≤5.0% | ≥50 克/升 |
| pH 值（1∶250 倍稀释） | 3.0～9.0 | |
| 水分（$H_2O$） | ≤3.0% | — |

注：1. 大量元素含量指 N、$P_2O_5$、$K_2O$ 含量之和。产品应至少包含两种大量元素。单一大量元素含量不低于 4.0%（40 克/升）。

2. 中量元素含量指钙、镁元素含量之和。产品应至少包含一种中量元素。单一中量元素含量不低于 0.1%（1 克/升）。

表 3-27　大量元素水溶肥料（微量元素型）技术指标

| 项目 | 固体指标 | 液体指标 |
| --- | --- | --- |
| 大量元素含量 | 50.0% | 500 克/升 |
| 微量元素含量 | 0.2%～3.0% | 2～30 克/升 |
| 水不溶物含量 | 5.0% | 50 克/升 |
| pH 值（1∶250 倍稀释） | 3.0～9.0 | |
| 水分（$H_2O$） | 3.0% | — |

注：1. 大量元素含量指 N、$P_2O_5$、$K_2O$ 含量之和。产品应至少包含两种大量元素。单一大量元素含量不低于 4.0%（40 克/升）。

2. 微量元素含量指铜、铁、锰、锌、硼、钼元素含量之和。产品应至少包含一种微量元素。含量不低于 0.05%（0.5 克/升）的单一微量元素均应计入微量元素含量中。钼元素含量不高于 0.5%（5 克/升）（单质含钼微量元素产品除外）。

（3）氨基酸型水溶肥料　是以游离氨基酸为主体的，按适合植物生长所需比例，添加适量钙、镁中量元素或铜、铁、锰、锌、硼、钼微量元素而制成的液体或固体水溶肥料。其技术指标见表3-20、表3-21。

（4）腐殖酸型水溶肥料　是以适合植物生长所需比例的矿物源腐殖酸，添加适量比例的氮、磷、钾大量元素或铜、铁、锰、锌、硼、钼微量元素而制成的液体或固体水溶肥料。其技术指标见表3-18、表3-19。

（5）生长调节剂型水溶肥料　是在以上三种水溶肥料基础上加入生长调节剂和叶面展着剂（如烷基苯磺酸铵、有机硅表面活性剂等）制成的水溶肥料。但农业部从2011年开始禁止水溶肥料标注具有植物生长调节剂等农药功效。根据通知，农业部将进一步细化水溶肥料登记资料要求，明确水溶肥料生产企业在申请肥料登记时，书面承诺申请登记的水溶肥料产品没有添加植物生长调节剂等农药成分。肥料登记机关要加强兑水溶肥料产品标签审核，禁止在水溶肥料标签上标注具有植物生长调节剂等农药功效、夸大宣传产品功能等内容。省级肥料登记机关在兑水溶肥料登记初审时，结合肥料企业考核，重点审查原材料、生产工艺是否有添加植物生长调节剂可能，从源头上把好关。

（6）糖醇螯合水溶肥料　是以作物对矿质养分的需求特点和规律为依据，可以用糖醇复合体生产出含有镁、硼、锰、铁、锌、铜等微量元素的液体肥料，除了这些矿质养分对蔬菜的产量和品质的营养功能外，糖醇物质对于蔬菜的生长也有很好的促进作用。一是补充的微量元素促进作物生长，提高蔬菜产品的感官品质和含糖量等。二是植物在盐害、干旱、洪涝等逆境胁迫下，糖醇可通过调节细胞渗透性使蔬菜适应逆境生长，提高抗逆性。三是细胞内糖醇的产生，可以提高对活性氧的抗性，避免由于紫外线、干旱、病害、缺氧等原因造成的活性氧损伤。由于糖醇螯合液体肥料产品具有无与伦比的养分高效吸收和运输的优势，即使在使用浓度较低的情况下，非常高的养分吸收效率也能完全满足蔬菜的需求，其增产优质的效果甚至超过同类高浓度叶面肥产品。

（7）含海藻酸型水溶肥料　含海藻酸型水溶肥料的活性物质是

从天然海藻中提取的，主要原料是鲜活海藻，一般是大型经济藻类，如臣藻、海囊藻、昆布等。其生产工艺有化学提取、发酵、低温物理方式提取等，一般而言，物理方法处理的海藻提取物具有较高的植物活性，含有丰富的维生素、海藻多糖和多种植物生长调节剂，如生长素、赤霉素、类细胞分裂素、多酚化合物及抗生素物质等，可刺激作物体内活性因子的产生和调节内源激素的平衡。主要作用是可刺激根系的发育和对营养物质的吸收，显著提高蔬菜的抗病、抗盐碱、低温等抗逆能力。

（8）肥药型水溶肥料　在水溶肥料中，除了营养元素，还会加入一定数量不同种类的农药和除草剂等。不仅可以促进作物生长发育，还具有防治病虫害和除草功能。是一类农药和肥料相结合的肥料，通常可分为除草专用肥、除虫专用肥、杀菌专用肥等。但蔬菜对营养调节的需求与病虫害的发生不一定同时，因此在开发和使用药肥时，应根据蔬菜的生长发育特点，综合考虑不同蔬菜的耐药性以及病虫害的发生规律、习性、气候条件等因素，尽量避免药害。

（9）木醋液（或竹醋液）水溶肥料　近年来，市场上还出现以木炭或竹炭生产过程中产生的木醋液或竹醋液为原料，添加营养元素而成的水溶肥料。一般是在树木或竹材烧炭过程中，收集高温分解产生的气体，常温冷却后得到的液体物质即为原液。木醋液中含有钾、钙、镁、锌、锰、铁等矿物质。此外还含有维生素 $B_1$ 和维生素 $B_2$；竹醋液中含有近 300 种天然有机化合物，有有机酸类、酚类、醇类、酮类、醛类、酯类及微量的碱性成分等。木醋液和竹醋液最早是在日本应用，使用较广泛。也有相关的生产标准。在我国这方面的研究起步较晚，两者的生产还没有国家标准，但是相关产品已经投放市场。

（10）稀土型水溶肥料　稀土元素是指化学周期表中镧系的 14 个元素和化学性质相似的钪与钇。农用稀土元素通常是指其中的镧、铈、钕、镨等，有放射性但放射性较弱，造成污染可能性很小的轻稀土元素。最常用的是铈硝酸稀土。我国从 20 世纪 70 年代就已经开始稀土肥料的研究和使用，其在植物生理上的作用还不够清楚，现在只知道在某些蔬菜上施用稀土元素后，有增大叶面积、增加干物质重、提高叶绿素含量、提高含糖量、降低含酸量的效果。

由于它的生理作用和有效施用条件还不很清楚，一般认为是在蔬菜不缺大中微量元素的条件下才能发挥出效果来。

（11）有益元素类水溶肥料　近年来，部分含有硒、钴等元素的叶面肥料得以开发和应用。而且施用效果很好。此类元素不是所有植物必需的养分元素，只是为某些植物生长发育所必需或有益。受其原料毒性及高成本的限制，应用较少。

**2. 新型水溶肥料的安全科学施用**

新型水溶性肥料不但配方多样而且使用方法十分灵活，一般有以下三种。

（1）土壤浇灌　通过土壤浇水或者灌溉的时候，先行混合在灌溉水中，这样可以让植物根部全面接触到肥料，通过根的呼吸作物把化学营养元素运输到植株的各个组织中。

（2）叶面施肥　把水溶性肥料先行稀释溶解于水中进行叶面喷施，或者与非碱性农药一起溶于水中进行叶面喷施，通过叶面气孔进入植株内部。对于一些幼嫩的蔬菜或者根系不太好的蔬菜出现缺素症状时是一个最佳纠正缺素症的选择，极大地提高了肥料吸收利用效率，节约地植物营养元素在植物内部的运输过程。

（3）滴灌和无土栽培　在一些沙漠地区或者极度缺水的地方，人们往往用滴灌和无土栽培技术来节约灌溉水并提高劳动生产效率。这时蔬菜所需要的营养可以通过水溶性肥料来获得，既节约了用水，又节省了劳动力。

**3. 新型肥料施用注意事项**

新型水溶肥料主要用作叶面喷施和浸种，适用于多种作物。浸种时一般用水稀释 100 倍，浸种 6～8 小时，沥水晾干后即可播种。而叶面喷施应注意以下几点。

（1）喷施浓度　喷施浓度以既不伤害作物叶面，又可节省肥料，提高功效为目标。一般可参考肥料包装上推荐浓度。一般每亩喷施 40～50 千克溶液。

（2）喷施时期　喷施时期多数在苗期、花蕾期和生长盛期。溶液湿润叶面时间要求能维持 0.5～1 小时，一般选择傍晚无风时进行喷施较宜。

（3）喷施部位　应重点喷洒上、中部叶片，尤其是多喷洒叶片反面。若为蔬菜则应重点喷洒新梢和上部叶片。

（4）增添助剂　为提高肥液在叶片上的黏附力，延长肥液湿润叶片时间，可在肥料溶液中加入助剂（如中性洗衣粉、肥皂粉等），提高肥料利用率。

（5）混合喷施　为提高喷施效果，可将多种水溶肥料混合或肥料与农药混合喷施，但应注意营养元素之间的关系、肥料与农药之间是否有害。

# 三、新型复混肥料

新型复混肥料是在无机复混肥基础上添加有机物、微生物、稀土、沸石等填充物而制成的一类复混肥料。

## 1. 有机无机复混肥料

（1）有机无机复混肥料技术指标　有机无机复混肥料是以无机原料为基础，填充物采用烘干鸡粪、经过处理的生活垃圾、污水处理厂的污泥及草炭、蘑菇渣、氨基酸、腐殖酸等有机物质，然后经造粒、干燥后包装而成（表 3-28）。

表 3-28　有机无机复混肥的技术要求

| 项目 | 指标 |
| --- | --- |
| 总养分（$N+P_2O_5+K_2O$）[①]/% | $\geqslant 15.0$ |
| 水分（$H_2O$）/% | $\leqslant 10.0$ |
| 有机质/% | $\geqslant 20.0$ |
| 粒度（1.00~4.75 毫米或 3.35~5.60 毫米）/% | $\geqslant 70$ |
| pH 值 | 5.5~8.0 |
| 蛔虫死亡率/% | $\geqslant 95$ |
| 大肠菌值 | $\geqslant 10^{-1}$ |
| 氯离子（$Cl^-$）[②]/% | $\leqslant 3.0$ |
| 砷（As）及其化合物（以元素计）/% | $\leqslant 0.0050$ |
| 镉（Cd）及其化合物（以元素计）/% | $\leqslant 0.0010$ |
| 铅（Pb）及其化合物（以元素计）/% | $\leqslant 0.0150$ |

| 项目 | 指标 |
|------|------|
| 铬(Cr)及其化合物(以元素计)/% | ≤0.0500 |
| 汞(Hg)及其化合物(以元素计)/% | ≤0.0005 |

① 标明的单一养分含量不低于2.0%,且单一养分测定值与标明值负偏差的绝对值不大于1.0%。

② 如产品 $Cl^-$ 含量大于3.0%,并在包装容器上标明"含氯",该项目可不做要求。

（2）有机无机复混肥的安全科学施用　一是作基肥。旱地宜全耕层深施或条施；水田是先将肥料均匀撒在耕翻前的湿润土面，耕翻入土后灌水，耕细耙平。二是作种肥。可采用条施或穴施，将肥料施于种子下方3～5厘米，防止烧苗；如用作拌种，可将肥料与1～2倍细土拌匀，再与种子搅拌，随拌随播。

**2. 生物有机肥**

生物有机肥是指特定功能的微生物与经过无害化处理、腐熟的有机物料（主要是动植物残体，如畜禽粪便、农作物秸秆等）复合而成的一类肥料，兼有微生物肥料和有机肥料效应。生物有机肥按功能微生物的不同可分为固氮生物有机肥、解磷生物有机肥、解钾生物有机肥、复合生物有机肥等。技术指标要求有机质含量≥25%，有效活菌数≥0.2亿个/克。

生物有机肥根据作物的不同选择不同的施肥方法，常用的施肥方法如下。

（1）种施法　机播时，将颗粒生物有机肥与少量化肥混匀，随播种机施入土壤。

（2）撒施法　结合深耕或在播种时将生物有机肥均匀地施在根系集中分布的区域和经常保持湿润状态的土层中，做到土肥相融。

（3）条状沟施法　垄栽蔬菜，开沟后施肥播种或在距离蔬菜5厘米处开沟施肥。

（4）穴施法　移栽蔬菜，如番茄等，将肥料施入播种穴，然后播种或移栽。

（5）蘸根法　对移栽蔬菜，按生物有机肥加5份水配成肥料悬浊液，浸蘸苗根，然后定植。

### 3. 稀土复混肥料

稀土复混肥是将稀土制成固体或液体的调理剂，以每吨复混肥加入 0.3％的硝酸稀土的量配入生产复混肥的原料而生产的复混肥料。施用稀土复混肥不仅可以起到叶面喷施稀土的作用，还可以对土壤中一些酶的活性有影响，对蔬菜的根有一定的促进作用。施用方法同一般复混肥料。

### 4. 功能性复混肥料

功能性复混肥料是具有特殊功能的复混肥料的总称，是指适用于某一地域的某种（或某类）特定作物的肥料，或含有某些特定物质、具有某种特定作用的肥料。目前主要是与农药、除草剂等结合的一类专用药肥。

（1）除草专用药肥　除草专用药肥因其生产简单、适用，又能达到高效除草和增加作物产量的目的，故受到农民朋友的欢迎，但不足之处是目前产品种类少，功能过于专一，因此在制定配方时应根据主要作物、土壤肥力、草害情况等综合因素来考虑。

除草专用药肥一般是专肥专用。目前一般为基肥剂型，也可以生产追肥剂型。施用量一般按蔬菜正常施用量即可，也可按照产品说明书操作即可。一般应在蔬菜播种前或移栽前施用。

（2）防治线虫和地下害虫的无公害药肥　张洪昌等人研制发明了防治线虫和地下害虫的无公害药肥，并获得国家发明专利。该药肥是选用烟草秸秆及烟草加工下脚料，或辣椒秸秆及辣椒加工下脚料，或菜籽饼，配以尿素、磷酸一铵、钾肥等肥料，并添加氨基酸螯合微量元素肥料、稀土及有关增效剂等生产而成。

产品一般含氮磷钾等总养分量大于 20％，有机质含量大于50％，微量元素含量大于 0.9％，腐殖酸及氨基酸含量大于 4％，有效活菌数 0.2 亿个/克，pH 值 5～8，水分含量小于 20％。该产品能有效消除韭蛆、蒜蛆、黄瓜根结线虫、甘薯根瘤线虫、地老虎、蛴螬等，同时具有抑菌功能，还可促进蔬菜生长，提高品质，增产增收。

一般每亩用量 1.5～6 千克。作基肥可与生物有机肥或其他基肥拌匀后同施。沟施、穴施可与 20 倍以上的生物有机肥混匀后施入，然后覆土浇水。灌根时，可将产品用清水稀释 1000～1500 倍，灌于作物根部，灌根前将蔬菜基部土壤耙松，是药液充分渗入。也可冲施，将产品用水稀释 300 倍左右，随灌溉水冲施，每亩用量 5～6 千克。

（3）防治枯黄萎病的无公害药肥　该药肥追施剂型是利用含动物胶质蛋白的屠宰场废弃物，豆饼粉、植物提取物、中草药提取物、生物提取物，水解助剂、硫酸钾、磷酸铵、中微量元素，以及添加剂、稳定剂、助剂等加工生产而成。基施剂型是利用氮肥、重过磷酸钙、磷酸一铵、钾肥、中量元素、氨基酸螯合微量元素、稀土、有机原料、腐殖酸钾、发酵草炭、发酵畜禽粪便、生物制剂、增效剂、助剂、调理剂等加工生产而成的。

利用液体或粉剂产品对瓜类、茄果类蔬菜等种子进行浸种或拌种后再播种，可彻底消灭种子携带的病菌，预防病害发生；用颗粒剂型产品作基肥，既能为作物提供养分，还能杀灭土壤中病原菌，减少作物枯黄萎病、根腐病、土传病等危害；在作物生长期施用液体剂型进行叶面喷施，既能增加作物产量，还能预防病害发生；施用粉剂或颗粒剂产品追肥，既能快速补充作物营养，还能防治枯黄萎病、根腐病等病害；当作物发生病害后，在病发初期用液体剂型产品进行叶面喷施，同时灌根，3 天左右可抑制病害蔓延，4～6 天后病株可长出新根新芽。

该药肥追施剂型主要用于叶面喷施或灌根，叶面喷施是将产品用水稀释 800～2000 倍，喷雾至株叶湿润；同时灌根，每株 200～500 毫升。

该药肥基施剂型一般每亩用量 2～5 千克。作基肥可与生物有机肥或其他基肥拌匀后同施。沟施、穴施可与 20 倍以上的生物有机肥混匀后施入，然后覆土浇水。

（4）生态环保复合药肥　该药肥是选用多种有机物料为原料，经酵素菌发酵或活化处理，配入以腐殖酸为载体的综合有益生物菌剂，再添加适量的氮、磷、钾、钙、镁、硫、硅肥及微量元素、稀土等而生产的产品。一般含氮磷钾养分总量 25% 以上，中、微量元素总量 10% 以上，有机质含量 20% 以上，氨基酸及腐殖酸总量 6% 以上，有效活菌数 0.2 亿个/克，pH 值 5.5～8。

该产品适用于蔬菜、瓜类等作物。可作基肥，也可穴施、条施、沟施，施用时可与有机肥混合施用。一般每亩用量 50～70 千克。

## 四、土壤调理剂

土壤调理剂又称土壤结构改良剂，简称土壤改良剂。是根据团粒结构形成的原理，利用植物残体、泥炭、褐煤等为原料，从中抽取腐殖酸、纤维素、木质素、多糖羧酸类等物质，作为团聚土粒的胶结剂，或模拟天然团粒胶结剂的分子结构和性质所合成的高分子聚合物。近年来，随着土壤调理剂在农业和生态环境中的广泛应用，国内外土壤调理剂的新产品越来越多，如土壤保湿剂、松土剂、固沙剂、消毒剂、重金属钝化剂、降酸碱剂等。

**1. 土壤调理剂种类**

根据主要成分目前土壤调理剂可分为以下几种。

（1）无机土壤调理剂　不含有机物，也不标明氮、磷、钾或微量元素含量的调理剂。

（2）添加肥料的无机土壤调理剂　具有土壤调理剂效果的含肥料的无机土壤调理剂。

（3）石灰物质　含有钙和（或）镁元素的无机土壤调理剂。通常钙和镁以氧化物、氢氧化物或碳酸盐形式存在。

（4）有机土壤调理剂　来源于植物或动植物的产品，也有来自合成的高聚物，用于改善土壤的物理性质和生物活性。

（5）有机无机土壤调理剂　其可用物质和元素来源于有机和无机的产品，由有机土壤调节剂和含钙、镁（或）硫的土壤调理剂混合或化合制成。

**2. 土壤调理剂的安全科学施用**

（1）施用量　一般根据土壤和土壤调理剂性质选择适当的用量，如聚电解质聚合物调理剂能有效改良土壤物理性质的最低用量为 10 毫克/千克，适宜用量为 100～2000 毫克/千克。具体施用量参考施用说明书。

（2）施用方法　目前施用的土壤调理剂多为水溶性土壤调理剂，并多采用喷施、灌施的技术方法。固态调理剂一般作为基肥撒施。

（3）施用时注意事项　施用前要求把土壤耙细晒干；两种或两种以上调理剂混合施用效果更好；尽量与有机肥、化肥配合施用。

# 第三节　无公害设施蔬菜生产施用的肥料组合

无公害农产品是指源于清洁的生态环境，在作物生长期间或作物完成生长后的加工、运输过程中，无任何有毒有害物质残留，或残留物质控制在对人体无害的范围之内的农产品及以此为原料的加工产品的总称。因此无公害农产品生产除对生产环境有较为严格的质量要求外，对农产品生产过程中的施肥管理也有严格的规定。

## 一、无公害设施蔬菜生产施肥内涵

### 1. 无公害蔬菜生产对肥料的基本要求

（1）无公害蔬菜生产允许施用的肥料　无公害蔬菜生产中允许使用的肥料种类有有机肥、无机肥、微生物肥料、叶面肥料、微量元素肥料、复合（混）肥料、其他肥料等。

① 有机肥料。就地取材、就地使用的各种有机肥料，由含有大量生物物质的动植物残体、排泄物、生物废物等积制而成。包括堆肥、沤肥、厩肥、沼气肥、绿肥、作物秸秆肥、泥肥、饼肥等。

② 化学肥料。矿物经物理或化学工业方式制成，养分呈无机盐形式的肥料。包括矿物钾肥和硫酸钾、矿物磷肥（磷矿粉）、煅烧磷酸盐（钙镁磷肥、脱氟磷肥）、石灰、石膏、硫黄等。

③ 微生物制剂。根据微生物肥料对改善植物营养元素的不同，可分成 5 类：根瘤菌肥料、固氮菌肥料、磷细菌肥料、硅酸盐细菌肥料、复合微生物肥料。

④ 叶面肥料。以大量元素、微量元素、氨基酸、腐殖酸为主配制成的叶面喷施肥料，喷施于植物叶片并能被其吸收利用。包括含微量元素的叶面肥和含植物生长辅助物质的叶面肥料等。叶面肥料中不得含有化学合成的生长调节剂。

⑤ 微量元素肥料。以铜、铁、锌、锰、硼、钼等微量元素为主配制的肥料。

⑥ 复合（混）肥料。主要指以氮、磷、钾中 2 种以上的肥料按科学配方配制而成的有机和无机复合（混）肥料。

⑦ 其他肥料。有机食品、绿色食品生产允许使用的其他肥料。

在无公害蔬菜生产中，应适当控制使用硝态氮肥料用量，适当控制以不当方式或高量使用任何一种单质化肥。禁止使用未经国家或省级农业部门登记的肥料。

（2）无公害蔬菜生产肥料施用要求　肥料使用的原则是肥料必须满足植物对营养元素的需要，使足够数量的有机物质返回土壤，以保持或增加土壤肥力及土壤生物活性。所有有机肥料或无机肥料，尤其是富含氮的肥料，对环境和蔬菜（营养、味道、品质和植物抗性）不产生不良后果方可施用。

① AA 级绿色食品肥料施用要求。AA 级绿色食品肥料施用要求是禁止施用任何化学合成肥料；必须施用农家肥；在以上肥料不能满足 AA 级绿色食品生产需要时，允许施用商品肥料；禁止施用城市的垃圾和污泥、医院的粪便垃圾和含有毒物质（如毒气、病原微生物、重金属等）的垃圾；可采用秸秆还田、过腹还田、直接翻压还田、覆盖还田等形式，增加土壤肥力；利用覆盖、翻压、堆沤等方式合理利用绿肥。绿肥应在盛花期翻压，翻压深度为 15 厘米左右，盖土要严，翻后耙匀，压青后 15～20 天才能进行播种或移苗；腐熟的沼气液、残渣及人、畜粪尿可用作追肥，严禁施用未腐熟的人粪尿；饼肥优先用于水果、蔬菜等，严禁施用未腐熟的饼肥；微生物肥料可用于拌种，也可作基肥和追肥施用。微生物肥料中有效活菌的数量应符合 NY227-94 中的技术指标；叶面肥料质量应符合 GB/T17419-1998 或 GB/T17420-1998 的技术要求。

② A 级绿色食品肥料施用要求。AA 级绿色食品生产允许施用的肥料，在以上肥料不能满足 A 级绿色食品生产需要的情况下，允许施用掺合肥（有机氮和无机氮之比不超过 1∶1）；在前面两项的肥料不能满足生产需要时，允许化学肥料（氮肥、磷肥、钾肥）与有机肥料混合施用，但有机氮与无机氮之比不超过 1∶1。化学肥料也可与有机肥、复合微生物肥配合施用。禁止将硝态氮肥与有机肥，或与复合微生物肥配合施用；对前面所提到的两种掺合肥，对农植物最后一次追肥必须在收获前 30 天进行；城市生活垃圾一定

要经过无害化处理，质量达到 GB8172 中 1.1 的要求才能使用。

　　另外，对农家肥堆制标准也进行了严格规定。生产绿色食品的农家肥制作堆肥，必须高温发酵，以杀灭各种寄生虫卵、病原菌和杂草种子，使之达到无害化卫生标准（表 3-29、表 3-30）。农家肥料原则上就地生产就地使用。商品肥料及新型肥料必须通过国家有关部门的登记及生产许可，质量指标应达到国家有关标准的要求。

**表 3-29　高温堆肥卫生标准**

| 编号 | 项目 | 卫生标准及要求 |
|---|---|---|
| 1 | 堆肥温度 | 最高堆温达 50～55℃持续 5～7 天 |
| 2 | 蛔虫卵死亡率 | 95％～100％ |
| 3 | 粪大肠菌值 | 0.01～0.1 |
| 4 | 苍蝇 | 有效地控制苍蝇滋生,堆肥周围没有活的蛆、蛹或羽化的成蝇 |

**表 3-30　沼气发酵肥卫生标准**

| 编号 | 项目 | 卫生标准及要求 |
|---|---|---|
| 1 | 密封贮存期 | 30 天以上 |
| 2 | 高温沼气发酵温度 | (52±2)℃持续 2 天 |
| 3 | 寄生虫卵沉降率 | 在 95％以上 |
| 4 | 血吸虫卵和钩虫卵 | 在使用粪液中不得检出活的血吸虫卵和钩虫卵 |
| 5 | 粪大肠菌值 | 普通沼气发酵 0.0001,高温沼气发酵 0.0001～0.01 |
| 6 | 蚊子、苍蝇 | 有效的控制蚊蝇滋生,粪液中无孑孓,池的周围无活的蛆、蛹或新羽化的成蝇 |
| 7 | 沼气池残渣 | 经无害化处理后方可用做农肥 |

　　同时规定，因施肥造成土壤污染、水源污染，或影响农植物生长，农产品达不到食品安全卫生标准时，要停止使用该肥料，并向专门管理机构报告。

**2. 无公害设施蔬菜生产的施肥技术**

（1）无公害设施蔬菜生产的施肥原则　　无公害设施蔬菜生产施

肥以有机肥为主，辅以其他肥料；以多元复合肥为主，单元素肥料为辅；以施基肥为主，追肥为辅。尽量限制化肥的施用，如确实需要，可以有限度有选择地使用部分化肥，必须根据设施蔬菜的需肥规律，土壤供肥情况和肥料效应，实行平衡施肥，最大限度地保持农田土壤养分平衡和土壤肥力的提高，减少肥料成分的过分流失对农产品和环境造成的污染。

（2）有机肥无害化处理及施用　有机肥料原则上就地生产就地使用。

城市生活垃圾在一定的情况下，使用是安全的。但要防止金属、橡胶、砖瓦石块的混入，还要注意垃圾中经常含有重金属和有害物质等。因此，城市垃圾要经过无害化处理，质量达到国家标准后才能使用。每年每亩农田限制用量，黏性土不超过 3000 千克，沙壤土不超过 2000 千克。禁止使用有害的城市垃圾和污泥。医院的粪便垃圾和含有有害物质（如氨气、病原微生物、重金属等）的工业垃圾，一律不得直接收集用作肥料。

秸秆还田可根据具体设施蔬菜对象选用堆沤（堆肥、沤肥、沼气肥）还田，过腹还田（牛、马、猪等牲畜粪尿），直接翻压还田或覆盖还田等多种形式，秸秆直接翻入土中，一定要和土壤充分混合，注意不要产生根系架空现象，并加入含氮丰富的人畜粪尿调节碳氮比，以利于秸秆分解，还允许用少量氮素化肥调节碳氮比。秸秆烧灰还田方法只有在病虫害发生严重的地块采用较为适宜。应当尽量避免盲目放火烧灰的做法。

栽培绿肥最好在盛花期翻压（如因茬口关系也可适当提前），翻压深度为 15 厘米左右，盖土要严，翻后耙匀，一般情况下，压青后 20～30 天才能进行播种或栽苗。

腐熟达到无害化要求的沼气肥水及腐熟的人粪可用作追肥，严禁在蔬菜上使用未充分腐熟的人粪尿，禁止将人粪尿直接浇在（或随水灌溉）绿叶菜类蔬菜上。

饼肥对设施蔬菜等品质有较好的作用，腐熟的饼肥可适当多用。

（3）提倡施用生物肥料　根瘤菌肥主要在豆科蔬菜播种时用于拌种，一般每亩使用 0.5 千克。固氮菌肥通常用作禾本科作物接种剂，一般每亩使用 0.5～1 千克。解磷菌肥主要在豆科作物上使用效果更好，既可作拌种剂，也可与有机肥一起作基肥施用，一般宜早用，每亩用量为 1 千克。解钾菌肥在豆科、薯类、瓜果等作物上使用效果更好，既可作拌种剂和蘸根剂，也可与有机肥一起作基肥施用，一般宜早用，每亩用量为 1 千克。酵素菌肥酵素菌是由细菌、放线菌和酵素菌三大类 21 种有益微生物组成的群体，应用于大棚黄瓜、辣椒、西瓜等作物上，具有明显的防病增产效果。

生物菌肥可用于拌种，也可作为基肥和追肥使用，使用时应严格按照说明书的要求操作。生物菌肥只在进入土壤后才能发挥作用，而且生长繁殖有一定碳氮比要求。因此，生物肥料提倡早施，施用后土壤要保持湿润。与有机肥一起施用效果更佳，菌肥对减少蔬菜硝酸盐含量，改善蔬菜品质有明显效果，可在蔬菜上有计划扩大使用。生物肥料中的主要有效物质是活性微生物，因此，在储存、运输应用中要注意保持菌肥的活性。

（4）科学施用化学肥料

① 正确选用肥料，既应考虑养分含量，又应选用重金属及有毒物质等杂质含量少，纯度高的肥料，还要根据土壤情况尽可能选用不致使土壤酸化的肥料。要重视氮、磷、钾的配合使用，杜绝偏施氮肥的现象。特别要禁止使用硝态氮肥和硝态氮的复合肥、复混肥等。

② 严格控制化肥的用量，尤其要减少氮素化肥的用量。蔬菜的种类繁多，生育特性与需肥规律相差很大，不同的蔬菜栽培季节与栽培方式又多不相同，因此，要根据不同种类蔬菜的生育特征，需肥规律，土壤供肥状况以及肥料的种类与养分含量，科学地计算施肥量，并根据不同的栽培方式，不同的栽培季节以及土壤，水分等条件灵活掌握。

③ 采用科学的施肥方法，坚持基肥与追肥相结合。基肥要以腐熟有机肥为主，配合施用磷、钾肥；追肥要根据蔬菜不同生育阶段及对肥料的需要量大小分次追肥，注重在产品器官形成的盛期如根茎、块茎膨大期、结球期、开花结果期重施追肥。基肥要深施，分层施或沟施。追肥要结合浇水进行，化肥必须与有机肥配合使用，有机氮与无机氮比例 1∶1 为宜。

④ 对于一次性收获的蔬菜，为避免硝酸盐在植物体内和积累，最后一次追施化肥应在收获前 30 天进行。对于连续结果的瓜果类蔬菜，也应尽可能在采收高峰来临之前 15～20 天追施最后 1 次化肥。

避免盲目施肥，由于土壤供肥能力，肥料利用率和蔬菜根系吸收受到多方面因素的影响，进行施肥量的计算有相当的难度，现有的科学知识还只能凭借肥料试验结果和经验进行推算。

⑤ 微肥的合理施用。喷施微肥需因地因作物施用，对多年连作的地块，要注意缺素症状的表现，以缺什么补什么为原则，但蔬菜对某种微量元素以缺乏到过量之间的浓度而言，如果施用量过大或施用不均匀，就会对蔬菜产生毒副作用。喷施微肥的时期必须根据蔬菜品种的不同和微肥用途的不同而定，一般以苗期至初花期为宜，最好在阴天喷施，要注意各种微肥都不可与碱性肥料及碱性农药混合使用。配制混合喷施溶液时，应先将一种微肥配制成水溶液，然后把其他药肥按用量直接加入配制好的微肥溶液中，混合液宜配随喷。

## 二、无公害设施蔬菜生产施用的肥料组合

无公害设施蔬菜生产，通过引进和吸收国内外有关作物营养科学的最新技术成果，融肥料效应田间试验、土壤养分测试、套餐肥料组合配方、农用化学品加工、示范推广服务、效果校核评估为一体，组装技物结合连锁配送、技术服务到位的测土配方套餐肥组合系列化平台，逐步实现测土配方施肥技术的规范化、标准化。

### 1. 无公害设施蔬菜生产套餐肥料组合定义

无公害设施蔬菜生产套餐肥料组合是根据设施蔬菜营养需求特点，考虑到最终为人体营养服务，在增加产量的基础上，能够改善蔬菜品质，确保蔬菜安全，减少环境污染，减少农业生产环节，并能提供多种营养需求的组合肥料。属于多功能肥料，不仅具有提供蔬菜养分的功能，往往还具有一些附加功能；也属于新型肥料范畴，不仅含有氮、磷、钾、中微量元素，往往还有有机生长素、增效剂、添加剂等功能性物质。设施蔬菜套餐肥料肥料组合包括专用

底肥、专用追肥、专用根外追肥等。

## 2. 无公害设施蔬菜生产套餐肥料组合的特点

设施蔬菜生产套餐肥料组合是测土配方施肥技术与营养套餐理念相结合的产物，是大量营养元素与中微量营养元素相结合、有机营养元素与无机营养元素相结合、肥料与其他功能物质相结合、根部营养与叶部营养相结合、基肥种肥追肥相结合的产物。通过试验应用证明，对现代农业生产具有重要的作用。

（1）提高耕地质量　由于设施蔬菜生产套餐肥料组合产品中含有有机物质或活性有机物物质和设施蔬菜需要的多种营养元素，具有一定的保水性和改善土壤理化性状，改善设施蔬菜根系生态环境作用，施用后可增加蔬菜产量，增加了留在土壤中的残留有机物，上述诸多因素对提高土壤有机质含量、增加土壤养分供应能力、提高土壤保水性、改善土壤宜耕性等方面都有良好作用。

（2）提高产量、耐储性等　是在测土配方施肥技术的基础上，根据某个地区、某种设施蔬菜的需要生产的一个组合肥料，考虑到根部营养和后期叶部营养，营养全面，功能多样化，因此，施用后在改良土壤的基础上优化蔬菜根系生态环境，能使设施蔬菜健壮生长发育，促进蔬菜提高产量。

（3）改善蔬菜品质　蔬菜品质主要是指蔬菜的营养成分、安全品质和商品品质。营养成分是指蛋白质、氨基酸、维生素等营养成分的含量；安全品质是指化肥、农药的有害残留多少；商品品质是指外观与耐储性等。这些都与施肥有密切关系。施用设施蔬菜生产套餐肥料组合，可促进蔬菜品质的改善，如增加蛋白质、维生素、脂肪等营养成分；肥料中的有机物质或活性微生物能够减少化肥、农药等有害物质的残留，提高蔬菜的外观色泽和耐储性等。

（4）确保蔬菜安全，减少环境污染　设施蔬菜生产套餐肥料组合考虑了土壤、肥料、作物等多方面关系，考虑了有机营养与无机营养、营养物质与其他功能性物质、根际营养与叶面营养等配合施用，因此肥料利用率高，减少肥料的损失和残留；同时肥料中的有机物质或活性微生物能够减少化肥、农药等有害物质的残留，减少污染，确保蔬菜安全和保护农业生态环境。

（5）多功能性　设施蔬菜生产套餐肥料组合考虑了大量营养元

素与中微量营养元素相结合、肥料与其他功能物质相结合，可做到一品多用，施用一次肥料发挥多种功效，肥料利用率高，可减少肥料施用次数和数量，减少了农业生产环节，降低了农事劳动强度，从而降低农业生产费用，使农民增产增收。

（6）实用性、针对性强 设施蔬菜生产套餐肥料组合可根据蔬菜的需肥特点和土壤供给养分情况及种植蔬菜的情况，灵活确定氮、磷、钾、中量元素、微量元素、功能性物质的配方，从而形成系列多功能肥料配方。当条件发生变化时，又可以及时加以调整。对于某一具体产品，用于特定的土壤和蔬菜的施用量、施用期、施用方法等都有明确具体的要求，产品施用方便，施用安全，促进农业优质高产，使菜农增产增收。

### 3. 无公害设施蔬菜生产主要套餐肥料组合

目前我国各大肥料生产厂家生产的无公害设施蔬菜生产主要套餐肥料组合品种主要有以下类型：一是根际施肥用的增效肥料、有机型蔬菜专用肥、有机型缓释复混肥、功能性生物有机肥等；二是叶面喷施用的螯合态高活性水溶肥；三是其他一些专用营养套餐肥，如滴灌用的长效水溶性滴灌肥等。

（1）增效肥料 一些化学肥料等，在基本不改变其生产工艺的基础上，增加简单设备，向肥料中直接添加增效剂所生产的增值产品。增效剂是指利用海藻、腐殖酸和氨基酸等天然物质经改性获得的、可以提高肥料利用率的物质。经过包裹、腐殖酸化等可提高单质肥料的利用率，减少肥料损失，作为营养套餐肥的追肥品种。

① 包裹型长效腐殖酸尿素。包裹型长效腐殖酸尿素是用腐殖酸经过活化在少量介质参与下，与尿素包裹反应生成腐脲络合物及包裹层。产品核心为尿素，尿素的表层为活性腐殖酸与尿素反应形成络合层，外层为活性腐殖酸包裹层，包裹层量占产品的 $10\%\sim20\%$（不同型号含量不同）。产品含氮$\geqslant30\%$，有机质含量$\geqslant10\%$，中量元素含量$\geqslant1\%$，微量元素含量$\geqslant1\%$。

包裹型长效腐殖酸尿素是用风化煤、尿素与少量介质，在常温常压下，通过化学物理反应实现腐殖酸与尿素反应包裹制备包裹型长效腐殖酸尿素。包裹型长效腐殖酸尿素同时充分发挥了腐殖酸对氮素增效作用、生物活性及其他生态效应。产品为有机复合尿素，氮素速效和缓效兼备，属缓释型尿素，可用于做制备各种缓释型专用复混肥基质。连续使用包裹型长效腐殖酸尿素，土壤有机质比使用尿素高，土壤容重比使用尿素低，能培肥土壤，增强农业发展后劲。包裹型长效腐殖酸尿素肥效长，氮素利用率高，增产效果明显。试验结果统计，包裹型长效腐殖酸尿素肥效比尿素长 30～35 天，施肥 35 天后在土壤中保留的氮比尿素多 40%～50%；氮素利用率比尿素平均提高 10.4%（相对提高 38.1%）。

②硅包缓释尿素。硅包缓释尿素以硅肥包裹尿素，消除化肥对农产品质量的不良影响，同时提高化肥利用率，减少尿素的淋失，提高土壤肥力，方便农民使用。肥料中加入中微量营养元素，可以平衡作物营养。硅包缓释尿素减缓氮的释放速度，有利于减少尿素的流失。硅包缓释尿素使用高分子化合物作为包裹造粒黏合剂，使粉状硅肥与尿素紧密包裹，延长了尿素的肥效，消除了尿素的副作用，使产品具有"抗倒伏、抗干旱、抗病虫，促进光合作用、促进根系生长发育、促进养分利用"的"三抗三促"功能。目前该产品技术指标见表 3-31。该产品施用方法同尿素。

表 3-31　硅包尿素产品技术指标

| 成分 | 高浓度 | 中浓度 | 低浓度 |
|---|---|---|---|
| 氮含量/% | ≥30 | ≥20 | ≥10 |
| 活性硅/% | ≥6 | ≥10 | ≥15 |
| 中量元素/% | ≥6 | ≥10 | ≥15 |
| 微量元素/% | ≥1 | ≥1 | ≥1 |
| 水分/% | 5 | 5 | 5 |

硅包缓释尿素与单质尿素相比较，具有以下作用：提高蔬菜对硅素的利用，有利于蔬菜光合作用进行；增强蔬菜对病虫害的抵抗能力，增强蔬菜的抗倒伏能力；减少土壤对磷的固定，改良土壤酸性，消除重金属污染；对根治蔬菜的烂根病有良好效果；改善蔬菜品质，使色香味俱佳。

③树脂包膜的尿素。树脂包膜的尿素是采用各种不同的树脂材料，主要由于释放慢，起到长效和缓效的作用，可以减少一些蔬

菜追肥的次数。蔬菜上，特别是一些地膜覆盖栽培的蔬菜使用长效（缓效）肥可以减少施肥的次数提高肥料的利用率节省肥料。试验结果表明使用包衣尿素可以节省常规用量的50%。

树脂包膜尿素的关键是包膜的均匀性和可控性以及包层的稳定性，有一些包膜尿素包层很脆甚至在运输过程中就容易脱落影响包衣的效果，包衣的薄厚不均匀，释放速率不一样也是影响包膜尿素应用效果的一个因素。目前包膜尿素还存在一个问题，有的包膜过程比较复杂、包衣材料价格比较高，经过包衣后使成本增加过高。影响肥料的应用范围，有些包膜材料在土壤中不容易降解，长期连续使用也会造成对土壤环境的污染，破坏土壤的物理性状。目前很多人都在进行包衣尿素的研究通过新工艺，新材料的挖掘使得包衣尿素更完整。

④ 腐殖酸型过磷酸钙。该肥料是应用优质的腐殖酸与过磷酸钙，在促释剂和螯合剂的作用下，经过化学反应形成的 HA-P 复合物，能够有效地抑制肥料成品中有效磷的固定，减缓磷肥从速效性向迟效和无效的转化，可以使土壤对磷的固定减少16%以上，磷肥肥效提高10%～20%。该产品有效磷含量≥10%。

腐殖酸型过磷酸钙能够为作物提供充足养分，刺激蔬菜生理代谢，促进蔬菜生长发育；能够提高氮肥的利用率，促进蔬菜根系对磷的吸收，使钾缓慢分解；能够改良土壤结构，提高土壤保肥水能力；能够增强蔬菜的抗逆性，减少病虫害；能够改善蔬菜品质，促进各种养分向果实、籽粒输送，使农产品质量好、营养高。

⑤ 增效磷酸二铵。增效磷酸二铵是应用 NAM 长效缓释技术研发的一种新型长效缓释肥，总养分量53%（14-39-0）。产品特有的保氮、控氨、解磷 HLS 集成动力系统，改变了养分释放模式，解除磷的固定，促进磷的扩散吸收，比常规磷酸二胺养分利用率提高1倍左右，磷提高50%左右，并可使追肥中施用的普通尿素提高利用率，延长肥效期，做到底肥长效、追肥减量。施用方法与普通磷酸二铵相同，施肥量可减少20%左右。

（2）有机型专用肥及复混肥　主要有有机型经济作物专用肥、腐殖酸型高效缓释复混肥、腐殖酸涂层缓释肥、含促生真菌有机无机复混肥等。

① 有机型蔬菜专用肥。有机型蔬菜专用肥是根据不同蔬菜的需肥特性和土壤特点，在测土配方施肥基础上，在传统蔬菜专用肥基础上添加腐殖酸、氨基酸、生物制剂、螯合态微量元素、中量元素、生物制剂、增效剂、调理剂等，进行科学配方设计生产的一类有机无机复混肥料。其剂型有粉粒状、颗粒状和液体三种剂型，可用于基肥、种肥和追肥。根据有关厂家在全国 22 省试验结果表明，有机酸型蔬菜专用肥肥效持续时间长、针对性强，养分之间有联应效果，能把物化的科学施肥技术与产品融为一体，可获得明显的增产、增收效果。

② 腐殖酸型高效缓释复混肥。腐殖酸型高效缓释复混肥是在复混肥产品中配置了腐殖酸等有机成分，采用先进生产工艺与制造技术，实现化肥与腐殖酸肥的有机结合，大、中、微量元素、有益元素的结合。

腐殖酸型高效缓释复混肥具有以下特点：一是有效成分利用率高。腐殖酸型高效缓释复混肥中氮的有效成分利用率可达 50％左右，比尿素提高 20％；有效磷的利用率可达 30％以上，比普通过磷酸钙高出 10％～16％。二是肥料中的腐殖酸成分，能显著促进蔬菜根系生长，有效地协调蔬菜营养生长和生殖生长的关系。腐殖酸能有效地促进蔬菜的光合作用，调节生理，增强蔬菜对不良环境的抵抗力。腐殖酸可促进蔬菜对营养元素的吸收利用，提高作物体内酶的活性，改善和提高蔬菜产品的品质。

③ 腐殖酸涂层缓释肥。腐殖酸涂层缓释肥，有的也称腐殖酸涂层长效肥、腐殖酸涂层缓释 BB 肥等。它是应用涂层肥料专利技术，配合氨酸造粒工艺生产的多效螯合缓释肥料。目前主要配方类型有 15-10-15、15-5-20、20-4-16、18-5-13、23-15-7、15-5-10、17-5-8 等多种。

腐殖酸涂层缓释肥与以塑料（树脂）为包膜材料的缓控释肥不同，腐殖酸涂层缓释肥料选择的缓释材料都可当季转化为蔬菜可吸收的养分或成为土壤有机质成分，具有改善土壤结构，提升可持续生产能力的作用。同时，促控分离的缓释增效模式，是目前市场唯一对氮、磷、钾养分分别进行增效处理的多元素肥料，具有"省肥、省水、省工、增产增收"的特点，比一般复合肥利用率提高 10

个百分点，蔬菜平均增产 15％、省肥 20％、省水 30％、省工 30％，与习惯施肥对照，每亩节本增效 200 元以上。

腐殖酸涂层缓释肥具有以下特点：一是突破了传统技术框框，全新的"膜反应与团絮结构"缓释高效理论。二是腐殖酸涂层缓释肥的涂膜薄而轻，不会降低肥料中有效养分含量；涂膜是一种亲水性的有机无机复合胶体，可减少有效养分的淋溶、渗透或挥发损失，减少水分蒸发，提高作物抗旱性。三是腐殖酸涂层缓释肥含有多种中微量营养元素，是一种高效、长效、多效的新型缓释肥，施用技术简单，多为一次性施用。

④ 含促生真菌有机无机复混肥。含促生真菌有机无机复混肥是在有机无机复混肥生产中，采用最新的生物、化学、物理综合技术，添加促生真菌孢子粉——PPF 生产的一种新型肥料。目前主要配方类型有 17-5-8、20-0-10 等类型。

促生真菌具有四大特殊功能：一是能够分泌各种生理活性物质，提高蔬菜发根力，提高蔬菜的抗旱性、抗盐性等；二是能够产生大量的纤维素酶，加速土壤有机质的分解，增加蔬菜的可吸收养分；三是能够分泌的代谢产物，可抑制土壤病原菌、病毒的生长与繁殖，净化土壤；四是可促进土壤中难溶性磷的分解，增加作物对磷的吸收。

经试验证明，含促生真菌有机无机复混肥能够使肥料有效成分利用率提高 10％～20％，并减少养分流失导致的环境污染；该肥料为通用型肥料，不含任何有毒有害成分，不产生毒性残留；长期施用该肥料可以补给与更新土壤有机质，提高土壤肥力；该肥料含有具有卓越功能和明显增产、提质、抗逆效果的 PPF 促生真菌孢子粉，充分发挥其四大特殊功能。

（3）功能性生物有机肥　生物有机肥是指特定功能微生物与主要以动植物残体（如畜禽粪便、农作物秸秆等）为来源并经无害化处理、腐熟的有机物料复合而成的一类兼具微生物肥料和有机肥效应的肥料。

① 生态生物有机肥。生态生物有机肥是选用优质有机原料（如木薯渣、糖渣、玉米淀粉渣、烟草废弃物等生物有机工厂的废弃物），采用生物高氮源发酵技术、好氧堆肥快速腐熟技术、复合

有益微生物技术等高新生物技术，生产的含有生物菌的一种生物有机肥。一般要求产品中生物菌数 0.2 亿个／克或 0.5 亿个／克，有机质含量≥20％。

生态生物有机肥营养元素齐全，能够改良土壤，改善使用化肥造成的土壤板结。改善土壤理化性状，增强土壤保水、保肥、供肥的能力。生物有机肥中的有益微生物进入土壤后与土壤中微生物形成相互间的共生增殖关系，抑制有害菌生长并转化为有益菌，相互作用，相互促进，起到群体的协同作用，有益菌在生长繁殖过程中产生大量的代谢产物，促使有机物的分解转化，能直接或间接为作物提供多种营养和刺激性物质，促进和调控蔬菜生长。提高土壤孔隙度、通透交换性及植物成活率，增加有益菌和土壤微生物及种群。同时，在蔬菜根系形成的优势有益菌群能抑制有害病原菌繁衍，增强作物抗逆抗病能力降低重茬蔬菜的病情指数，连年施用可大大缓解连作障碍。减少环境污染，对人、畜、环境安全、无毒，是一种环保型肥料。

② 高效微生物功能菌肥。高效微生物功能菌肥是在生物有机肥生产中添加氨基酸或腐殖酸、腐熟菌、解磷菌、解钾菌等而生产的一种生物有机肥。一般要求产品中生物菌数 0.2 亿个／克，有机质含量≥40％，氨基酸含量≥10％。

高效微生物功能菌肥的功能有以下几个方面。一是以菌治菌、防病抗虫，一些有益菌快速繁殖、优先占领并可产生抗生素、抑制杀死有害病菌，达到抗重茬、不死棵、不烂根的目的，可有效预防根腐病、枯萎病、青枯病疫病等土传病害的发生。二是改良土壤、修复盐碱地，使土壤形成良好的团粒结构，降低盐碱含量，有利于保肥、保水、通气、增温使根系发达，健壮生长。三是培肥地力，增加养分含量，解磷、解钾，固氮，迟效养分转化为速效养分，并可促进多种养分的吸收，提高肥料利用率，减少缺素症的发生。四是提高作物免疫力和抗逆性，使作物生长健壮，抗旱、抗涝、抗寒、抗虫，有利于高产稳产。五是有多种放线菌，产生吲哚乙酸、细胞分裂素、赤霉素等，促进蔬菜快速生长，并可协调营养生长和生殖生长的关系，使作物根多、棵壮、高产、优质。六是分解土壤中的化肥和农药残留及多种有害物质，使产品无残留，无公害，环保优质。

（4）螯合态高活性水溶肥　主要是高活性有机酸水溶肥、螯合型微量元素水溶肥等。

① 高活性有机酸水溶肥。高活性有机酸水溶肥是利用当代最新生物技术精心研制开发的一种高效特效腐殖酸类、氨基酸类、海藻酸类等有机活性水溶肥，产品中 N≥80 克/升、$P_2O_5$≥50 克/升、$K_2O$≥克/升、腐殖酸（或氨基酸、或海藻酸）≥50 克/升。

该肥料具有多种功能：一是多种营养功能。含有作物需要的各种大量和微量营养成分，且容易吸收利用，有效成分利用率比普通叶面肥高出 20%～30%，可以有效解决蔬菜因缺素而引起的各种生理性病害，如西瓜的裂口、蔬菜的畸形果、裂果等生理缺素病害。二是促进根系生长。新型高活性有机酸能显著促进蔬菜根系生长，增强根毛的亲水性，大大增强蔬菜根系吸收水分和养分的能力，打下作物高产优质的基础。三是促进生殖生长。本产品具有高度生物活性，能有效调控蔬菜营养生长与生殖生长的关系，促进花芽分化，改善产品的外观品质和内在品质，提前蔬菜上市。四是提高抗病性能。叶面喷施能改变蔬菜表面微生物的生长环境，抑制病菌、菌落的形成和发生，减轻各种病害的发生，如能预防番茄霜霉病、辣椒疫病、炭疽病、花叶病的发展，还可缓解除草剂药害，降低农药残留，无毒无害。

② 螯合型微量元素水溶肥。螯合型微量元素水溶肥是将氨基酸、柠檬酸、EDTA 等螯合剂与微量元素有机结合起来，并可添加有益微生物生产的一种新型水溶肥料。一般产品要求微量元素含量≥8%。

这类肥料溶解迅速，溶解度高，渗透力极强，内涵螯合态微量元素，能迅速被植物吸收，促进光合作用，提高碳水化合物的含量，修复叶片阶段性失绿。增加作物抵抗力，能迅速缓解各种蔬菜因缺素所引起的倒伏、脐腐、空心开裂、软化病、黑斑、褐斑等众多生理性症状。蔬菜施用螯合型微量元素水溶肥后，增加叶绿素含量及促进糖水化合物的形成，使蔬菜的储运期延长，可使蔬菜储藏期延长增加，明显增加果实外观色泽与光洁度，改善品质，提高产量，提升蔬菜等级。

③ 活力钾、钙、硼水溶肥。该类肥料是利用高活性生化黄腐酸（黄腐酸属腐殖酸中分子量最小、活性最大的组分）添加钾、钙、硼等营养元素生产的一类新型水溶肥料。要求黄腐酸含量≥30%，其他元素含量达到水溶标准要求，如有效钙 180 克/升、有效硼 100 克/升。

该类肥料有六大功能：一是具有高生物活性功能的未知的促长因子，对蔬菜的生长发育起着全面的调节作用。二是科学组合新的营养链，全面平衡蔬菜需求，除高含量的黄腐酸外，还富含植物生长过程中所需的几乎全部氨基酸、氮、磷、钾、多种酶类、糖类（低聚糖、果糖等）、蛋白质、核酸、胡敏酸和维生素 C、维生素 E 以及大量的 B 族维生素等营养成分。三是抗絮凝、具缓冲，溶解性能好，与金属离子相互作用能力强，增强了植株内氧化酶活性及其他代谢活动；进蔬菜根系生长和提高根系活动，有利于植株对水分和营养元素的吸收，以及提高叶绿素含量，增强光合作用，以提高蔬菜的抗逆能力。四是络合能力强，提高蔬菜对营养元素的吸收与运转。五是具有黄腐酸盐的抗寒抗旱的显著功能。六是改善品质，提高产量。黄腐酸钾叶面肥平均分子量为 300、高生物活性，对植物细胞膜这道屏障极具通透性，通过其吸附、传导、转运、架桥、缓释、活化等多种功能，使蔬菜细胞能够吸收到更多原本无法获取的水分、养分，同时将光合作用所积累、合成的碳水化合物、蛋白质、糖分等营养物质向产品部位输送，以改善质量，提高产量。

（5）长效水溶性滴灌肥 除了上述介绍的肥料外，在一些滴灌栽培区还应用长效水溶性滴灌肥等，也有良好施用效果。

长效水溶性滴灌肥是将脲酶抑制剂、硝化抑制剂、磷活化剂与营养成分有机组合，利用抑制剂的协同作用比单一抑制剂具有更长作用时间，达到供肥期延长和更高利用率的效果。利用抑制剂调控土壤中的铵态氮和硝态氮的转化，达到增铵的营养效果，为蔬菜提供适宜的 $NH_4^+$、$NO_3^-$ 比例，从而加快蔬菜对养分的吸收、利用与转化，促进蔬菜生长，增产效果显著。目前主要品种有果菜类长效水溶性滴灌肥（17－15－18＋B＋Zn）、蔬菜长效水溶性滴灌肥（10－15－25＋B＋Zn）等。

长效水溶性滴灌肥的性能主要体现在以下几个方面。一是肥效长，具有一定可调性。该肥料在磷肥用量减少三分之一时仍可获得正常产量，养分有效期可达 120 天以上。二是养分利用率高，氮肥利用率提高到 38.7%～43.7%，磷肥利用率达到 19%～28%。三是增产幅度大，生产成本低。施用长效水溶性滴灌肥可使蔬菜活秆成熟，增产幅度大，平均增产 10%以上。由于节肥、免追肥、省工及减少磷肥施用量，能降低农民的生产投入，增产增收。四是环境友好，可降低施肥造成的面源污染。低碳、低毒，对人畜安全，在土壤及作物中无残留。试验表明，施用该肥料可减少淋失 48.2%，降低 $N_2O$ 排放 64.7%，显著降低氮肥施用带来的环境污染。

# 第四章

# 设施无公害绿叶类蔬菜测土配方施肥技术

绿叶类蔬菜是一类主要以鲜嫩的绿叶、叶柄和嫩茎为产品的速生蔬菜。我国栽培比较普遍的主要有菠菜、芹菜、莴苣、蕹菜等。

## 第一节 设施无公害芹菜测土配方施肥技术

芹菜设施栽培主要方式：一是春提早栽培，采用日光温室；二是秋延迟栽培，多采用塑料大棚设施；三是越冬长季栽培，播种可在大棚或日光温室中，定植于日光温室中。

## 一、设施芹菜营养需求特点

### 1. 养分需求

根据多方面资料统计，每生产 1000 千克设施芹菜需吸收纯氮 2.55 千克、五氧化二磷 1.36 千克、氧化钾 3.67 千克，其吸收比例为 $1:0.5:1.4$。西芹又名洋芹、西洋芹，其生长迅速，产量较普通芹菜高很多，对养分需求更多。不同净菜产量水平下西芹的氮、磷、钾的吸收量见表 4-1。

表 4-1　不同净菜产量水平下西芹氮、磷、钾的吸收量

| 产量水平 /(千克/亩) | 养分吸收量/(千克/亩) | | |
|---|---|---|---|
| | N | P | K |
| 4000 | 11.1 | 1.2 | 19.0 |
| 6000 | 16.7 | 1.8 | 28.5 |
| 8000 | 22.3 | 2.4 | 37.9 |

**2. 需肥特点**

从吸收规律来看，设施芹菜前期主要以氮、磷为主，促进根系发达和叶片生长；到中期养分的吸收以氮、钾为主，氮、钾吸收比例平衡，有利于促进心叶的发育。随着生育天数增加，氮、磷、钾吸收量迅速增加。芹菜生长最盛期（8 片叶到 12 片叶期）也是养分吸收最多的时期，其氮、磷、钾、钙、镁的吸收量占总吸收量的84%以上，其中钙和钾高达 98.1% 和 90.7%。

## 二、设施芹菜测土施肥配方及肥料组合

**1. 设施芹菜测土施肥配方**

（1）根据土壤肥力推荐　根据测定土壤硝态氮、速效磷、速效钾等有效养分含量确定芹菜地土壤肥力分级（表 4-2），然后根据不同肥力水平推荐施肥量（表 4-3）。

表 4-2　设施芹菜地土壤肥力分级

| 肥力水平 | 硝态氮/(毫克/千克) | 速效磷/(毫克/千克) | 速效钾/(毫克/千克) |
|---|---|---|---|
| 低 | <60 | <50 | <100 |
| 中 | 60～100 | 50～90 | 100～150 |
| 高 | >100 | >90 | >150 |

表 4-3　设施芹菜推荐施肥量

| 肥力等级 | 施肥量/(千克/亩) | | |
|---|---|---|---|
| | 氮 | 五氧化二磷 | 氧化钾 |
| 低肥力 | 16～19 | 7～9 | 9～12 |

续表

| 肥力等级 | 施肥量/（千克/亩） | | |
| --- | --- | --- | --- |
| | 氮 | 五氧化二磷 | 氧化钾 |
| 中肥力 | 14～17 | 6～8 | 7～10 |
| 高肥力 | 12～15 | 5～6 | 6～9 |

（2）根据目标产量水平推荐　增施有机肥，增施并高效施用钾肥；磷肥做底肥一次性施入，氮肥和钾肥分期施用，并适当增加生育中期的施用比例。根据设施芹菜目标产量水平推荐的氮、磷、钾施肥量可参考表 4-4。

**表 4-4　设施芹菜不同产量水平推荐施肥量**

| 目标产量/（千克/亩） | 施肥量/（千克/亩） | | |
| --- | --- | --- | --- |
| | 氮 | 五氧化二磷 | 氧化钾 |
| ＜4000 | 13～15 | 5～7 | 20～22 |
| 4000～8000 | 18～20 | 6～8 | 24～26 |
| ＞8000 | 22～24 | 7～9 | 25～27 |

**2. 无公害设施芹菜生产套餐肥料组合**

（1）基肥　可选用芹菜有机型专用肥、有机型复混肥料及单质肥料等。

① 芹菜有机型专用肥。根据测土施肥配方，以氮肥、磷肥、钾肥为基础，添加腐殖酸、有机型螯合微量元素、增效剂、调理剂等，生产芹菜有机型专用肥，根据当地芹菜施肥现状，选取下列 3 个配方中一个作为基肥施用。

配方 1：建议氮、磷、钾总养分量为 40%，氮磷钾比例分别为 1∶0.55∶0.3。基础肥料选用及用量（1 吨产品）：硫酸铵 100 千克、尿素 336 千克、磷酸二铵 230 千克、氯化钾 110 千克、硝基腐殖酸 80 千克、过磷酸钙 100 千克、钙镁磷肥 10 千克、氨基酸螯合硼锌 15 千克、生物制剂 9 千克、增效剂 10 千克。

配方 2：建议氮、磷、钾总养分量为 30%，氮磷钾比例分别为 1∶0.77∶0.43。基础肥料选用及用量（1 吨产品）：硫酸铵 100 千克、氯化铵 60 千克、尿素 164 千克、磷酸一铵 180 千克、过磷酸钙 100 千克、钙镁磷肥 10 千克、氯化钾 100 千克、硼砂 20 千克、硝基腐殖酸 100 千克、硫酸镁 54 千克、氨基酸 40 千克、生物制剂 30 千克、增效剂 12 千克、调理剂 30 千克。

配方 3：建议氮、磷、钾总养分量为 28%，氮磷钾比例分别为 1：0.46：0.69。基础肥料选用及用量（1 吨产品）：硫酸铵 100 千克、尿素 210 千克、过磷酸钙 200 千克、钙镁磷肥 20 千克、磷酸二铵 80 千克、氯化钾 150 千克、硼砂 20 千克、硝基腐殖酸 100 千克、氨基酸 40 千克、生物制剂 25 千克、增效剂 13 千克、调理剂 42 千克。

② 有机型复混肥料及单质肥料。可选用腐殖酸含促生菌生物复混肥（20-0-10）、腐殖酸高效缓释肥（15-15-10）、腐殖酸高效缓释复混肥（15-20-5）、腐殖酸型过磷酸钙、生物有机肥等。

（2）根际追肥　可选用芹菜专用冲施肥、有机型复混肥料、缓效型化肥等。

① 芹菜专用冲施肥。基础肥料选用及用量（1 吨产品）硫酸铵 100 千克、尿素 200 千克、氯化铵 100 千克、氯化钾 150 千克、过磷酸钙 150 千克、碳酸氢铵 15 千克、腐殖酸钾 80 千克、硫酸镁 100 千克、氨基酸锌硼锰铁铜 35 千克、生物制剂 25 千克、增效剂 12 千克、调理剂 33 千克。

② 有机型复混肥料。主要有腐殖酸高效缓释肥（15-15-10）、腐殖酸高效缓释肥（15-20-5）等。

③ 缓效型化肥。主要有腐殖酸包裹尿素、增效尿素、腐殖酸型过磷酸钙、缓释磷酸二铵等。

（3）根外追肥　可根据芹菜生育情况，酌情选用含腐殖酸水溶肥、含氨基酸水溶肥、含海藻酸水溶肥、氨基酸螯合微量元素水溶肥、大量元素水溶肥、活力钙叶面肥、活力钾叶面肥、活力硼叶面肥、高钾素叶面肥等。

# 三、设施无公害芹菜施肥技术规程

本规程以设施芹菜高产、优质、无公害、环境友好为目标，选用有机无机复合肥料、长效缓释肥料、有机活性水溶肥料进行施用，各地在具体应用时，可根据当地栽培季节、栽培方式及测土配方推荐用量进行调整。

**1. 秋延迟设施栽培无公害芹菜施肥技术规程**

（1）基肥　结合整地，撒施或沟施基肥，然后耙平畦面。根据当地肥源情况，每亩施生物有机肥 300～400 千克或无害化处理过的有机肥 4000～5000 千克基础上，再选择下列肥料之一配合施用：每亩施芹菜有机型专用肥 25～30 千克；或每亩施腐殖酸型过磷酸钙 25～30 千克、腐殖酸含促生菌生物复混肥（20-0-10）25～30 千克；或每亩施腐殖酸高效缓释肥（15-15-10）20～25 千克；或每亩施腐殖酸高效缓释复混肥（15-20-5）20～25 千克；或每亩施腐殖酸型过磷酸钙 25～30 千克、大粒钾肥 15～20 千克。

（2）根际追肥　主要在再定植后、旺盛生长期进行追施。

① 提苗肥。定植后 10～15 天应施速效性氮肥，根据当地肥源情况，可选择下列肥料组合之一：每亩施芹菜有机型专用肥 10～12 千克；或每亩施芹菜专用冲施肥 10～12 千克；或每亩施腐殖酸包裹尿素 8～10 千克。

② 旺盛生长期肥。芹菜旺盛生长期，可每隔 15 天结合浇水进行追肥 1 次，共追肥 3 次。每次可根据当地肥源情况，可选择下列肥料组合之一：每亩施芹菜有机型专用肥 15～20 千克；或每亩施腐殖酸涂高效缓释肥（15-15-10）12～15 千克；或每亩施芹菜专用冲施肥 15～20 千克；或每亩施腐殖酸高效缓释复混肥（15-20-5）12～15 千克；或每亩施腐殖酸包裹尿素 8～10 千克、大粒钾肥 6～8 千克。

（3）根外追肥　菜苗返青后，叶面喷施 500～600 倍含氨基酸水溶肥或 500～600 倍含腐殖酸水溶肥 2 次，间隔 14 天。进入旺盛生长期，叶面喷施 500～600 倍含氨基酸水溶肥或 500～600 倍含腐殖酸水溶肥、1500 倍活力钾、1500 倍活力硼混合溶液 2 次，间隔期 14 天。

**2. 越冬或春提早设施栽培无公害芹菜施肥技术规程**

（1）基肥　结合整地，撒施或沟施基肥，然后耙平畦面。根据当地肥源情况，每亩施生物有机肥 300～400 千克或无害化处理过的有机肥 4000～5000 千克基础上，再选择下列肥料之一配合施用：每亩施芹菜有机型专用肥 30～40 千克；或每亩施腐殖酸型过磷酸钙30～40千克、腐殖酸含促生菌生物复混肥（20-0-10）30～40千克；或每亩施腐殖酸高效缓释肥（15-15-10）25～30千克；或每亩施腐殖酸高效缓释复混肥（15-20-5）25～30千克；或每亩施缓效磷酸二铵20～25千克、大粒钾肥15～20千克。

（2）根际追肥　主要在再定植后、旺盛生长期进行追施。

① 提苗肥。定植后10～15天应施速效性氮肥。根据当地肥源情况，可选择下列肥料组合之一：每亩施芹菜有机型专用肥10～15千克；或每亩施芹菜专用冲施肥10～15千克；或每亩施腐殖酸包裹尿素10～12千克。

② 旺盛生长期肥。芹菜旺盛生长期，可每隔15～20天结合浇水进行追肥1次，共追肥2次。每次可根据当地肥源情况，可选择下列肥料组合之一：每亩施芹菜有机型专用肥20～25千克；或每亩施腐殖酸涂高效缓释肥（15-15-10）15～20千克；或每亩施芹菜专用冲施肥20～25千克；或每亩施腐殖酸高效缓释复混肥（15-20-5）15～20千克；或每亩施腐殖酸包裹尿素10～15千克、大粒钾肥10～15千克。

（3）根外追肥　芹菜苗返青后，叶面喷施500～600倍含氨基酸水溶肥或500～600倍含腐殖酸水溶肥2次，间隔14天。进入旺盛生长期，叶面喷施500～600倍含氨基酸水溶肥或500～600倍含腐殖酸水溶肥、1500倍活力钾、1500倍活力硼混合溶液2次，间隔期14天。

# 第二节　设施无公害菠菜测土配方施肥技术

菠菜的主要设施栽培方式：一是秋延迟栽培，主要采用塑料大棚等设施；二是越冬长季栽培，主要采用日光温室等设施；三是越夏避雨栽培，主要采用冬暖大棚夏季休闲进行避雨栽培。

## 一、设施菠菜营养需求特点

### 1. 养分需求

设施菠菜生长期短，生长速度快，产量高，需肥量大。每生产1000千克鲜菠菜，平均吸收纯氮2.48千克，五氧化二磷0.86千克，氧化 5.29 千克。吸收钾最多，氮次之，磷较少。

**2. 需肥特点**

设施菠菜要求有较多的氮肥促进叶丛生长。就氮肥的种类、施肥量和施肥时间来说，菠菜是典型喜硝态氮肥的蔬菜，硝态氮与铵态氮的比例在 2：1 以上时的产量较高，但单施铵态氮肥会抑制钾、钙的吸收，带来氨害影响其生长。而单独施硝态氮肥，虽然植株生长量大，但在还原过程中消耗的能量过多；在弱光下，硝态氮的吸收可能受抑制，造成氮素供应不足。

# 二、设施菠菜测土施肥配方及肥料组合

**1. 设施菠菜测土施肥配方**

（1）根据土壤肥力推荐　根据测定土壤硝态氮、速效磷、速效钾等有效养分含量确定菠菜地土壤肥力分级（表 4-5），然后根据不同肥力水平推荐施肥量见表 4-6。

表 4-5　设施菠菜地土壤肥力分级

| 肥力水平 | 硝态氮/(毫克/千克) | 速效磷/(毫克/千克) | 有效钾/(毫克/千克) |
|---|---|---|---|
| 低 | <60 | <40 | <120 |
| 中 | 60～120 | 40～80 | 120～160 |
| 高 | >120 | >80 | >160 |

表 4-6　设施菠菜推荐施肥量

| 肥力等级 | 施肥量/(千克/亩) | | |
|---|---|---|---|
| | 氮 | 五氧化二磷 | 氧化钾 |
| 低肥力 | 10～13 | 5～7 | 7～9 |
| 中肥力 | 9～12 | 4～6 | 6～8 |
| 高肥力 | 8～11 | 3～5 | 5～7 |

（2）根据目标产量水平推荐。设施菠菜要增施有机肥料，适当调减氮、磷化肥用量；施肥注意轻施、勤施、先淡后浓原则；高效施用钾肥，注意钼肥、锰肥的施用；施用硝态氮肥的比例应在氮肥的 3/4 以上。根据菠菜目标产量水平推荐的氮、磷、钾施肥量可参考表 4-7。

表 4-7　菠菜不同产量水平推荐施肥量

| 目标产量/(千克/亩) | 施肥量/(千克/亩) | | | |
|---|---|---|---|---|
| | 有机肥 | 氮 | 五氧化二磷 | 氧化钾 |
| ＜2000 | 2000 | 12～14 | 6～8 | 10～12 |
| 2000～3000 | 3000 | 14～16 | 8～10 | 12～14 |
| ＞3000 | 4000 | 16～18 | 9～11 | 14～16 |

**2. 无公害设施菠菜生产套餐肥料组合**

（1）基肥　可选用菠菜有机型专用肥、有机型复混肥料及单质肥料等。

① 菠菜有机型专用肥。根据测土施肥配方，以氮肥、磷肥、钾肥为基础，添加腐殖酸、有机型螯合微量元素、增效剂、调理剂等，生产菠菜有机型专用肥，建议氮、磷、钾总养分量为35%，氮磷钾比例分别为1:0.39:2.1。基础肥料选用及用量（1吨产品）：硫酸铵100千克、尿素158千克、磷酸一铵38千克、过磷酸钙100千克、钙镁磷肥20千克、氯化钾350千克、硝基腐殖酸148千克、硼砂15千克、氨基酸螯合锌锰铁15千克、生物制剂21千克、增效剂10千克、调理剂25千克。

② 有机型复混肥料及化肥。主要有腐殖酸含促生菌生物复混肥（20-0-10）、腐殖酸高效缓释肥（18-8-4）、腐殖酸高效缓释复混肥（24-16-5）、腐殖酸型过磷酸钙、生物有机肥等。

（2）根际追肥　可选用菠菜专用冲施肥、有机型复混肥料、缓效型化肥等。

① 菠菜专用冲施肥。基础肥料选用及用量（1吨产品）：硫酸铵150千克、尿素134千克、过磷酸钙125千克、碳酸氢铵12.5千克、氯化钾216千克、硝基腐殖酸217.5千克、硼砂15千克、氨基酸锌锰铁铜20千克、氨基酸40千克、生物制剂30千克、增效剂10千克、调理剂30千克。

② 有机型复混肥料。主要有腐殖酸高效缓释肥（18-8-4）、腐殖酸高效缓释肥（24-16-5）、腐殖酸含促生菌生物复混肥（20-0-10）等。

③ 缓效型化肥。主要有腐殖酸包裹尿素、增效尿素、腐殖酸型过磷酸钙、缓释磷酸二铵等。

（3）根外追肥　可根据菠菜生育情况，酌情选用含腐殖酸水溶肥、含氨基酸水溶肥、含海藻酸水溶肥、氨基酸螯合微量元素水溶肥、大量元素水溶肥、活力钙叶面肥、活力钾叶面肥、活力硼叶面肥、高钾素叶面肥等。

## 三、设施无公害菠菜施肥技术规程

本规程以菠菜高产、优质、无公害、环境友好为目标，选用有机无机复合肥料、长效缓释肥料、有机活性水溶肥料进行施用，各地在具体应用时，可根据当地栽培季节、栽培方式及测土配方推荐用量进行调整。

### 1. 秋延后设施栽培无公害菠菜施肥技术规程

菠菜秋延迟栽培一般在8月下旬至9月上旬播种，前期敞棚，霜冻前扣棚膜，10月下旬至11月上旬收获。

（1）基肥　根据当地肥源情况，每亩施生物有机肥150～200千克或无害化处理过的有机肥2000～3000千克基础上，再选择下列肥料之一配合施用：每亩施菠菜有机型专用肥30～40千克；或每亩施腐殖酸型过磷酸钙30～40千克、腐殖酸含促生菌生物复混肥（20-0-10）30～40千克；或每亩施腐殖酸高效缓释肥（18-8-4）30～40千克；或每亩施腐殖酸高效缓释复混肥（24-16-5）25～35千克；或每亩施腐殖酸包裹尿素10～15千克、腐殖酸型过磷酸钙30～35千克、大粒钾肥20～25千克。

（2）根际追肥　主要在幼苗生长到4～5片真叶时、旺盛生长期追施。

① 幼苗生长到4～5片真叶时追肥。此时结合浇水追肥1次。根据当地肥源情况，可选择下列肥料组合之一：每亩施菠菜有机型专用肥8～10千克；或每亩施菠菜专用冲施肥7～9千克；或每亩施腐殖酸包裹尿素5～6千克。

② 旺盛生长期追肥。分2次追施氮、钾肥，间隔15～20天。根据当地肥源情况，可选择下列肥料组合之一：每亩施菠菜有机型专用肥15～20千克；或每亩施菠菜专用冲施肥10～15千克；或每

亩施腐殖酸包裹尿素 10～12 千克、大粒钾肥 5～8 千克。

（3）根外追肥　菠菜出苗后 7～10 天，叶面喷施 500～600 倍含氨基酸水溶肥或 500～600 倍含腐殖酸水溶肥、1500 倍活力硼混合溶液 1 次。菠菜长出 4～5 真叶时，叶面喷施 500～600 倍含氨基酸水溶肥或 500～600 倍含腐殖酸水溶肥、1500 倍活力钾混合溶液 2 次，间隔期 14 天。

**2. 越冬设施栽培无公害菠菜施肥技术规程**

越冬设施栽培无公害菠菜一般在 9 月中下旬至 10 月中旬播种，利用日光温室、塑料大棚设施越冬，1～3 月上市。

（1）基肥　根据当地肥源情况，每亩施生物有机肥 200～300 千克或无害化处理过的有机肥 3000～4000 千克基础上，再选择下列肥料之一配合施用：每亩施菠菜有机型专用肥 30～40 千克；或每亩施腐殖酸型过磷酸钙 30～40 千克、腐殖酸含促生菌生物复混肥（20-0-10）30～40 千克；或每亩施腐殖酸高效缓释肥（18-8-4）30～40 千克；或每亩施腐殖酸高效缓释复混肥（24-16-5）25～35 千克；或每亩施腐殖酸包裹尿素 10～15 千克、腐殖酸型过磷酸钙 30～35 千克、大粒钾肥 20～25 千克。

（2）根际追肥　主要在冬前幼苗生长到 3～4 片真叶、早春返青后追施。

① 冬前幼苗生长到 3～4 片真叶时追肥。此时结合浇水追肥 1 次。根据当地肥源情况，可选择下列肥料组合之一：每亩施菠菜有机型专用肥 10～15 千克；或每亩施菠菜专用冲施肥 8～10 千克；或每亩施腐殖酸包裹尿素 5～7 千克。

② 早春返青后追肥。早春返青后心叶开始生长，分 2 次追施氮、钾肥，间隔 15～20 天。根据当地肥源情况，可选择下列肥料组合之一：每亩施菠菜有机型专用肥 8～10 千克；或亩施菠菜专用冲施肥 7～9 千克；或每亩施腐殖酸包裹尿素 5～6 千克、大粒钾肥 5～8 千克。

（3）根外追肥　菠菜出苗后 7～10 天，叶面喷施 500～600 倍含氨基酸水溶肥或 500～600 倍含腐殖酸水溶肥、1500 倍活力硼混合溶液 1 次。菠菜长出 4～5 真叶时，叶面喷施 500～600 倍含氨基酸水溶肥或 500～600 倍含腐殖酸水溶肥、1500 倍活力钾混合溶液 2 次，间隔期 14 天。

**3. 越夏避雨设施栽培无公害菠菜施肥技术规程**

夏季也可利用冬暖大棚夏季休闲期进行遮阴避雨栽培菠菜，6～7月播种，7～9月即可采收上市。

（1）基肥　根据当地肥源情况，每亩施生物有机肥150～200千克或无害化处理过的有机肥2000～3000千克基础上，再选择下列肥料之一配合施用：每亩施菠菜有机型专用肥30～40千克；或每亩施腐殖酸型过磷酸钙30～40千克、腐殖酸含促生菌生物复混肥（20-0-10）30～40千克；或每亩施腐殖酸高效缓释肥（18-8-4）30～40千克；或每亩施腐殖酸高效缓释复混肥（24-16-5）25～35千克；或每亩施腐殖酸包裹尿素10～15千克、腐殖酸型过磷酸钙30～35千克、大粒钾肥20～25千克。

（2）根际追肥　主要在幼苗生长到2～3片真叶时、旺盛生长期追施。

① 幼苗生长到2～3片真叶时追肥。此时结合浇水追肥1次。根据当地肥源情况，可选择下列肥料组合之一：每亩施菠菜有机型专用肥8～10千克；或每亩施菠菜专用冲施肥8～10千克；或每亩施腐殖酸包裹尿素5～7千克。

② 旺盛生长期追肥。分2次追施氮、钾肥，间隔15～20天。根据当地肥源情况，可选择下列肥料组合之一：每亩施菠菜有机型专用肥10～15千克；或每亩施菠菜专用冲施肥10～12千克；或每亩施腐殖酸包裹尿素8～10千克、大粒钾肥5～8千克。

（3）根外追肥　菠菜出苗后7～10天，叶面喷施500～600倍含氨基酸水溶肥或500～600倍含腐殖酸水溶肥、1500倍活力硼混合溶液1次。菠菜长出4～5真叶时，叶面喷施500～600倍含氨基酸水溶肥或500～600倍含腐殖酸水溶肥、1500倍活力钾混合溶液2次，间隔期14天。

# 第三节　设施无公害莴苣测土配方施肥技术

莴苣的主要设施栽培方式：一是春早熟栽培，主要采用塑料大棚、日光温室、塑料小拱棚等设施；二是秋延迟栽培，主要采用塑料大棚等设施；三是越冬长季栽培，主要采用日光温室等设施；四是越夏避雨栽培，主要采用冬暖大棚夏季休闲进行避雨栽培。

# 一、设施莴苣营养需求特点

## 1. 养分需求

据有关资料报道，设施莴苣每形成 1000 千克产品，大约从土壤中吸收纯氮（N）2.5 千克，纯磷（$P_2O_5$）1.2 千克，纯钾（$K_2O$）4.5 千克，氮磷钾吸收比例大致为 1：0.48：1.8。

## 2. 需肥特点

设施莴苣是需肥较多的蔬菜，在生长初期，生长量和吸肥量均较少，随生长量的增加，对氮磷钾的吸收量也逐渐增大，尤其到结球期吸肥量呈"直线"猛增趋势。其一生中对钾需求量最大，氮居中，磷最少。莲座期和结球期氮对其产量影响最大，结球 1 个月内，吸收氮素占全生育期吸氮量的84%。幼苗期缺钾对莴苣的生长影响最大。莴苣还需钙、镁、硫、铁等中量和微量元素。

# 二、设施莴苣测土施肥配方及肥料组合

## 1. 设施莴苣测土施肥配方

（1）根据土壤肥力推荐　根据测定土壤硝态氮、速效磷、速效钾等有效养分含量确定莴苣地土壤肥力分级（表4-8），然后根据不同肥力水平推荐施肥量见表4-9。

表 4-8　设施莴苣地土壤肥力分级

| 肥力水平 | 硝态氮/(毫克/千克) | 速效磷/(毫克/千克) | 有效钾/(毫克/千克) |
|---|---|---|---|
| 低 | <60 | <50 | <120 |
| 中 | 60～100 | 50～90 | 120～160 |
| 高 | >100 | >90 | >160 |

表 4-9　设施莴苣推荐施肥量

| 肥力等级 | 施肥量/(千克/亩) | | |
|---|---|---|---|
| | 氮 | 五氧化二磷 | 氧化钾 |
| 低肥力 | 17～20 | 8～10 | 13～15 |
| 中肥力 | 15～18 | 7～9 | 12～14 |
| 高肥力 | 13～16 | 6～8 | 11～13 |

（2）根据目标产量水平推荐　设施莴苣耐酸能力很差，南方地区菜园土壤 pH 值＜5 时，每亩需施用生石灰 150～200 千克。氮肥全部做追肥，按照 20％、30％和 50％在移栽返青期、莲座期和快速生长初期分 3 次追施，钾肥 40％～50％基施，其余部分在莲座期和快速生长初期分 2 次追施，磷肥全部作基肥条施或穴施。根据莴苣目标产量水平推荐的氮、磷、钾施肥量可参考表 4-10。

表 4-10　设施莴苣不同产量水平推荐施肥量

| 目标产量/(千克/亩) | 施肥量/(千克/亩) | | | |
|---|---|---|---|---|
| | 有机肥 | 氮 | 五氧化二磷 | 氧化钾 |
| 1500～2500 | 1000 | 12～16 | 7～8 | 10～12 |
| 2500～3500 | 1500 | 14～18 | 8～9 | 12～14 |
| ＞3500 | 2000 | 16～20 | 9～10 | 14～16 |

**2. 无公害设施莴苣生产套餐肥料组合**

（1）基肥　可选用莴苣有机型专用肥、有机型复混肥料及单质肥料等。

① 莴苣有机型专用肥。根据测土施肥配方，以氮肥、磷肥、钾肥为基础，添加腐殖酸、有机型螯合微量元素、增效剂、调理剂等，生产莴苣有机型专用肥，综合各地莴苣配方肥配制资料，建议氮、磷、钾总养分量为 30％，氮磷钾比例分别为 1：0.34：1.51。基础肥料选用及用量（1 吨产品）：硫酸铵 100 千克、尿素 180 千克、过磷酸钙 204 千克、钙镁磷肥 20 千克、氯化钾 133 千克、硫酸钾 158 千克、硝基腐殖酸 100 千克、硼砂 15 千克、氨基酸螯合锌锰铁铜 20 千克、生物制剂 30 千克、增效剂 12 千克、调理剂 28 千克。

② 有机型复混肥料及单质肥料。也可选用腐殖酸含促生菌生物复混肥（20-0-10）、腐殖酸高效缓释复混肥（16-5-24）、腐殖酸型过磷酸钙、生物有机肥等。

（2）根际追肥　可选用有机型复混肥料、缓效型化肥等。

① 有机型复混肥料。主要有腐殖酸高效缓释肥（18-8-4）、腐殖酸高效缓释肥（16-5-24）、腐殖酸含促生菌生物复混肥（20-0-10）等。

173

② 缓效型化肥。主要有腐殖酸包裹尿素、增效尿素、腐殖酸型过磷酸钙、缓释磷酸二铵等。

（3）根外追肥　可根据莴苣生育情况，酌情选用含腐殖酸水溶肥、含氨基酸水溶肥、含海藻酸水溶肥、氨基酸螯合微量元素水溶肥、大量元素水溶肥、活力钙叶面肥、活力钾叶面肥、活力硼叶面肥、高钾素叶面肥等。

# 三、设施无公害莴苣施肥技术规程

本规程以设施莴苣高产、优质、无公害、环境友好为目标，选用有机无机复合肥料、长效缓释肥料、有机活性水溶肥料进行施用，各地在具体应用时，可根据当地栽培季节、栽培方式及测土配方推荐用量进行调整。

## 1. 秋延后设施栽培无公害莴苣施肥技术规程

秋延后设施栽培莴苣，一般 9 月中下旬定植。11 月中旬至 12 月下旬收获。

（1）基肥　一般在定植前 3～7 天施基肥，施用时撒施地表，耕翻 20～25 厘米入土、耙平作畦。根据当地肥源情况，每亩施生物有机肥 200～300 千克或无害化处理过的有机肥 2000～3000 千克基础上，再选择下列肥料之一配合施用：每亩施莴苣有机型专用肥 30～40 千克；或每亩施腐殖酸型过磷酸钙 30～40 千克、腐殖酸含促生菌生物复混肥（20-0-10）30～40 千克；或每亩施腐殖酸高效缓释肥（16-5-24）25～30 千克；或每亩施腐殖酸包裹尿素 8～10 千克、腐殖酸型过磷酸钙 20～30 千克、大粒钾肥 10～15 千克。

（2）根际追肥　定植后一般进行 3 次追肥，分别在缓苗后、团棵期、产品器官形成时进行追肥。

① 缓苗后，每亩施莴苣有机型专用肥 8～10 千克；或每亩施腐殖酸高效缓释肥（16-5-24）5～7 千克；或每亩施腐殖酸包裹尿素 5～7 千克。

② 团棵时，每亩施莴苣有机型专用肥 10～12 千克；或每亩施腐殖酸高效缓释肥（16-5-24）8～10 千克；或每亩施腐殖酸包裹尿素 8～10 千克、大粒钾肥 8～10 千克。

③ 产品器官形成期，每亩施莴苣有机型专用肥 12～15 千克；

或每亩施腐殖酸高效缓释肥（16-5-24）10～12 千克；或每亩施腐殖酸包裹尿素 10～12 千克、大粒钾肥 10～12 千克。

（3）根外追肥　莴苣缓苗后 7～10 天，叶面喷施 500～600 倍含氨基酸水溶肥或 500～600 倍含腐殖酸水溶肥溶液 1 次。团棵期，叶面喷施 500～600 倍含氨基酸水溶肥或 500～600 倍含腐殖酸水溶肥、1500 倍活力钾混合溶液 2 次，间隔期 10 天。

**2. 越冬长季节和春提早设施栽培无公害莴苣施肥技术规程**

越冬长季节设施栽培莴苣，一般 10 月至 12 月上旬播种，翌年 2 月至 3 月收获。春提早设施栽培莴苣，一般 12 月中下旬至翌年 1 月播种育苗，翌年 2 月下旬至 3 月下旬收获。

（1）基肥　由于越冬长季节和春提早设施栽培生长期比较长，需加大基肥施用量。一般在定植前 7～10 天施基肥，施用时撒施地表，耕翻 20～25 厘米入土、耙平作畦。根据当地肥源情况，每亩施生物有机肥 300～400 千克或无害化处理过的有机肥 3000～4000 千克基础上，再选择下列肥料之一配合施用：每亩施莴苣有机型专用肥 35～40 千克；或每亩施腐殖酸型过磷酸钙 35～40 千克、腐殖酸含促生菌生物复混肥（20-0-10）35～40 千克；或每亩施腐殖酸高效缓释肥（16-5-24）30～35 千克；或每亩施腐殖酸包裹尿素 10～12 千克、腐殖酸型过磷酸钙 25～30 千克、大粒钾肥 12～15 千克。

（2）根际追肥　定植后一般进行 3 次追肥，分别在缓苗后、翌年返青后、产品器官形成时进行追肥。

① 缓苗后，每亩施莴苣有机型专用肥 10～12 千克；或每亩施腐殖酸高效缓释肥（16-5-24）6～8 千克；或每亩施腐殖酸包裹尿素 6～8 千克。

② 翌年返青后，每亩施莴苣有机型专用肥 12～15 千克；或每亩施腐殖酸高效缓释肥（16-5-24）10～12 千克；或每亩施腐殖酸包裹尿素 10～12 千克、大粒钾肥 10～12 千克。

③ 产品器官形成期，每亩施莴苣有机型专用肥 12～15 千克；或每亩施腐殖酸高效缓释肥（16-5-24）10～12 千克；或每亩施腐殖酸包裹尿素 10～12 千克、大粒钾肥 10～12 千克。

（3）根外追肥　莴苣缓苗后 7～10 天，叶面喷施 500～600 倍含氨基酸水溶肥或 500～600 倍含腐殖酸水溶肥溶液 1 次。翌年返青后，叶面喷施 500～600 倍含氨基酸水溶肥或 500～600 倍含腐殖酸水溶肥、1500 倍活力钾混合溶液 2 次，间隔期 14 天。

**3. 夏季降温避雨设施栽培无公害莴苣施肥技术规程**

夏季降温避雨设施栽培莴苣，一般 5～7 月播种，苗期 25 天左右，6～8 月定植，7～9 月收获。

（1）基肥 夏季栽培生长期较短，基肥施入量可适当减少，一般在定植前 3～7 天施基肥，施用时撒施地表，耕翻 20～25 厘米入土、耙平作畦。根据当地肥源情况，每亩施生物有机肥 150～200 千克或无害化处理过的有机肥 1500～2000 千克基础上，再选择下列肥料之一配合施用：每亩施莴苣有机型专用肥 30～40 千克；或每亩施腐殖酸型过磷酸钙 30～40 千克、腐殖酸含促生菌生物复混肥（20-0-10）30～40 千克；或每亩施腐殖酸高效缓释肥（16-5-24）25～30 千克；或每亩施腐殖酸包裹尿素 8～10 千克、腐殖酸型过磷酸钙 20～30 千克、大粒钾肥 10～15 千克。

（2）追肥 定植后一般进行 2 次追肥，分别在缓苗后、团棵期进行追肥。

① 缓苗后，每亩施莴苣有机型专用肥 8～10 千克；或每亩施腐殖酸高效缓释肥（16-5-24）5～7 千克；或每亩施腐殖酸包裹尿素 5～7 千克。

② 团棵时，每亩施莴苣有机型专用肥 10～12 千克；或每亩施腐殖酸高效缓释肥（16-5-24）8～10 千克；或每亩施腐殖酸包裹尿素 8～10 千克、大粒钾肥 8～10 千克。

（3）根外追肥 莴苣活棵期，叶面喷施 500～600 倍含氨基酸水溶肥或 500～600 倍含腐殖酸水溶肥溶液 1 次。产品器官形成期，叶面喷施 500～600 倍含氨基酸水溶肥或 500～600 倍含腐殖酸水溶肥、1500 倍活力钾混合溶液 2 次，间隔期 7 天。

**4. 日光温室秋冬茬滴灌无公害莴苣施肥技术规程**

在华北地区常利用日光温室原有的滴灌设施进行秋冬茬莴苣栽培，一般 10 月定植翌年 1 月收获，生育期 100 天左右，亩产量在 1500～2000 千克。

（1）基肥 一般在定植前 7～10 天施基肥，施用时撒施地表，耕翻 20～25 厘米入土、耙平作畦。根据当地肥源情况，每亩施生物有机肥 200～300 千克或无害化处理过的有机肥 2000～3000 千克基础上，再选择下列肥料之一配合施用：每亩施莴苣有机型专用肥 30～430 千克；或每亩施腐殖酸型过磷酸钙 30～40 千克、腐殖酸含促生菌生物复混肥（20-0-10）30～40 千克；或每亩施腐殖酸高效缓释肥（16-5-24）20～30 千克；或每亩施腐殖酸包裹尿素 8～10 千克、腐殖酸型过磷酸钙 20～30 千克、大粒钾肥 6～8 千克。

（2）滴灌追肥 一般在定植至发棵期滴灌施肥 1 次；发棵至结球期滴灌 2 次，其中第 2 次滴灌时进行施肥 1 次；结球至收获期滴灌 3 次，第 1 次不进行施肥，后 2 次根据莴苣长势滴灌施肥 2 次。各生育期滴灌施肥种类及数量可参考表 4-11。

表 4-11　日光温室秋冬茬莴苣滴灌施肥方案

| 生育时期 | 灌水次数 | 每次灌水量/(米³/亩) | 每次灌溉加入的养分量/（千克/亩） | | | | 备注 |
|---|---|---|---|---|---|---|---|
| | | | N | P₂O₅ | K₂O | 合计 | |
| 定植～发棵 | 1 | 8 | 1.0 | 0.5 | 0.8 | 2.3 | 施肥 1 次 |
| 发棵～结球 | 2 | 10 | 1.0 | 0.3 | 1.0 | 2.3 | 施肥 1 次 |
| 结球～收获 | 3 | 8 | 0.8 | 1.2 | 2.0 | 3.2 | 施肥 2 次 |

（3）根外追肥 为了防止叶球干烧心和腐烂，在莴苣发棵期，叶面喷施 500～600 倍含氨基酸水溶肥或 500～600 倍含腐殖酸水溶肥溶液 1 次、1500 倍活力钙混合溶液 1 次。结球期，叶面喷施 500～600 倍含氨基酸水溶肥或 500～600 倍含腐殖酸水溶肥、1500 倍活力钾、1500 倍活力钙混合溶液 2 次，间隔期 7 天。

# 第四节　设施无公害蕹菜测土配方施肥技术

设施育苗移栽蕹菜主要是早春保温栽培。2 月中旬播种育苗，30 天后移栽定植到大棚或日光温室中，4 月中旬以后逐渐加大通风，至 5 月上中旬揭膜，进行露地栽培，可连续采收到 10 月份。

# 一、设施蕹菜营养需求特点

## 1. 养分需求

据陈玉娣等人（1990 年）研究报道，蕹菜在初收时每株吸收氮 40.5 毫克，五氧化二磷 10.5 千克，氧化钾 87.2 千克，表明蕹菜对氮、磷、钾的吸收量，以钾最多，氮次之，磷最少。钙的吸收量比磷和镁多，镁的吸收量最少。

## 2. 需肥特点

蕹菜的养分吸收量和吸收速度都随着生长而逐步增加。氮的吸收量在播种后 10 天占植株吸收总量的 1.9%，平均日吸收 0.078 毫克；生长 20 天吸收量占植株吸收总量的 7.5%，平均日吸收 0.3 毫克；生长 30 天吸收量占植株吸收总量的 36.1%，平均日吸收 1.5 毫克；生长 40 天（初收时）吸收量占植株吸收总量的 54.4%，平均日吸收 2.2 毫克。磷、钾、钙、镁的吸收动态与氮的吸收动态相似。

氮磷钾的吸收比例因生长期而不同。在生长 20 天前对氮、磷、钾吸收比例为 1 : 0.33 : 1.67；植株生长到 40 天（初收期）则为 1 : 0.25 : 2.0。生长后期需要的氮、钾比例比前期多。

# 二、设施蕹菜测土施肥配方及肥料组合

## 1. 设施蕹菜测土施肥配方

（1）根据土壤肥力推荐。根据测定土壤硝态氮、速效磷、速效钾等有效养分含量确定设施蕹菜地土壤肥力分级（表 4-12），然后根据不同肥力水平推荐施肥量见表 4-13。

表 4-12　设施蕹菜地土壤肥力分级

| 肥力水平 | 硝态氮/(毫克/千克) | 速效磷/(毫克/千克) | 速效钾/(毫克/千克) |
|---|---|---|---|
| 低 | <100 | <40 | <80 |
| 中 | 100～150 | 40～80 | 80～120 |
| 高 | >150 | >80 | >120 |

表 4-13　设施蕹菜推荐施肥量

| 肥力等级 | 施肥量/（千克/亩） | | |
|---|---|---|---|
| | 氮 | 五氧化二磷 | 氧化钾 |
| 低肥力 | 18～20 | 6～8 | 7～9 |
| 中肥力 | 16～18 | 5～7 | 6～8 |
| 高肥力 | 14～16 | 4～6 | 5～7 |

（2）根据肥效试验推荐　季国军等人（2015 年）建议，蕹菜设施栽培条件下，每亩氮肥（N）总量控制在 15 千克、磷肥（$P_2O_5$）5 千克、钾肥（$K_2O$）8 千克，并建议有机肥、磷肥、钾肥全部作基肥，氮肥 40%～50% 作基肥、50%～60% 作追肥。

**2. 无公害设施蕹菜生产套餐肥料组合**

（1）基肥　可选用蕹菜有机型专用肥、有机型复混肥料及单质肥料等。

① 蕹菜有机型专用肥。根据测土施肥配方，以氮肥、磷肥、钾肥为基础，添加腐殖酸、有机型螯合微量元素、增效剂、调理剂等，生产蕹菜有机型专用肥，建议氮、磷、钾总养分量为 35%，氮磷钾比例分别为 1∶0.47∶0.87。基础肥料选用及用量（1 吨产品）：硫酸铵 100 千克、尿素 233 千克、过磷酸钙 100 千克、磷酸二铵 116 千克、钙镁磷肥 10 千克、氯化钾 217 千克、氨基酸 27 千克、硝基腐殖酸 80 千克、硼砂 15 千克、氨基酸螯合锌锰铁铜 20 千克、生物磷钾菌肥 25 千克、生物制剂 20 千克、增效剂 12 千克、调理剂 25 千克。

② 有机型复混肥料及单质肥料。也可选用腐殖酸含促生菌生物复混肥（20-0-10）、腐殖酸高效缓释复混肥（16-5-15）、腐殖酸型过磷酸钙、生物有机肥等。

（2）根际追肥　可选用有机型复混肥料、缓效型化肥等。

① 有机型复混肥料。主要有腐殖酸含促生菌生物复混肥（20-0-10）、腐殖酸高效缓释复混肥（16-5-15）等。

② 缓效型化肥。主要有腐殖酸包裹尿素、增效尿素、腐殖酸型过磷酸钙、缓释磷酸二铵等。

（3）根外追肥　可根据薤菜生育情况，酌情选用含腐殖酸水溶肥、含氨基酸水溶肥、含海藻酸水溶肥、氨基酸螯合微量元素水溶肥、活力钾叶面肥、活力硼叶面肥、高钾素叶面肥等。

## 三、设施无公害薤菜施肥技术规程

本规程以设施薤菜高产、优质、无公害、环境友好为目标，选用有机无机复合肥料、长效缓释肥料、有机活性水溶肥料进行施用，各地在具体应用时，可根据当地栽培季节、栽培方式及测土配方推荐用量进行调整。

### 1. 基肥

根据当地肥源情况，每亩施生物有机肥 200～300 千克或无害化处理过的有机肥 2000～3000 千克基础上，再选择下列肥料之一配合施用：每亩施薤菜有机型专用肥 30～40 千克；或每亩施腐殖酸型过磷酸钙 20～30 千克、腐殖酸含促生菌生物复混肥（20-0-10）30～40 千克；或每亩施腐殖酸高效缓释肥（16-5-15）25～30 千克；或每亩施腐殖酸包裹尿素 8～10 千克、腐殖酸型过磷酸钙 30～35 千克、大粒钾肥 10～15 千克。

### 2. 根际追肥

整个生长期保持土壤湿润，做好缓苗后、生长期和采收后追肥。

（1）缓苗后追肥　定植缓苗后，随浇水施提苗肥。根据当地肥源情况，可选择下列肥料组合之一：每亩施薤菜有机型专用肥 6～8 千克；或每亩施腐殖酸高效缓释肥（16-5-15）5～7 千克；或每亩施腐殖酸包裹尿素 5～7 千克。

（2）生长期追肥　一般每半月追肥 1 次。根据当地肥源情况，可选择下列肥料组合之一：每亩每次施薤菜有机型专用肥 10～12 千克；或每亩每次施腐殖酸高效缓释肥（16-5-15）8～10 千克；或每亩每次施腐殖酸包裹尿素 8～10 千克。

（3）采收后追肥　每次采收后结合浇水及时追肥。根据当地肥源情况，可选择下列肥料组合之一：每亩每次施薤菜有机型专用肥 8～10 千克；或每亩每次施腐殖酸高效缓释肥（16-5-15）6～8 千克；或每亩每次施腐殖酸包裹尿素 8～10 千克。

### 3. 根外追肥

蕹菜根外追肥主要在缓苗后和生长期。缓苗后，结合根际追肥叶面喷施 500～600 倍含氨基酸水溶肥或 500～600 倍含腐殖酸水溶肥溶液 1 次。生长期，一般每半月结合根际追肥叶面喷施 500～600 倍含氨基酸水溶肥或 500～600 倍含腐殖酸水溶肥溶液 1 次。

# 第五章

# 设施无公害茄果类蔬菜测土配方施肥技术

　　茄果类蔬菜是指以果实为食用部分的茄科蔬菜，主要包括番茄、辣椒、茄子等，该类蔬菜原产于热带，其共同特点是结果期长，产量高，喜温暖，不耐霜冻，喜强光，根系发达。

## 第一节　设施无公害番茄测土配方施肥技术

　　番茄的主要设施栽培方式：一是春早熟栽培，主要采用塑料大棚、日光温室等设施；二是秋延迟栽培，主要采用塑料大棚、塑料小拱棚等设施；三是越冬长季栽培，主要采用日光温室等设施；四是越夏避雨栽培，主要采用冬暖大棚夏季休闲进行避雨栽培。

## 一、设施番茄营养需求特点

### 1. 养分需求

　　在设施栽培条件下，番茄对氮、磷、钾的需要量要大于露地栽培条件。据研究，在设施栽培条件下，每 1000 千克番茄条件下，大约吸收纯氮 3.8～4.8 千克，五氧化二磷 1.2～1.5 千克，氧化钾 4.5～5.5 千克。另据陈清（2009 年）研究，不同产量水平下设施番茄吸收的氮、磷、钾数量见表 5-1。

表 5-1 不同产量水平下设施番茄吸收氮、磷、钾数量/（千克/亩）

| 养分 | 产量水平/（千克/亩） | | | | | |
|---|---|---|---|---|---|---|
| | ＜3330 | 3330～5330 | 5330～8000 | 8000～10660 | 10660～13330 | ＞13330 |
| N | ＜9.0 | 9.0～14.4 | 14.4～21.6 | 21.6～28.8 | 28.8～36.0 | ＞36.0 |
| P | ＜3.3 | 3.3～5.3 | 5.3～8.0 | 8.0～10.7 | 10.7～13.3 | ＞13.3 |
| K | ＜13.2 | 13.2～21.1 | 21.1～31.6 | 31.6～42.1 | 42.1～52.7 | ＞52.7 |

**2. 需肥特点**

据陈清（2009 年）研究，冬春茬设施番茄一般在每年的 2 月中上旬移栽定植，至第一穗果膨大（3 月下旬），番茄的氮素吸收占整个生育期的 5%，而从第一穗果膨大到第四穗果膨大的 1 个月时间内（4 月）番茄的氮素吸收占整个生育期的 71%；而与冬春茬相反，秋冬茬是一个温度逐渐降低的过程，从 8 月移栽到 9 月下旬第三穗果开始膨大，短短的 60 多天时间内氮的吸收占整个生育期的 78%。相对氮而言，番茄对磷的积累量和吸收量都比较低，并且番茄对磷的吸收以生长前期为主。而番茄对钾的吸收量最大，累计吸收量接近氮素的 2 倍，其中果实膨大期是番茄钾素吸收的主要时期。

# 二、设施番茄测土施肥配方及肥料组合

**1. 设施番茄测土施肥配方**

（1）根据测土与目标产量结合推荐 陈清（2009 年）针对设施番茄主产区施肥现状，提出在保证有机肥施用的基础上，氮肥推荐采用总量控制分期调控技术，磷钾肥推荐采取恒量监控技术。

① 有机肥推荐。一般根据番茄茬口及目标产量水平来确定有机肥的施用数量（表 5-2）。所有的有机肥在定植前进行基施。对于不同棚龄的菜田而言，新菜田应以畜禽有机肥为主，而老菜田则应以堆肥或秸秆有机肥为主；对于不同茬口来说，秋冬茬和越冬长茬的生育期较长，并且土壤温度逐渐降低，应适当增施有机肥。

**表 5-2  设施番茄有机肥推荐用量/（千克/亩）**

| 茬口 | 目标产量/（千克/亩） | | | | | |
| --- | --- | --- | --- | --- | --- | --- |
| | ＜3330 | 3330～5330 | 5330～8000 | 8000～10660 | 10660～13330 | ＞13330 |
| 冬春茬 | 800 | 800～1000 | 1000～1200 | — | — | — |
| 秋冬茬 | 800～1000 | 1000～1200 | 1200～1330 | 1330～1500 | 1500～1660 | 1660～1860 |
| 越冬长茬 | 800～1000 | 1000～1200 | 1200～1330 | 1330～1500 | 1500～1660 | 1660～1860 |

注：畜禽有机肥(风干基)为例进行推荐。

② 氮肥推荐。设施番茄氮肥推荐根据土壤硝态氮含量结合目标产含量进行确定（表 5-3）。冬春季番茄的关键施肥时期主要集中在 3 月下旬至 4 月下旬，秋冬季早栽番茄的关键施肥期主要集中在 9 月下旬至 11 月上旬，在此期间根据天气状况，每隔 7～10 天追肥 1 次，每次追肥量 4～5 千克氮为宜；秋冬季晚栽番茄的关键施肥期主要集中在 11 月上中旬至 12 月下旬，越冬长茬番茄关键施肥期主要集中在 11 月上中旬至翌年 2 月，在此期间根据天气状况，每隔 15～20 天追肥 1 次，每次追肥量 4～5 千克氮为宜。

**表 5-3  设施番茄氮肥推荐用量/（千克/亩）**

| 土壤硝态氮/（毫克/千克） | | 目标产量/（千克/亩） | | | | |
| --- | --- | --- | --- | --- | --- | --- |
| | | ＜3330 | 3330～5330 | 5330～8000 | 8000～10660 | 10660～13330 |
| ＜60 | 极低 | 9.3 | 12.7～16.7 | 16～20 | 22.7～26.7 | 29.3～33.3 |
| 60～100 | 低 | 6.7～9.3 | 10～12.7 | 13.3～16 | 20～22.7 | 26.7～29.3 |
| 100～140 | 中 | 4～6.7 | 7.3～10 | 10.7～13.3 | 17.3～20 | 24～26.7 |
| 140～180 | 高 | 1.3～4 | 4.7～7.3 | 8～10.7 | 14.7～17.3 | 21.3～24 |
| ＞180 | 极高 | 0 | 0～4.7 | 0～8 | 0～14.7 | 0～21.3 |

③ 磷肥推荐。设施番茄磷肥推荐主要考虑土壤磷素供应水平及目标产量（表 5-4）。当有机肥施用量较低（＜20 千克/亩氮）时，则按照表 5-4 推荐的磷肥用量全部作基肥。当有机肥施用量较低（＞20 千克/亩氮）时，且有效磷处于高和极高水平时，则不再施用磷肥；当土壤有效磷处于中、低和极低水平时，且目标产量大

于 5330 千克/亩时，则按表 5-4 推荐的 2/3 磷肥施用量基施。另外冬春茬气温较低时可酌量追施磷肥。

**表 5-4　设施番茄磷肥（$P_2O_5$）推荐用量/（千克/亩）**

| 土壤有效磷 /（毫克/千克） | | 目标产量/（千克/亩） | | | | |
|---|---|---|---|---|---|---|
| | | <3330 | 3330～5330 | 5330～8000 | 8000～10660 | 10660～13330 |
| <30 | 极低 | 5～6.7 | 8～10.7 | 12～16 | 16～21.3 | 20～26.7 |
| 30～60 | 低 | 3.3～5 | 5.3～8 | 8～12 | 10.7～16 | 13.3～20 |
| 60～100 | 中 | 2.7～3.3 | 4～5.3 | 6.7～8 | 7.3～10.7 | 10.7～13.3 |
| 100～150 | 高 | 1.7～2.7 | 2.7～4 | 4～6.7 | 5.3～7.3 | 6.7～10.7 |
| >150 | 极高 | 1～1.7 | 1.7～2.7 | 2.7～4 | 3.3～5.3 | 4～6.7 |

④ 钾肥推荐。设施番茄钾肥推荐主要考虑土壤钾素供应水平及目标产量（表 5-5）。当有机肥施用量较低（<20 千克/亩氮）时，土壤交换性钾处于中等以下时，钾肥则按照表 5-5 推荐的钾肥用量的 20%～30% 作基肥，其余在生育期分次追施，尤其是在番茄坐果后应适当增加钾肥用量。当有机肥施用量较低（>20 千克/亩氮）时，则不再施用钾肥。

**表 5-5　设施番茄钾肥（$K_2O$）推荐用量/（千克/亩）**

| 土壤交换性钾 /（毫克/千克） | | 目标产量/（千克/亩） | | | | |
|---|---|---|---|---|---|---|
| | | <3330 | 3330～5330 | 5330～8000 | 8000～10660 | 10660～13330 |
| <80 | 极低 | 16～20 | 25.3～32 | 36.7～43.3 | 43.3～50 | — |
| 80～100 | 低 | 13.3～16 | 21.3～25.3 | 32～36.7 | 36.7～42.7 | 50～53.3 |
| 100～150 | 中 | 10.7～13.3 | 16.7～21.3 | 26.7～32 | 33.3～36.7 | 42.7～50 |
| 150～200 | 高 | 6.7～10.7 | 10.7～16.7 | 16～26.7 | 21.3～33.3 | 26.7～42.7 |
| >200 | 极高 | 4～6.7 | 6.7～10.7 | 10～16 | 13.3～21.3 | 16～26.7 |

⑤ 中微量元素。设施番茄中微量元素采用因缺补缺的方式，对于设施番茄而言特别是钙和硼的施用（表 5-6）。

**表 5-6 设施番茄中微量元素丰缺指标及对应用肥量/（千克/亩）**

| 元素 | 提取方法 | 临界指标/（毫克/千克） | 施用量 |
|---|---|---|---|
| 交换性钙 | 醋酸铵 | 800 | 石灰性土壤在开始进入结球期时喷施 0.3%～0.5%氯化钙溶液；酸性土壤施石灰 15～41.7 千克/亩 |
| 交换性镁 | 醋酸铵 | 120 | 碱性土壤施 6.7～15 千克/亩硫酸镁；酸性土壤施 7～11 千克/亩硫酸镁 |
| 硼 | 沸水 | 0.5 | 基施硼砂 0.5～1 千克/亩 |

（2）依据目标产量推荐 农业部科学施肥指导意见（2015年），考虑到目标产量等因素，提出如下施肥建议。

① 育苗肥增施腐熟有机肥，补施磷肥。每 10 平方米苗床施经过腐熟的禽粪 60～100 千克，钙、镁、磷肥 0.5～1 千克，硫酸钾 0.5 千克，根据苗情喷施 0.05%～0.1%尿素溶液 1～2 次。

② 棚室基肥施用优质有机肥 4000 千克/亩。不同产量水平设施番茄推荐施肥量参考表 5-7。

**表 5-7 设施番茄不同产量水平推荐施肥量**

| 目标产量/（千克/亩） | 施肥量/（千克/亩） | | |
|---|---|---|---|
| | 氮 | 五氧化二磷 | 氧化钾 |
| 8000～10000 | 25～30 | 8～9 | 45～50 |
| 6000～8000 | 20～25 | 6～8 | 35～45 |
| 4000～6000 | 15～20 | 5～7 | 25～35 |

③ 菜田土壤 pH 值<6 时易出现钙、镁、硼缺乏，可基施石灰（钙肥）50～75 千克/亩、硫酸镁（镁肥）4～6 千克/亩，根外补施 2～3 次 0.1%硼肥。70%以上的磷肥作基肥条（穴）施，其余随复合肥追施，20%～30%氮钾肥基施，70%～80%在花后至果穗膨大期间分 4～8 次随水追施，每次追施氮肥（N）不超过 5 千克/亩。如采用滴灌施肥技术，每次施氮（N）量可降至 3 千克/亩。

**2. 无公害设施番茄生产套餐肥料组合**

（1）基肥 可选用番茄有机型专用肥、有机型复混肥料及单质肥料等。

①番茄有机型专用肥。根据测土施肥配方，以氮肥、磷肥、钾肥为基础，添加腐殖酸、有机型螯合微量元素、增效剂、调理剂等，生产番茄有机型专用肥。根据当地施肥现状，选取下列3个配方中一个作为基肥施用。

配方1：建议氮、磷、钾总养分量为42%，氮磷钾比例分别为1∶0.73∶2。基础肥料选用及用量（1吨产品）：硫酸铵100千克、尿素120千克、磷酸二铵178千克、氯化钾368千克、硫酸锌20千克、硫酸铜20千克、氨基酸硼10千克、硝基腐殖酸铵100千克、生物制剂22千克、增效剂12千克、调理剂50千克。

配方2：建议氮、磷、钾总养分量为35%，氮磷钾比例分别为1∶0.57∶0.93。基础肥料选用及用量（1吨产品）：硫酸铵150千克、尿素160千克、磷酸二铵178千克、氯化钾217千克、硫酸锌20千克、硫酸铜20千克、氨基酸硼8千克、氨基酸68千克、硝基腐殖酸100千克、生物制剂25千克、增效剂10千克、调理剂44千克。

配方3：建议氮、磷、钾总养分量为30%，氮磷钾比例分别为1∶0.75∶2。基础肥料选用及用量（1吨产品）：氯化铵30千克、硫酸铵100千克、尿素120千克、过磷酸钙372千克、钙镁磷肥23千克、氯化钾268千克、氨基酸锌5千克、氨基酸铜5千克、氨基酸硼8千克、生物制剂20千克、增效剂10千克、调理剂39千克。

②樱桃番茄专用肥。根据当地施肥现状，建议氮、磷、钾总养分量为30%，氮磷钾比例分别为1∶0.33∶1.17。基础肥料选用及用量（1吨产品）：硫酸铵100千克、尿素206千克、过磷酸钙200千克、钙镁磷肥20千克、硫酸钾100千克、氯化钾150千克、氨基酸锌锰铜铁20千克、硼砂15千克、硝基腐殖酸100千克、氨基酸22千克、生物制剂20千克、增效剂12千克、调理剂25千克。

③有机型复混肥料及单质肥料。也可选用腐殖酸含促生菌生物复混肥（20-0-10）、硫酸钾型腐殖酸高效缓释肥（15-5-20）、硫基长效缓释复混肥（24-15-5）、腐殖酸型过磷酸钙、生物有机肥等。

（2）根际追肥 可选用番茄专用冲施肥、有机型复混肥料、灌溉水溶肥料、缓效型化肥等。

①番茄专用冲施肥。基础肥料选用及用量（1 吨产品）：硫酸铵 200 千克、尿素 100 千克、磷酸二铵 60 千克、氨化过磷酸钙 100 千克、氯化钾 150 千克、黄腐酸钾 60 千克、氨基酸锌硼锰铁铜 30 千克、硫酸镁 120 千克、氨基酸 60 千克、生物制剂 40 千克、增效剂 10 千克、调理剂 70 千克。

②有机型复混肥料。主要有硫酸钾型腐殖酸高效缓释肥（15-5-20）、硫基长效缓释复混肥（24-15-5）、腐殖酸含促生菌生物复混肥（20-0-10）等。

③灌溉水溶肥料。主要有大量元素水溶肥（22-0-28）、硫基长效水溶性滴灌肥（17-15-18＋B＋Zn）、设施番茄水溶灌溉肥（16-20-14＋TE、22-4-24＋TE、20-5-25＋TE）等。

④缓效型化肥。主要有腐殖酸包裹尿素、增效尿素、腐殖酸型过磷酸钙、缓释磷酸二铵等。

（3）根外追肥　可根据番茄生育情况，酌情选用含腐殖酸水溶肥、含氨基酸水溶肥、含海藻酸水溶肥、氨基酸螯合微量元素水溶肥、大量元素水溶肥、活力钙叶面肥、活力硼叶面肥等。

# 三、设施无公害番茄施肥技术规程

本规程以设施番茄高产、优质、无公害、环境友好为目标，选用有机无机复合肥料、长效缓释肥料、有机活性水溶肥料进行施用，各地在具体应用时，可根据当地栽培季节、栽培方式及测土配方推荐用量进行调整。

## 1. 春早熟设施栽培无公害番茄施肥技术规程

番茄春早熟设施栽培一般利用塑料大棚和日光温室。利用日光温室栽培多在 2 月上旬至 3 月上中旬定植，4 月上旬至 6 月上旬收获；利用塑料大棚一般在 2 月下旬至 3 月中旬定植，5 月上旬至 6 月中旬收获。可以根据当地情况，选择土壤追肥或灌溉追肥。

（1）定植前基肥　定植前 3～7 天结合整地，撒施或沟施基肥。根据当地肥源情况，每亩施生物有机肥 400～500 千克或无害化处理过的有机肥 4000～5000 千克，再选择下列肥料之一配合施用：每亩施番茄有机型专用肥 70～90 千克；或每亩施腐殖酸型过磷酸钙50～70千克、腐殖酸含促生菌生物复混肥（20-0-10）70～90千克；或每亩施硫酸钾型腐殖酸高效缓释肥（15-5-20）50～60千克；或每亩施硫基长效缓释复混肥（24-15-5）50～60千克；或每亩施腐殖酸包裹尿素15～20千克、腐殖酸型过磷酸钙50～60千克、大粒钾肥20～30千克。

（2）土壤追肥　如果采取土壤追肥，一般在追肥3～4次。

①催果肥。一般在第一穗果开始膨大时采取穴施追肥1次。可根据当地肥源情况，可选择下列肥料组合之一：每亩施番茄有机型专用肥10～15千克；或每亩施番茄专用冲施肥10～15千克；或每亩施硫酸钾型腐殖酸高效缓释肥（15-5-20）8～12千克；或每亩施硫基长效缓释复混肥（24-15-5）8～12千克；或每亩施腐殖酸包裹尿素10～12千克、大粒钾肥8～12千克，并注意增施二氧化碳肥料。

②盛果肥。进入盛果期后，第一穗果即将采收，第二、三穗果很快膨大，果实旺盛生长，应及时追肥，一般追肥2～3次。可根据当地肥源情况，可选择下列肥料组合之一：每亩每次施番茄有机型专用肥10～12千克；或每亩每次施番茄专用冲施肥10～12千克；或每亩每次施硫酸钾型腐殖酸高效缓释肥（15-5-20）8～10千克；或每亩每次施硫基长效缓释复混肥（24-15-5）8～10千克；或每亩每次施腐殖酸包裹尿素10～12千克、大粒钾肥8～10千克，并注意增施二氧化碳肥料。

（3）灌溉追肥　设施栽培番茄，可以滴灌等设备结合灌水进行追肥。如果采取灌溉施肥，生产上常用氮磷钾含量总和为50%以上的水溶性肥料进行灌溉施肥使用，选择适合设施番茄的配方主要有16-20-14＋TE、22-4-24＋TE、20-5-25＋TE等水溶肥配方。不同生育期灌溉施肥次数及用量可参考表5-8。

表5-8　春早熟设施番茄灌溉施肥水肥推荐方案

| 生育期 | 养分配方 | 每次施肥量/（千克/亩） | | 施肥次数 | 生育期总用量/（千克/亩） | | 每次灌溉水量/米³ | |
|---|---|---|---|---|---|---|---|---|
| | | 滴灌 | 沟灌 | | 滴灌 | 沟灌 | 滴灌 | 沟灌 |
| 开花坐果 | 16-20-14＋TE | 13～14 | 14～15 | 1 | 13～14 | 14～15 | 12～15 | 15～20 |
| 果实膨大 | 22-4-24＋TE | 11～12 | 12～13 | 4 | 44～48 | 48～52 | 12～15 | 15～20 |

| 生育期 | 养分配方 | 每次施肥量 /(千克/亩) | | 施肥 次数 | 生育期总用量 /(千克/亩) | | 每次灌溉 水量/米³ | |
|---|---|---|---|---|---|---|---|---|
| | | 滴灌 | 沟灌 | | 滴灌 | 沟灌 | 滴灌 | 沟灌 |
| 采收初期 | 22-4-24＋TE | 6～7 | 7～8 | 4 | 24～28 | 28～32 | 12～15 | 15～20 |
| 采收盛期 | 20-5-25＋TE | 10～11 | 11～12 | 8 | 80～88 | 88～96 | 12～15 | 15～20 |
| 采收末期 | 20-5-25＋TE | 6～7 | 7～8 | 2 | 12～14 | 14～16 | 12～15 | 15～20 |

(4) 根外追肥　番茄移栽定植后，叶面喷施 500～600 倍含氨基酸水溶肥或 500～600 倍含腐殖酸水溶肥 2 次，间隔 15 天。进入结果盛期期，叶面喷施 1500 倍活力钾、1500 倍活力硼、1500 倍活力钙混合溶液 2 次，间隔 15 天。

**2. 秋延迟设施栽培无公害番茄施肥技术规程**

番茄秋延迟设施栽培一般利用塑料大棚和日光温室。利用日光温室栽培多在 8 月上旬至下旬定植，11 月中旬至翌年 1 月下旬收获；利用塑料大棚一般在 8 月上中旬定植，10 月中旬至 11 月上旬收获。可以根据当地情况，选择土壤追肥或灌溉追肥。

(1) 定植前基肥　定植前 3～7 天结合整地，撒施或沟施基肥。根据当地肥源情况，每亩施生物有机肥 200～300 千克或无害化处理过的有机肥 2000～3000 千克基础上，再选择下列肥料之一配合施用：每亩施番茄有机型专用肥 50～60 千克；或每亩施腐殖酸型过磷酸钙 40～50 千克、腐殖酸含促生菌生物复混肥（20-0-10）50～60 千克；或每亩施硫酸钾型腐殖酸高效缓释肥（15-5-20）40～50 千克；或每亩施硫基长效缓释复混肥（24-15-5）40～50 千克；或每亩施腐殖酸包裹尿素 10～15 千克、腐殖酸型过磷酸钙 30～40 千克、大粒钾肥 12～15 千克。

(2) 土壤追肥　如果采取土壤追肥，一般在追肥 3～4 次。

① 缓苗肥。一般在定植缓苗后采取穴施追肥 1 次。可根据当地肥源情况，可选择下列肥料组合之一：每亩施番茄有机型专用肥 7～10 千克；或每亩施番茄专用冲施肥 6～9 千克；或每亩施硫酸钾型腐殖酸高效缓释肥（15-5-20）5～6 千克；或每亩施硫基长效缓释复混肥（24-15-5）5～6 千克；或每亩施腐殖酸包裹

尿素 5～7 千克、大粒钾肥 5～7 千克，并注意增施二氧化碳肥料。

②结果肥。第一、第二穗果坐住后，可追肥 2～3 次。可根据当地肥源情况，可选择下列肥料组合之一：每亩每次施番茄有机型专用肥 10～12 千克；或每亩每次施番茄专用冲施肥 10～12 千克；或每亩每次施硫酸钾型腐殖酸高效缓释肥（15-5-20）8～10 千克；或每亩每次施硫基长效缓释复混肥（24-15-5）8～10 千克；或每亩每次施腐殖酸包裹尿素 10～12 千克、大粒钾肥 8～10 千克，并注意增施二氧化碳肥料。

（3）灌溉追肥　设施栽培番茄，可以滴灌等设备结合灌水进行追肥。如果采取灌溉施肥，生产上常用氮磷钾含量总和为 50% 以上的水溶性肥料进行灌溉施肥使用，选择适合设施番茄的配方主要有 16-20-14＋TE、22-4-24＋TE、20-5-25＋TE 等水溶肥配方。不同生育期灌溉施肥次数及用量可参考表 5-9。

表 5-9　秋延后设施番茄灌溉施肥水肥推荐方案

| 生育期 | 养分配方 | 每次施肥量/（千克/亩） | | 施肥次数 | 生育期总用量/（千克/亩） | | 每次灌溉水量/米³ | |
|---|---|---|---|---|---|---|---|---|
| | | 滴灌 | 沟灌 | | 滴灌 | 沟灌 | 滴灌 | 沟灌 |
| 缓苗后 | 16-20-14＋TE | 6～7 | 7～8 | 1 | 6～7 | 7～8 | 12～15 | 15～20 |
| 果实膨大 | 22-4-24＋TE | 11～12 | 12～13 | 4 | 44～48 | 48～52 | 12～15 | 15～20 |
| 采收初期 | 22-4-24＋TE | 6～7 | 7～8 | 4 | 24～28 | 28～32 | 12～15 | 15～20 |
| 采收盛期 | 20-5-25＋TE | 10～11 | 11～12 | 8 | 80～88 | 88～96 | 12～15 | 15～20 |

（4）根外追肥　番茄移栽定植后，叶面喷施 500～600 倍含氨基酸水溶肥或 500～600 倍含腐殖酸水溶肥 2 次，间隔 15 天。结果盛期，叶面喷施 1500 倍活力钾、1500 倍活力硼、1500 倍活力钙混合溶液 2 次，间隔 15 天。

**3. 越冬长季设施栽培无公害番茄施肥技术规程**

番茄越冬长季设施栽培一般利用日光温室。多在 11 月上旬定植，翌年 2 月至 7 月收获。可以根据当地情况，选择土壤追肥或灌溉追肥。

（1）定植前基肥　定植前3～7天结合整地，撒施或沟施基肥。根据当地肥源情况，每亩施生物有机肥500～600千克或无害化处理过的有机肥5000～6000千克，再选择下列肥料之一配合施用：每亩施番茄有机型专用肥60～80千克；或每亩施腐殖酸型过磷酸钙50～60千克、腐殖酸含促生菌生物复混肥（20-0-10）60～80千克；或每亩施硫酸钾型腐殖酸高效缓释肥（15-5-20）50～60千克；或每亩施硫基长效缓释复混肥（24-15-5）50～60千克；或每亩施腐殖酸包裹尿素15～25千克、腐殖酸型过磷酸钙50～60千克、大粒钾肥20～35千克。

（2）土壤追肥　如果采取土壤追肥，一般在追肥3～4次。

① 催果肥。一般在第一穗果开始膨大时采取穴施追肥1次。可根据当地肥源情况，可选择下列肥料组合之一：每亩施番茄有机型专用肥12～15千克；或每亩施番茄专用冲施肥12～15千克；或每亩施硫酸钾型腐殖酸高效缓释肥（15-5-20）10～12千克；或每亩施硫基长效缓释复混肥（24-15-5）10～12千克；或每亩施腐殖酸包裹尿素10～15千克、大粒钾肥10～12千克，并注意增施二氧化碳肥料。

② 盛果肥。进入盛果期后，第一穗果即将采收，第二、三穗果很快膨大，果实旺盛生长，应及时追肥，一般追肥2～3次。可根据当地肥源情况，可选择下列肥料组合之一：每亩每次施番茄有机型专用肥10～12千克；或每亩每次施番茄专用冲施肥10～12千克，或每亩每次施硫酸钾型腐殖酸高效缓释肥（15-5-20）8～10千克；或每亩每次施硫基长效缓释复混肥（24-15-5）8～10千克；或每亩每次施腐殖酸包裹尿素10～12千克、大粒钾肥8～10千克，并注意增施二氧化碳肥料。

（3）灌溉追肥　设施栽培番茄，可以滴灌等设备结合灌水进行追肥。如果采取灌溉施肥，生产上常用氮磷钾含量总和为50％以上的水溶性肥料进行灌溉施肥使用，选择适合设施番茄的配方主要有16-20-14＋TE、22-4-24＋TE、20-5-25＋TE等水溶肥配方。不同生育期灌溉施肥次数及用量可参考表5-10。

表 5-10 越冬长季设施番茄灌溉施肥水肥推荐方案

| 生育期 | 养分配方 | 每次施肥量/（千克/亩） | | 施肥次数 | 生育期总用量/（千克/亩） | | 每次灌溉水量/米³ | |
|---|---|---|---|---|---|---|---|---|
| | | 滴灌 | 沟灌 | | 滴灌 | 沟灌 | 滴灌 | 沟灌 |
| 缓苗后 | 16-20-14＋TE | 6～7 | 7～8 | 1 | 6～7 | 7～8 | 12～15 | 15～20 |
| 开花坐果 | 16-20-14＋TE | 13～14 | 14～15 | 1 | 13～14 | 14～15 | 12～15 | 15～20 |
| 果实膨大 | 22-4-24＋TE | 11～12 | 12～13 | 4 | 44～48 | 48～52 | 12～15 | 15～20 |
| 采收初期 | 22-4-24＋TE | 6～7 | 7～8 | 4 | 24～28 | 28～32 | 12～15 | 15～20 |
| 采收盛期 | 20-5-25＋TE | 10～11 | 11～12 | 8 | 80～88 | 88～96 | 12～15 | 15～20 |
| 采收末期 | 20-5-25＋TE | 6～7 | 7～8 | 2 | 12～14 | 14～15 | 12～15 | 15～20 |

（4）根外追肥 番茄番茄移栽定植后，叶面喷施 500～600 倍含氨基酸水溶肥或 500～600 倍含腐殖酸水溶肥 2 次，间隔 15 天。结果盛期，叶面喷施 1500 倍活力钾、1500 倍活力硼、1500 倍活力钙混合溶液 2 次，间隔 15 天。

## 四、无公害设施樱桃番茄施肥技术规程

本规程以设施番茄高产、优质、无公害、环境友好为目标，选用有机无机复合肥料、长效缓释肥料、有机活性水溶肥料进行施用，各地在具体应用时，可根据当地栽培季节、栽培方式及测土配方推荐用量进行调整。

设施栽培方式有小拱棚、塑料大棚、日光温室、避雨栽培等。这里以越冬长季日光温室栽培为例说明。樱桃番茄越冬长季设施栽培一般利用日光温室，一般 10 月育苗，11 月定植，2 月开始上市供应至 6 月下旬。可以根据当地情况，选择土壤追肥或灌溉追肥。

### 1. 定植前基肥

定植前 3～7 天结合整地，撒施或沟施基肥。根据当地肥源情况，每亩施生物有机肥 500～700 千克或无害化处理过的有机肥 5000～7000 千克基础上，再选择下列肥料之一配合施用：每亩施番茄有机型专用肥 70～90 千克；或每亩施腐殖酸型过磷酸钙 50～70 千克、腐殖酸含促生菌生物复混肥（20-0-10）70～90 千克；或

每亩施硫酸钾型腐殖酸高效缓释肥（15-5-20）60～70千克；或每亩施硫基长效缓释复混肥（24-15-5）70～70千克；或每亩施腐殖酸包裹尿素20～25千克、腐殖酸型过磷酸钙50～70千克、大粒钾肥20～35千克。

**2. 根际追肥**

（1）土壤追肥　如果采取土壤追肥，一般在追肥3～4次。

① 催果肥。一般在第一穗果开始膨大时采取穴施追肥1次。可根据当地肥源情况，可选择下列肥料组合之一：每亩施樱桃番茄有机型专用肥25～30千克；或每亩施番茄专用冲施肥25～30千克；或每亩施硫酸钾型腐殖酸高效缓释肥（15-5-20）20～25千克；或每亩施硫基长效缓释复混肥（24-15-5）20～25千克；或每亩施腐殖酸包裹尿素20～25千克、大粒钾肥20～30千克，并注意增施二氧化碳肥料。

② 盛果肥。进入盛果期后，第一穗果即将采收，第二、三穗果很快膨大，果实旺盛生长，应及时追肥，一般追肥2～3次。可根据当地肥源情况，可选择下列肥料组合之一：每亩每次施樱桃番茄有机型专用肥20～25千克；或每亩每次施番茄专用冲施肥20～25千克；或每亩每次施硫酸钾型腐殖酸高效缓释肥（15-5-20）15～20千克；或每亩每次施硫基长效缓释复混肥（24-15-5）15～20千克；或每亩每次施腐殖酸包裹尿素15～20千克、大粒钾肥15～20千克，并注意增施二氧化碳肥料。

（2）灌溉追肥　设施栽培樱桃番茄，可以滴灌等设备结合灌水进行追肥。如果采取灌溉施肥，生产上常用氮磷钾含量总和为50%以上的水溶性肥料进行灌溉施肥使用，选择适合设施樱桃番茄的配方主要有16-20-14＋TE、22-4-24＋TE、20-5-25＋TE等水溶肥配方。不同生育期灌溉施肥次数及用量可参考表5-11。

**表5-11　越冬长季日光温室樱桃番茄灌溉施肥水肥推荐方案**

| 生育期 | 养分配方 | 每次施肥量/（千克/亩） | | 施肥次数 | 生育期总用量/（千克/亩） | | 每次灌溉水量/米³ | |
| --- | --- | --- | --- | --- | --- | --- | --- | --- |
| | | 滴灌 | 沟灌 | | 滴灌 | 沟灌 | 滴灌 | 沟灌 |
| 缓苗后 | 16-20-14＋TE | 7～8 | 8～9 | 1 | 7～8 | 8～9 | 12～15 | 15～20 |

续表

| 生育期 | 养分配方 | 每次施肥量/(千克/亩) | | 施肥次数 | 生育期总用量/(千克/亩) | | 每次灌溉水量/米³ | |
|---|---|---|---|---|---|---|---|---|
| | | 滴灌 | 沟灌 | | 滴灌 | 沟灌 | 滴灌 | 沟灌 |
| 开花坐果 | 16-20-14+TE | 14~15 | 15~16 | 1 | 14~15 | 15~16 | 12~15 | 15~20 |
| 果实膨大 | 22-4-24+TE | 12~13 | 13~14 | 4 | 48~52 | 52~56 | 12~15 | 15~20 |
| 采收初期 | 22-4-24+TE | 7~8 | 8~9 | 4 | 28~32 | 32~36 | 12~15 | 15~20 |
| 采收盛期 | 20-5-25+TE | 11~12 | 12~13 | 8 | 88~96 | 96~104 | 12~15 | 15~20 |
| 采收末期 | 20-5-25+TE | 7~8 | 8~9 | 2 | 14~16 | 16~18 | 12~15 | 15~20 |

### 3. 根外追肥

设施栽培樱桃番茄移栽定植后，叶面喷施 500～600 倍含氨基酸水溶肥或 500～600 倍含腐殖酸水溶肥、1500 倍活力硼混合溶液 1 次。进入结果期，结合根际追肥，每次叶面喷施 1500 倍活力钾、1500 倍活力钙混合溶液 1 次，共计 3 次，间隔期 15 天。

# 第二节　设施无公害茄子测土配方施肥技术

茄子的主要设施栽培方式：一是春提早栽培，主要采用塑料大棚、日光温室等设施；二是秋延迟栽培，主要采用塑料大棚等设施；三是越冬长季栽培，主要采用日光温室等设施。

## 一、设施茄子营养需求特点

### 1. 养分需求

据有关研究资料表明，生产 1000 千克茄子需纯氮 3.2 千克，五氧化二磷 0.94 千克，氧化钾 4.5 千克，其吸收比例为 1：0.29：1.41。从全生育期来看，茄子对钾的吸收量最多，氮次之，磷最少。

### 2. 需肥特点

茄子对各种养分吸收的特点是从定植开始到收获结束逐步增加。特别是开始收获后养分吸收量增多，至收获盛期急剧增加。其中在生长中期吸收钾的数量与吸收氮的情况相近，到生育后期钾的吸收量远比氮素要多，到后期磷的吸收量虽有所增多，但与钾氮相比要小得多。

## 二、设施茄子测土施肥配方及肥料组合

### 1. 设施茄子测土施肥配方

（1）根据土壤肥力推荐　根据测定土壤硝态氮、速效磷、速效钾等有效养分含量确定茄子地土壤肥力分级（表5-12），根据不同肥力水平的推荐施肥量见表5-13。

表 5-12　设施茄子地土壤肥力分级

| 肥力水平 | 硝态氮/（毫克/千克） | 速效磷/（毫克/千克） | 速效钾/（毫克/千克） |
| --- | --- | --- | --- |
| 低 | ＜100 | ＜60 | ＜100 |
| 中 | 100～150 | 60～100 | 100～150 |
| 高 | ＞150 | ＞100 | ＞150 |

表 5-13　不同肥力水平设施茄子推荐施肥量

| 肥力等级 | 施肥量/（千克/亩） | | |
| --- | --- | --- | --- |
| | 氮 | 五氧化二磷 | 氧化钾 |
| 低肥力 | 18～22 | 7～9 | 13～15 |
| 中肥力 | 16～20 | 6～8 | 11～13 |
| 高肥力 | 14～18 | 5～6 | 9～11 |

（2）依据土壤肥力与目标产量　考虑到设施茄子目标产量和当地施肥现状，设施茄子的氮、磷、钾施肥量可参考表5-14。

表 5-14　依据目标产量设施茄子推荐施肥量

| 目标产量/（千克/亩） | 施肥量/（千克/亩） | | |
| --- | --- | --- | --- |
| | 氮 | 五氧化二磷 | 氧化钾 |
| 2500～3500 | 14～18 | 6～8 | 10～12 |
| 3500～4500 | 16～20 | 7～9 | 11～13 |
| 4500～5500 | 18～22 | 8～10 | 12～14 |

**2. 无公害设施茄子生产套餐肥料组合**

（1）基肥　可选用茄子有机型专用肥、有机型复混肥料及单质肥料等。

① 茄子有机型专用肥。根据测土施肥配方，以氮肥、磷肥、钾肥为基础，添加腐殖酸、有机型螯合微量元素、增效剂、调理剂等，生产含锌、硼等茄子有机型专用肥。根据当地施肥现状，建议氮、磷、钾总养分量为 35％，氮磷钾比例分别为 1：0.6：1.4。基础肥料选用及用量（1 吨产品）：硫酸铵 100 千克、尿素 150 千克、磷酸二铵 112 千克、过磷酸钙 150 千克、钙镁磷肥 20 千克、氯化钾 270 千克、氨基酸锌硼锰铁铜 25 千克、硝基腐殖酸 100 千克、生物制剂 30 千克、增效剂 10 千克、调理剂 38 千克。

② 有机型复混肥料及单质肥料。也可选用腐殖酸含促生菌生物复混肥（20-0-10）、硫酸钾型腐殖酸高效缓释肥（15-5-20）、硫基长效缓释复混肥（24-15-5）、腐殖酸型过磷酸钙、生物有机肥等。

（2）根际追肥　可选择茄子专用冲施肥、有机型复混肥料、缓效型化肥等。

① 茄子专用冲施肥。基础肥料选用及用量（1 吨产品）：硫酸铵 150 千克、尿素 150 千克、磷酸一铵 60 千克、氨化过磷酸钙 100 千克、氯化钾 200 千克、硫酸镁 120 千克、硝基腐殖酸铵 100 千克、氨基酸锌硼锰铁铜 30 千克、生物制剂 30 千克、增效剂 10 千克、调理剂 50 千克。

② 有机型复混肥料。主要有硫酸钾型腐殖酸高效缓释肥（15-5-20）、硫基长效缓释复混肥（24-15-5）、腐殖酸含促生菌生物复混肥（20-0-10）等。

③ 缓效型化肥。主要有腐殖酸包裹尿素、增效尿素、腐殖酸型过磷酸钙、缓释磷酸二铵等。

（3）根外追肥　可根据茄子生育情况，酌情选用含腐殖酸水溶肥、含氨基酸水溶肥、含海藻酸水溶肥、氨基酸螯合微量元素水溶肥、大量元素水溶肥、活力钙叶面肥、活力硼叶面肥等。

# 三、设施无公害茄子施肥技术规程

本规程以茄子高产、优质、无公害、环境友好为目标，选用有机无机复合肥料、长效缓释肥料、有机活性水溶肥料进行施用，各地在具体应用时，可根据当地栽培季节、栽培方式及测土配方推荐用量进行调整。

**1. 春提早设施栽培无公害茄子施肥技术规程**

茄子春提早设施栽培一般年份 3 月中、下旬定植。

（1）定植前基肥　定植前 10～15 天结合整地，撒施或沟施基肥。根据当地肥源情况，每亩施生物有机肥 300～500 千克或无害化处理过的有机肥 3000～5000 千克基础上，再选择下列肥料之一配合施用：每亩施茄子有机型专用肥 50～70 千克；或每亩施腐殖酸型过磷酸钙 50～70 千克、腐殖酸含促生菌生物复混肥（20-0-10）50～70 千克；或每亩施硫酸钾型腐殖酸高效缓释肥（15-5-20）40～60 千克；或每亩施硫基长效缓释复混肥（24-15-5）40～60 千克；或每亩施腐殖酸包裹尿素 20～25 千克、腐殖酸型过磷酸钙 50～70 千克、大粒钾肥 20～25 千克。

（2）根际追肥　主要追施提苗肥、"培土"肥、"采果"肥等。

① 提苗肥。定植活棵后，追施提苗肥。根据当地肥源情况，可选择下列肥料组合之一：每亩施茄子有机型专用肥 10～12 千克；或每亩施茄子专用冲施肥 10～12 千克；或每亩施腐殖酸包裹尿素 6～8 千克。

② "培土"肥。一般在结束蹲苗门茄坐住后及时培土，结合培土水追施。根据当地肥源情况，可选择下列肥料组合之一：每亩施茄子有机型专用肥 25～30 千克；或每亩施茄子专用冲施肥 25～30 千克；或每亩施硫酸钾型腐殖酸高效缓释肥（15-5-20）20～25 千克；或每亩施硫基长效缓释复混肥（24-15-5）20～25 千克；或每亩施腐殖酸包裹尿素 20～25 千克、大粒钾肥 20～30 千克。

③ "采果"肥。一般在门茄开始采摘后，每采摘 1 次果结合浇水追施。根据当地肥源情况，可选择下列肥料组合之一：每亩施茄子有机型专用肥 15～20 千克；或每亩施茄子专用冲施肥 15～20 千克；或每亩施硫酸钾型腐殖酸高效缓释肥（15-5-20）12～15 千克；或每亩施硫基长效缓释复混肥（24-15-5）12～15 千克；或每亩施腐殖酸包裹尿素 12～15 千克、大粒钾肥 10～12 千克。

（3）根外追肥　茄子移栽定植后，叶面喷施 500～600 倍含氨基酸水溶肥或 500～600 倍含腐殖酸水溶肥 1 次。门茄达到瞪眼后，叶面喷施 500～600 倍含氨基酸水溶肥或 500～600 倍含腐殖酸水溶肥、1500 倍活力硼混合溶液 2 次，2 次之间间隔 15 天。对茄膨大时，叶面喷施 1500 倍活力钙、1500 倍活力钾混合溶液 1 次。八面风茄膨大时，叶面喷施 1500 倍活力钙、1500 倍活力钾混合溶液 1 次。

**2. 秋延迟设施栽培无公害茄子施肥技术规程**

茄子秋延迟设施栽培一般 8 月至 9 月定植，延迟采收到 12 月。

（1）定植前基肥　定植前 15 天结合整地，撒施或沟施基肥。根据当地肥源情况，每亩施生物有机肥 300～400 千克或无害化处理过的有机肥 3000～4000 千克基础上，再选择下列肥料之一配合施用：每亩施茄子有机型专用肥 60～80 千克；或每亩施腐殖酸型过磷酸钙 60～70 千克、腐殖酸含促生菌生物复混肥（20-0-10）60～80 千克；或每亩施硫酸钾型腐殖酸高效缓释肥（15-5-20）50～60 千克；或每亩施硫基长效缓释复混肥（24-15-5）50～60 千克；或每亩施腐殖酸包裹尿素 20～30 千克、腐殖酸型过磷酸钙 60～70 千克、大粒钾肥 20～30 千克。

（2）根际追肥　主要追施"门茄"肥、"采果"肥等。

① "门茄"肥。门茄长至 3～5 厘米时结合浇水追肥 1 次。根据当地肥源情况，可选择下列肥料组合之一：每亩施茄子有机型专用肥 20～25 千克；或每亩施茄子专用冲施肥 20～25 千克；或每亩施硫酸钾型腐殖酸高效缓释肥（15-5-20）16～20 千克；或每亩施硫基长效缓释复混肥（24-15-5）16～20 千克；或每亩施腐殖酸包裹尿素 15～20 千克、缓效磷铵 5 千克、大粒钾肥 15～20 千克。

② "采果"肥。一般在门茄开始采摘后，每采摘 1 次果结合浇水追施。根据当地肥源情况，可选择下列肥料组合之一：每亩施茄子有机型专用肥 15～20 千克；或每亩施茄子专用冲施肥 15～20 千克；或每亩施硫酸钾型腐殖酸高效缓释肥（15-5-20）12～15 千克；或每亩施硫基长效缓释复混肥（24-15-5）12～15 千克；或每亩施腐殖酸包裹尿素 12～15 千克、大粒钾肥 10～12 千克。

（3）根外追肥　茄子移栽定植后，叶面喷施 500～600 倍含氨基酸水溶肥或 500～600 倍含腐殖酸水溶肥 1 次。门茄达到瞪眼后，叶面喷施 500～600 倍含氨基酸水溶肥或 500～600 倍含腐殖酸水溶肥、1500 倍活力硼混合溶液 2 次，2 次之间间隔 15 天。对茄膨大时，叶面喷施 1500 倍活力钙、1500 倍活力钾混合溶液 1 次。八面风茄膨大时，叶面喷施 1500 倍活力钙、1500 倍活力钾混合溶液 1 次。

**3. 越冬长季设施栽培无公害茄子施肥技术规程**

茄子越冬长季设施栽培一般 11 月至 12 月定植。

（1）定植前基肥　定植前 15 天结合整地，撒施或沟施基肥。根据当地肥源情况，每亩施生物有机肥 400～600 千克或无害化处理过的有机肥 4000～6000 千克基础上，再选择下列肥料之一配合施用：每亩施茄子有机型专用肥 60～80 千克；或每亩施腐殖酸型过磷酸钙 60～70 千克、腐殖酸含促生菌生物复混肥（20-0-10）60～80 千克；或每亩施硫酸钾型腐殖酸高效缓释肥（15-5-20）50～70 千克；或每亩施硫基长效缓释复混肥（24-15-5）50～70 千克；或每亩施腐殖酸包裹尿素 20～25 千克、腐殖酸型过磷酸钙 50～70 千克、大粒钾肥 20～30 千克。

（2）根际追肥　主要追施"门茄"肥、"采果"肥等。

①"门茄"肥。门茄长至 3～5 厘米时结合浇水追肥 1 次。根据当地肥源情况，可选择下列肥料组合之一：每亩施茄子有机型专用肥 15～20 千克、腐殖酸包裹尿素 5 千克；或每亩施茄子专用冲施肥 15～20 千克、腐殖酸包裹尿素 5 千克；或每亩施硫酸钾型腐殖酸高效缓释肥（15-5-20）12～15 千克、腐殖酸包裹尿素 5 千克；或每亩施硫基长效缓释复混肥（24-15-5）12～15 千克、腐殖酸包裹尿素 5 千克；或每亩施腐殖酸包裹尿素 15～20 千克、大粒钾肥 15～20 千克。

②"采果"肥。一般在门茄开始采摘后，每采摘 1 次果结合浇水追施。根据当地肥源情况，可选择下列肥料组合之一：每亩施茄子有机型专用肥 18～20 千克；或每亩施茄子专用冲施肥 18～20 千克；或每亩施硫酸钾型腐殖酸高效缓释肥（15-5-20）12～15 千克；或每亩施硫基长效缓释复混肥（24-15-5）12～15 千克；或每亩施腐殖酸包裹尿素 12～15 千克、大粒钾肥 10～12 千克。

（3）根外追肥　茄子移栽定植后，叶面喷施 500～600 倍含氨基酸水溶肥或 500～600 倍含腐殖酸水溶肥 1 次。门茄达到瞪眼后,叶面喷施 500～600 倍含氨基酸水溶肥或 500～600 倍含腐殖酸水溶肥、1500 倍活力硼混合溶液 2 次,2 次之间间隔 15 天。对茄膨大时,叶面喷施 1500 倍活力钙、1500 倍活力钾混合溶液 1 次。八面风茄膨大时,叶面喷施 1500 倍活力钙、1500 倍活力钾混合溶液 1 次。

**4. 日光温室冬春茬设施栽培无公害茄子施肥技术规程**

茄子越冬长季设施栽培一般 10 月定植。

(1) 定植前基肥 定植前 15 天结合整地,撒施或沟施基肥。根据当地肥源情况,每亩施生物有机肥 400～600 千克或无害化处理过的有机肥 4000～6000 千克基础上,再选择下列肥料之一配合施用:每亩施茄子有机型专用肥 60～80 千克;或每亩施腐殖酸型过磷酸钙 60～70 千克、腐殖酸含促生菌生物复混肥(20-0-10)60～80 千克;或每亩施硫酸钾型腐殖酸高效缓释肥(15-5-20)50～70 千克;或每亩施硫基长效缓释复混肥(24-15-5)50～70 千克;或每亩施腐殖酸包裹尿素 20～25 千克、腐殖酸型过磷酸钙 50～70 千克、大粒钾肥 20～30 千克。

(2) 滴灌追肥 这里以华北地区日光温室冬春茬茄子滴灌施肥为例。表 5-15 为在华北地区日光温室冬春茬茄子栽培经验基础上,总结得出的滴灌施肥方案,可供相应地区日光温室冬春茬茄子生产使用参考。

**表 5-15 日光温室冬春茬茄子滴灌施肥方案**

| 生育时期 | 灌水次数 | 每次灌水量/(米³/亩) | 每次灌溉加入的养分量/(千克/亩) | | | | 备注 |
|---|---|---|---|---|---|---|---|
| | | | N | $P_2O_5$ | $K_2O$ | 合计 | |
| 苗期 | 2 | 10 | 1.0 | 1.0 | 0.5 | 2.5 | 施肥 2 次 |
| 开花期 | 3 | 10 | 1.0 | 1.0 | 1.4 | 3.4 | 施肥 3 次 |
| 采收期 | 10 | 15 | 1.5 | 0 | 2.0 | 3.5 | 施肥 10 次 |

注:1. 该方案早熟品种每亩栽植 3000～3500 株、晚熟品种每亩栽植 2500～3000 株,目标产量为 4000～5000 千克/亩。

2. 苗期不能太早灌水,只有当土壤出现缺水现象时,才能进行施肥灌水。

3. 开花后至坐果前,应适当控制水肥供应,以利于开花坐果。

4. 进入采摘期,植株兑水肥的需求量加大,一般前期每 8 天滴灌施肥 1 次,中后期每 5 天滴灌施肥 1 次。

（3）根外追肥　茄子移栽定植后，叶面喷施 500～600 倍含氨基酸水溶肥或 500～600 倍含腐殖酸水溶肥 1 次。门茄达到瞪眼后，叶面喷施 500～600 倍含氨基酸水溶肥或 500～600 倍含腐殖酸水溶肥、1500 倍活力硼混合溶液 2 次，2 次之间间隔 15 天。对茄膨大时，叶面喷施 1500 倍活力钙、1500 倍活力钾混合溶液 1 次。八面风茄膨大时，叶面喷施 1500 倍活力钙、1500 倍活力钾混合溶液 1 次。

# 第三节　设施无公害辣（甜）椒测土配方施肥技术

辣（甜）椒的主要设施栽培方式：一是春提早栽培，主要采用塑料大棚、小拱棚全程覆盖等设施；二是秋延迟栽培，主要采用塑料大棚等设施；三是越冬长季栽培，主要采用日光温室等设施。

## 一、设施辣（甜）椒营养需求特点

### 1. 养分需求

辣（甜）椒为吸肥量较多的蔬菜类型，每生产 1000 千克鲜辣（甜）椒约需氮 5.19～5.80 千克，五氧化二磷 0.58～1.10 千克，氧化钾 6.46～7.40 千克。从全生育期来看，辣（甜）椒对钾的吸收量最多，氮次之，磷最少。

彩椒生长需要充足的营养条件，每生产 1000 千克彩椒需要吸收纯氮 4.2 千克，五氧化二磷 1.1 千克，氧化钾 6.5 千克，其养分吸收比例为 1∶0.26∶1.55，同时还需要适量的钙、镁、硼、锰等。

### 2. 需肥特点

辣（甜）椒从幼苗到开花，对氮、磷、钾的吸收约占吸收总量的 16％；从初花期到盛果期对养分的吸收量增多，约占吸收总量的 34％；从盛果至采收期，植株的营养生长较弱，对磷、钾的需要量最多，约占吸收总量的 50％。

## 二、设施辣（甜）椒测土施肥配方及肥料组合

### 1. 设施辣椒测土施肥配方

（1）依据土壤肥力推荐　根据测定土壤硝态氮、有效磷、交换

性钾等有效养分含量确定辣椒地土壤肥力分级（表5-16），推荐设施辣（甜）椒施肥量见表5-17。

**表5-16　设施辣（甜）椒地土壤肥力分级**

| 肥力水平 | 硝态氮/（毫克/千克） | 有效磷/（毫克/千克） | 交换性钾/（毫克/千克） |
|---|---|---|---|
| 低 | <60 | <50 | <100 |
| 中 | 60～100 | 50～80 | 100～150 |
| 高 | >100 | >80 | >150 |

**表5-17　不同肥力水平辣（甜）椒推荐施肥量**

| 肥力等级 | 施肥量/（千克/亩） | | |
|---|---|---|---|
| | 氮 | 五氧化二磷 | 氧化钾 |
| 低肥力 | 22～24 | 8～10 | 15～17 |
| 中肥力 | 20～22 | 7～9 | 13～15 |
| 高肥力 | 18～20 | 6～8 | 11～13 |

（2）根据目标产量推荐　考虑到辣椒目标产量和当地施肥现状，辣（甜）椒的氮、磷、钾施肥量可参考表5-18。

**表5-18　依据目标产量辣（甜）椒推荐施肥量**

| 目标产量/（千克/亩） | 施肥量/（千克/亩） | | |
|---|---|---|---|
| | 氮 | 五氧化二磷 | 氧化钾 |
| 2000～3000 | 19～21 | 7～9 | 13～15 |
| 3000～4000 | 20～22 | 8～10 | 14～16 |
| 4000～5000 | 21～23 | 9～11 | 15～17 |

**2. 无公害设施辣（甜）椒生产套餐肥料组合**

（1）基肥　可选用辣椒有机型专用肥、有机型复混肥料及单质肥料等。

①辣椒有机型专用肥。根据测土施肥配方，以氮肥、磷肥、钾肥为基础，添加腐殖酸、有机型螯合微量元素、增效剂、调理剂等，生产辣椒有机型专用肥。根据当地施肥现状，综合各地辣椒配

方肥配制资料，现有以下 3 种配方。

配方 1：建议氮、磷、钾总养分量为 40%，氮磷钾比例分别为 1∶1∶1.8。基础肥料选用及用量（1 吨产品）：硫酸铵 100 千克、尿素 100 千克、磷酸一铵 226 千克、氯化钾 300 千克、硝基腐殖酸 90 千克、过磷酸钙 100 千克、钙镁磷肥 10 千克、生物制剂 25 千克、增效剂 12 千克、调理剂 37 千克。

配方 2：建议氮、磷、钾总养分量为 30%，氮磷钾比例分别为 1∶0.6∶1.1。基础肥料选用及用量（1 吨产品）：硫酸铵 100 千克、氯化铵 20 千克、尿素 150 千克、磷酸二铵 68 千克、过磷酸钙 250 千克、钙镁磷肥 20 千克、氯化钾 200 千克、硝基腐殖酸 100 千克、氨基酸 30 千克、生物制剂 25 千克、增效剂 12 千克、调理剂 25 千克。

配方 3：建议氮、磷、钾总养分量为 25%，氮磷钾比例分别为 1∶0.6∶2.17。基础肥料选用及用量（1 吨产品）：氯化铵 150 千克、硫酸铵 100 千克、磷酸一铵 40 千克、过磷酸钙 260 千克、钙镁磷肥 20 千克、氯化钾 220 千克、硝基腐殖酸 100 千克、氨基酸 40 千克、生物制剂 30 千克、增效剂 12 千克、调理剂 28 千克。

② 甜椒有机型专用肥。综合各地甜椒配方肥配制资料，建议氮、磷、钾总养分量为 30%，氮磷钾比例分别为 1∶0.33∶1.17。基础肥料选用及用量（1 吨产品）：硫酸铵 100 千克、尿素 206 千克、磷酸二铵 10 千克、过磷酸钙 200 千克、钙镁磷肥 20 千克、硫酸钾 100 千克、氯化钾 150 千克、氨基酸螯合锌锰铜铁 20 千克、硼砂 15 千克、硝基腐殖酸 100 千克、氨基酸 22 千克、生物制剂 20 千克、增效剂 12 千克、调理剂 25 千克。

③ 有机型复混肥料及单质肥料。也可选用腐殖酸含促生菌生物复混肥（20-0-10）、腐殖酸高效缓释肥（18-8-4）、硫基长效缓释复混肥（23-12-10）、腐殖酸型过磷酸钙、生物有机肥等。

（2）根际追肥　可选择辣椒专用冲施肥、有机型复混肥料、缓效型化肥、水溶滴灌肥等。

① 辣椒专用冲施肥。基础肥料选用及用量（1 吨产品）：硫酸铵 200 千克、尿素 257 千克、氯化钾 200 千克、过磷酸钙 150 千克、碳酸氢铵 15 千克、黄腐酸钾 90 千克、氨基酸锌硼锰铁铜 25

千克、生物制剂 30 千克、增效剂 13 千克、调理剂 20 千克。

② 有机型复混肥料。主要有腐殖酸含促生菌生物复混肥（20-0-10）、腐殖酸高效缓释肥（18-8-4）、硫基长效缓释复混肥（23-12-10）等。

③ 缓效型化肥。主要有腐殖酸包裹尿素、增效尿素、腐殖酸型过磷酸钙、缓释磷酸二铵等。

④ 水溶滴灌肥。主要有果菜类蔬菜水溶滴灌肥（22-0-28）、辣椒滴灌专用水溶肥（20-10-20、16-8-22）等。

（3）根外追肥　可根据辣椒生育情况，酌情选用含腐殖酸水溶肥、含氨基酸水溶肥、含海藻酸水溶肥、氨基酸螯合微量元素水溶肥、大量元素水溶肥、活力钙叶面肥、活力硼叶面肥等。

## 三、设施无公害辣椒施肥技术规程

本规程以设施辣椒高产、优质、无公害、环境友好为目标，选用有机无机复合肥料、长效缓释肥料、有机活性水溶肥料进行施用，各地在具体应用时，可根据当地栽培季节、栽培方式及测土配方推荐用量进行调整。

### 1. 春提早设施栽培无公害辣椒施肥技术规程

辣椒春提早设施栽培多采用塑料大棚设施，一般开春后大苗带蕾定植于塑料大棚中，4 月底至 5 月初上市。

（1）定植前基肥　结合整地，撒施或沟施基肥。根据当地肥源情况，每亩施生物有机肥 400～500 千克或无害化处理过的有机肥 4000～5000 千克基础上，再选择下列肥料之一配合施用：每亩施辣椒有机型专用肥 50～60 千克；或每亩施腐殖酸型过磷酸钙 50～60 千克、腐殖酸含促生菌生物复混肥（20-0-10）50～60 千克；或每亩施腐殖酸高效缓释肥（18-8-4）50～60 千克；或每亩施硫基长效缓释复混肥（23-12-10）40～50 千克；或每亩施腐殖酸包裹尿素 20～25 千克、腐殖酸型过磷酸钙 50～60 千克、大粒钾肥 20～30 千克。

（2）根际追肥　主要在结果初期、门椒采收时、对椒采收时、结果后期进行追施。

① 结果初期肥。一般在门椒果实长到 2～3 厘米时结合浇水追

施。根据当地肥源情况，可选择下列肥料组合之一：每亩施辣椒有机型专用肥 20～25 千克；或每亩施辣椒专用冲施肥 20～25 千克；或每亩施硫酸钾型腐殖酸高效缓释肥（18-8-4）20～25 千克；或每亩施硫基长效缓释复混肥（23-12-10）15～20 千克；或每亩施腐殖酸包裹尿素 12～15 千克；或每亩施无害化处理过的腐熟人粪尿 500～1000 千克。

②门椒采收肥。一般在门椒采收时，对椒果实长到 2～3 厘米时结合浇水追施。根据当地肥源情况，可选择下列肥料组合之一：每亩施辣椒有机型专用肥 15～20 千克；或每亩施辣椒专用冲施肥 15～20 千克；或每亩施硫酸钾型腐殖酸高效缓释肥（18-8-4）15～20 千克；或每亩施硫基长效缓释复混肥（23-12-10）12～15 千克；或每亩施腐殖酸包裹尿素 10～12 千克、大粒钾肥 10～15 千克。

③对椒采收肥。一般在对椒采收时，第三层果实已经膨大，第四层果实坐住，进入果实采收高峰，此时结合浇水追施。根据当地肥源情况，可选择下列肥料组合之一：每亩施辣椒有机型专用肥 20～25 千克；或每亩施辣椒专用冲施肥 20～25 千克；或每亩施硫酸钾型腐殖酸高效缓释肥（18-8-4）20～25 千克；或每亩施硫基长效缓释复混肥（23-12-10）15～20 千克；或每亩施腐殖酸包裹尿素 10～15 千克、大粒钾肥 10～15 千克。

④结果后期肥。一般在辣椒采收的中后期，可根据辣椒长势结合浇水追肥 2～3 次。根据当地肥源情况，可选择下列肥料组合之一：每亩每次施辣椒专用冲施肥 10～15 千克；或每亩每次施腐殖酸包裹尿素 10～12 千克、大粒钾肥 10～12 千克；或每亩每次施无害化处理过的畜禽粪水 600～800 千克。

（3）根外追肥　辣椒移栽定植缓苗后，叶面喷施 500～600 倍含氨基酸水溶肥或 500～600 倍含腐殖酸水溶肥 2 次，间隔 15 天。结果初期，叶面喷施 500～600 倍含氨基酸水溶肥或 500～600 倍含腐殖酸水溶肥、1500 倍活力钾混合溶液 1 次。结果中后期，叶面喷施喷施 500～600 倍含氨基酸水溶肥或 500～600 倍含腐殖酸水溶肥、1500 倍活力钙、1500 倍活力钾混合溶液 2 次，间隔 20 天。

**2. 秋延迟设施栽培无公害辣椒施肥技术规程**

辣椒秋延迟设施栽培多采用塑料大棚或日光温室设施，一般

8～9月定植于塑料大棚或日光温室中，11月至12月收获。

（1）定植前基肥　结合整地，撒施或沟施基肥。根据当地肥源情况，每亩施生物有机肥300～400千克或无害化处理过的有机肥3000～4000千克基础上，再选择下列肥料之一配合施用：每亩施辣椒有机型专用肥40～50千克；或每亩施腐殖酸型过磷酸钙40～50千克、腐殖酸含促生菌生物复混肥（20-0-10）40～50千克；或每亩施腐殖酸高效缓释肥（18-8-4）40～50千克；或每亩施硫基长效缓释复混肥（23-12-10）35～40千克；或每亩施腐殖酸包裹尿素15～20千克、腐殖酸型过磷酸钙40～50千克、大粒钾肥20～25千克。

（2）根际追肥　一般在定植后20～30天、门椒采收时、对椒采收时追施。

① 一般在定植后20～30天结合浇水追施。根据当地肥源情况，可选择下列肥料组合之一：每亩施辣椒有机型专用肥10～15千克；或每亩施辣椒专用冲施肥10～15千克；或每亩施硫酸钾型腐殖酸高效缓释肥（18-8-4）10～15千克；或每亩施硫基长效缓释复混肥（23-12-10）8～12千克；或每亩施腐殖酸包裹尿素10～12千克、缓效二铵5～7千克、大粒钾肥5～7千克。

② 一般在门椒采收时，对椒果实长到2～3厘米时结合浇水追施。根据当地肥源情况，可选择下列肥料组合之一：每亩施辣椒有机型专用肥15～20千克；或每亩施辣椒专用冲施肥15～20千克；或每亩施硫酸钾型腐殖酸高效缓释肥（18-8-4）15～20千克；或每亩施硫基长效缓释复混肥（23-12-10）12～15千克；或每亩施腐殖酸包裹尿素12～15千克、缓效二铵5～7千克、大粒钾肥10～15千克。

③ 一般在对椒采收时，第三层果实已经膨大，第四层果实坐住，进入果实采收高峰，此时结合浇水追施。根据当地肥源情况，可选择下列肥料组合之一：每亩施辣椒有机型专用肥20～25千克；或每亩施辣椒专用冲施肥20～25千克；或每亩施硫酸钾型腐殖酸高效缓释肥（18-8-4）20～25千克；或每亩施硫基长效缓释复混肥（23-12-10）15～20千克；或每亩施腐殖酸包裹尿素10～15千克、缓效二铵5～7千克、大粒钾肥10～15千克。

（3）根外追肥　辣椒移栽定植缓苗后，叶面喷施 500～600 倍含氨基酸水溶肥或 500～600 倍含腐殖酸水溶肥 2 次，间隔 15 天。结果初期，叶面喷施 500～600 倍含氨基酸水溶肥或 500～600 倍含腐殖酸水溶肥、1500 倍活力钾混合溶液 1 次。结果中后期，叶面喷施喷施 500～600 倍含氨基酸水溶肥或 500～600 倍含腐殖酸水溶肥、1500 倍活力钙、1500 倍活力钾混合溶液 2 次，间隔 20 天。

### 3. 越冬设施栽培无公害辣椒施肥技术规程

辣椒越冬设施栽培多采用日光温室设施，一般 11～12 月定植于日光温室中，一年 2 月至 3 月收获。

（1）定植前基肥　结合整地，撒施或沟施基肥。根据当地肥源情况，每亩施生物有机肥 400～600 千克或无害化处理过的有机肥 4000～6000 千克基础上，再选择下列肥料之一配合施用：每亩施辣椒有机型专用肥 40～60 千克；或每亩施腐殖酸型过磷酸钙 40～60 千克、腐殖酸含促生菌生物复混肥（20-0-10）40～60 千克；或每亩施腐殖酸高效缓释肥（18-8-4）40～60 千克；或每亩施硫基长效缓释复混肥（23-12-10）35～50 千克；或每亩施腐殖酸包裹尿素 15～20 千克、腐殖酸型过磷酸钙 40～60 千克、大粒钾肥 25～30 千克。

（2）根际追肥　一般在门椒坐住并开始膨大时、门椒采收时、对椒采收时追施。

① 一般在门椒坐住并开始膨大时结合浇水追施。根据当地肥源情况，可选择下列肥料组合之一：每亩施辣椒有机型专用肥 15～20 千克；或每亩施辣椒专用冲施肥 15～20 千克；或每亩施硫酸钾型腐殖酸高效缓释肥（18-8-4）15～20 千克；或每亩施硫基长效缓释复混肥（23-12-10）12～15 千克；或每亩施腐殖酸包裹尿素 12～15 千克、缓效二铵 5～7 千克、大粒钾肥 10～15 千克。

② 一般在门椒采收时，对椒果实长到 2～3 厘米时结合浇水追施。根据当地肥源情况，可选择下列肥料组合之一：每亩施辣椒有机型专用肥 10～15 千克；或每亩施辣椒专用冲施肥 10～15 千克；或每亩施硫酸钾型腐殖酸高效缓释肥（18-8-4）10～15 千克；或每亩施硫基长效缓释复混肥（23-12-10）8～12 千克；或每亩施腐殖酸包裹尿素 10～12 千克、缓效二铵 5～7 千克、大粒钾肥 10～12

千克。

③ 一般在对椒采收时，第三层果实已经膨大，第四层果实坐住，进入果实采收高峰，以后每次结合浇水追肥1次。根据当地肥源情况，可选择下列肥料组合之一：每亩每次施辣椒有机型专用肥10～15千克；或每亩每次施辣椒专用冲施肥10～15千克；或每亩每次施硫酸钾型腐殖酸高效缓释肥（18-8-4）10～15千克；或每亩每次施硫基长效缓释复混肥（23-12-10）8～12千克；或每亩每次施腐殖酸包裹尿素10～12千克、缓效二铵5～7千克、大粒钾肥10～12千克。

（3）根外追肥　辣椒移栽定植缓苗后，叶面喷施500～600倍含氨基酸水溶肥或500～600倍含腐殖酸水溶肥2次，间隔15天。结果初期，叶面喷施500～600倍含氨基酸水溶肥或500～600倍含腐殖酸水溶肥、1500倍活力钾混合溶液1次。结果中后期，叶面喷施喷施500～600倍含氨基酸水溶肥或500～600倍含腐殖酸水溶肥、1500倍活力钙、1500倍活力钾混合溶液2次，间隔20天。

**4. 日光温室早春茬滴灌栽培无公害辣椒施肥技术规程**

辣椒日光温室早春茬栽培，一般4月初移栽定植，7月初采收结束。

（1）定植前基肥　结合整地，撒施或沟施基肥。根据当地肥源情况，每亩施生物有机肥400～500千克或无害化处理过的有机肥4000～5000千克基础上，再选择下列肥料之一配合施用：每亩施辣椒有机型专用肥50～60千克；或每亩施腐殖酸型过磷酸钙50～60千克、腐殖酸含促生菌生物复混肥（20-0-10）50～60千克；或每亩施腐殖酸高效缓释肥（18-8-4）50～60千克；或每亩施硫基长效缓释复混肥（23-12-10）40～50千克；或每亩施腐殖酸包裹尿素20～25千克、腐殖酸型过磷酸钙50～60千克、大粒钾肥20～30千克。

（2）滴灌追肥　这里以华北地区日光温室早春茬辣椒滴灌施肥为例。表5-19为在华北地区日光温室早春茬辣椒栽培经验基础上，总结得出的滴灌施肥方案，可供相应地区日光温室早春茬辣椒生产使用参考。

表 5-19　日光温室早春茬辣椒滴灌施肥方案

| 生育时期 | 灌水次数 | 每次灌水量/（米³/亩） | 每次灌溉加入的养分量/（千克/亩） | | | | 备注 |
|---|---|---|---|---|---|---|---|
| | | | N | P₂O₅ | K₂O | 合计 | |
| 开花期 | 2 | 9 | 1.8 | 1.8 | 1.8 | 5.4 | 施肥1次 |
| 坐果期 | 3 | 14 | 3.0 | 1.5 | 3.0 | 7.5 | 施肥2次 |
| 采收期 | 6 | 9 | 1.4 | 0.7 | 2.0 | 4.1 | 施肥5次 |

注：1. 该方案每亩栽植 3000～4000 株，目标产量为 4000～5000 千克/亩。

2. 定植到开花期灌水 2 次，定植 1 周后灌水 1 次；10 天左右后再灌第 2 次进行施肥。

3. 开花后至坐果期灌水 3 次，应适当控制水肥供应，以利于开花坐果。

4. 进入采摘期，植株兑水肥的需求量加大，一般前期每 7 天滴灌施肥 1 次。

（3）根外追肥　辣椒移栽定植缓苗后，叶面喷施 500～600 倍含氨基酸水溶肥或 500～600 倍含腐殖酸水溶肥 2 次，间隔 15 天。结果初期，叶面喷施 500～600 倍含氨基酸水溶肥或 500～600 倍含腐殖酸水溶肥、1500 倍活力钾混合溶液 1 次。结果中后期，叶面喷施喷施 500～600 倍含氨基酸水溶肥或 500～600 倍含腐殖酸水溶肥、1500 倍活力钙、1500 倍活力钾混合溶液 2 次，间隔 20 天。

## 四、无公害设施甜椒施肥技术规程

甜椒为茄科辣椒属中能结甜味浆果的一个亚种，又称青椒、灯笼椒、柿子椒等。甜椒的设施栽培季节和利用的设施基本与辣椒相同，这里以越冬日光温室栽培为例说明。

本规程以设施甜椒高产、优质、无公害、环境友好为目标，选用有机无机复合肥料、长效缓释肥料、有机活性水溶肥料进行施用，各地在具体应用时，可根据当地栽培季节、栽培方式及测土配方推荐用量进行调整。

### 1. 越冬日光温室栽培无公害甜椒施肥技术规程

甜椒越冬设施栽培多采用日光温室设施，一般 11～12 月定植于日光温室中，翌年 2 月至 3 月收获。

（1）定植前基肥　结合整地，撒施或沟施基肥。根据当地肥源情况，每亩施生物有机肥 500～800 千克或无害化处理过的有机肥 5000～8000 千克基础上，再选择下列肥料之一配合施用：每亩施甜椒有机型专用肥 50～60 千克；或每亩施腐殖酸型过磷酸钙 50～60 千克、腐殖酸含促生菌生物复混肥（20-0-10）50～60 千克；或每亩施腐殖酸高效缓释肥（18-8-4）50～60 千克；或每亩施硫基长效缓释复混肥（23-12-10）40～50 千克；或每亩施腐殖酸包裹尿素 15～20 千克、腐殖酸型过磷酸钙 50～60 千克、大粒钾肥 25～30 千克。

（2）根际追肥　主要追施门椒肥、对椒肥、盛果期肥等。

① 门椒肥。一般在门椒坐住，果实直径达到 2～3 厘米时结合浇水追施。根据当地肥源情况，可选择下列肥料组合之一：每亩施辣椒有机型专用肥 10～15 千克；或每亩施辣椒专用冲施肥 10～15 千克；或每亩施硫酸钾型腐殖酸高效缓释肥（18-8-4）10～15 千克；或每亩施硫基长效缓释复混肥（23-12-10）8～10 千克；或每亩施腐殖酸包裹尿素 8～10 千克、大粒钾肥 5～10 千克；或每亩施无害化处理过的腐熟人粪尿 1000～1500 千克。

② 对椒肥。一般在门椒采收时，对椒果实长到 2～3 厘米时结合浇水追施。根据当地肥源情况，可选择下列肥料组合之一：每亩施辣椒有机型专用肥 12～15 千克；或每亩施辣椒专用冲施肥 12～15 千克；或每亩施硫酸钾型腐殖酸高效缓释肥（18-8-4）12～15 千克；或每亩施硫基长效缓释复混肥（23-12-10）10～12 千克；或每亩施腐殖酸包裹尿素 10～12 千克、大粒钾肥 10～12 千克。

③ 盛果期肥。一般在对椒采收时，第三层果实已经膨大，第四层果实坐住，进入果实采收高峰，以后每次结合浇水追肥 1 次。根据当地肥源情况，可选择下列肥料组合之一：每亩每次施辣椒有机型专用肥 10～15 千克；或每亩每次施辣椒专用冲施肥 10～15 千克；或每亩每次施硫酸钾型腐殖酸高效缓释肥（18-8-4）10～15 千克；或每亩每次施硫基长效缓释复混肥（23-12-10）8～12 千克；或每亩每次施腐殖酸包裹尿素 10～12 千克、大粒钾肥 10～12 千克。

（3）根外追肥　甜椒移栽定植缓苗开花期后，叶面喷施 500～600 倍含氨基酸水溶肥或 500～600 倍含腐殖酸水溶肥、1500 倍活力硼混合溶液 1 次。对椒膨大期，叶面喷施 1500 倍活力钙、1500 倍活力钾混合溶液 2 次，间隔 20 天。结果中后期，叶面喷施喷施 500～600 倍含氨基酸水溶肥或 500～600 倍含腐殖酸水溶肥、1500 倍活力钙、1500 倍活力钾混合溶液 2 次，间隔 20 天。

**2. 日光温室早春茬栽培无公害甜椒施肥技术规程**

甜椒日光温室早春茬栽培，一般 4 月初移栽定植，7 月初采收结束。

（1）定植前基肥　结合整地，撒施或沟施基肥。根据当地肥源情况，每亩施生物有机肥 400～500 千克或无害化处理过的有机肥 4000～5000 千克基础上，再选择下列肥料之一配合施用：每亩施甜椒有机型专用肥 50～60 千克；或每亩施腐殖酸型过磷酸钙 50～60 千克、腐殖酸含促生菌生物复混肥（20-0-10）50～60 千克；或每亩施腐殖酸高效缓释肥（18-8-4）50～60 千克；或每亩施硫基长效缓释复混肥（23-12-10）40～50 千克；或每亩施腐殖酸包裹尿素 20～25 千克、腐殖酸型过磷酸钙 50～60 千克、大粒钾肥 20～30 千克。

（2）滴灌追肥　根据滴灌系统要用水溶肥特点，建议营养生长早期使用 15-30-15 水溶肥配方，营养生长中后期使用 18-3-31-2（MgO）配方，直到收获完毕。早期每亩用 15-30-15 水溶肥配方 20 千克，中后期用 18-3-31-2（MgO）配方 76 千克。具体分配见表 5-20。

**表 5-20　日光温室早春茬甜椒滴灌施肥分配方案**

| 定植后天数 | 15-30-15/（千克/亩） | 18-3-31-2(MgO)/（千克/亩） |
|---|---|---|
| 定植后 | 3 | |
| 定植后 6 天 | 3 | |
| 定植后 11 天 | 3 | |
| 定植后 16 天 | 3 | |
| 定植后 21 天 | 4 | |
| 定植后 26 天 | 4 | |
| 定植后 33 天 | | 5 |
| 定植后 40 天 | | 5 |
| 定植后 48 天 | | 6 |
| 定植后 56 天 | | 6 |
| 定植后 64 天 | | 8 |
| 定植后 72 天 | | 9 |

续表

| 定植后天数 | 15-30-15/(千克/亩) | 18-3-31-2(MgO)/(千克/亩) |
|---|---|---|
| 定植后 80 天 | | 9 |
| 定植后 88 天 | | 10 |
| 定植后 96 天 | | 10 |
| 定植后 104 天 | | 8 |
| 总量 | 20 | 76 |

（3）根外追肥 甜椒移栽定植缓苗开花期后，叶面喷施 500～600 倍含氨基酸水溶肥或 500～600 倍含腐殖酸水溶肥、1500 倍活力硼混合溶液 1 次。对椒膨大期，叶面喷施 1500 倍活力钙、1500 倍活力钾混合溶液 2 次，间隔 20 天。结果中后期，叶面喷施喷施 500～600 倍含氨基酸水溶肥或 500～600 倍含腐殖酸水溶肥、1500 倍活力钙、1500 倍活力钾混合溶液 2 次，间隔 20 天。

## 五、无公害设施彩椒施肥技术规程

彩椒是甜椒中的一种，因其色彩鲜艳，多色多彩而得其名。在生物上属于杂交植物，原来的分布区在墨西哥到哥伦比亚，世界各国普遍栽培。其设施栽培季节和利用的设施基本与甜椒相同，这里以越冬日光温室栽培为例说明。彩椒越冬设施栽培多采用日光温室设施，一般 11～12 月定植于日光温室中，翌年 2 月至 3 月收获。

本规程以设施彩椒高产、优质、无公害、环境友好为目标，选用有机无机复合肥料、长效缓释肥料、有机活性水溶肥料进行施用，各地在具体应用时，可根据当地栽培季节、栽培方式及测土配方推荐用量进行调整。

### 1. 定植前基肥

结合整地，撒施或沟施基肥。根据当地肥源情况，每亩施生物有机肥 400～600 千克或无害化处理过的有机肥 4000～6000 千克基础上，再选择下列肥料之一配合施用：每亩施彩椒有机型专用肥 80～100 千克；或每亩施腐殖酸型过磷酸钙 60～80 千克、腐殖酸含促生菌生物复混肥（20-0-10）80～100 千克；或每亩施腐殖酸高效缓释肥（18-8-4）80～100 千克；或每亩施硫基长效缓释复混肥

（23-12-10）60～80 千克；或每亩施腐殖酸包裹尿素 20～30 千克、腐殖酸型过磷酸钙 50～60 千克、大粒钾肥 30～40 千克。

**2. 根际追肥**

① 一般在门椒坐住，果实直径达到 2～3 厘米时结合浇水追施。根据当地肥源情况，可选择下列肥料组合之一：每亩施彩椒有机型专用肥 15～20 千克；或每亩施无害化处理过的腐熟人粪尿 1500～2000 千克；或每亩施硫酸钾型腐殖酸高效缓释肥（18-8-4）15～20 千克；或每亩施硫基长效缓释复混肥（23-12-10）12～15 千克；或每亩施腐殖酸包裹尿素 10～12 千克、大粒钾肥 12～15 千克。

② 一般在门椒采收时，对椒和四斗椒继续膨大时结合浇水追施。根据当地肥源情况，可选择下列肥料组合之一：每亩施彩椒有机型专用肥 20～25 千克；或每亩施腐殖酸包裹尿素 12～15 千克、大粒钾肥 12～15 千克；或每亩施硫酸钾型腐殖酸高效缓释肥（18-8-4）20～25 千克；或每亩施硫基长效缓释复混肥（23-12-10）18～20 千克。

③ 一般在第二次追肥 15 天后结合浇水追肥一次。根据当地肥源情况，可选择下列肥料组合之一：每亩施彩椒有机型专用肥 20～25 千克；或每亩施腐殖酸包裹尿素 12～15 千克、大粒钾肥 12～15 千克；或每亩施硫酸钾型腐殖酸高效缓释肥（18-8-4）20～25 千克；或每亩施硫基长效缓释复混肥（23-12-10）18～20 千克。

④ 一般在第三次追肥 15～20 天后结合浇水追肥 1 次。根据当地肥源情况，可选择下列肥料组合之一：每亩施彩椒有机型专用肥 15～20 千克；或每亩施无害化处理过的腐熟人粪尿 1500～2000 千克；或每亩施硫酸钾型腐殖酸高效缓释肥（18-8-4）15～20 千克；或每亩施硫基长效缓释复混肥（23-12-10）12～15 千克；或每亩施腐殖酸包裹尿素 10～12 千克、大粒钾肥 12～15 千克。

**3. 根外追肥**

彩椒移栽定植缓苗开花期后，叶面喷施 500～600 倍含氨基酸水溶肥或 500～600 倍含腐殖酸水溶肥、1500 倍活力硼混合溶液 1 次。门椒膨大期，叶面喷施 500～600 倍含氨基酸水溶肥或 500～600 倍含腐殖酸水溶肥、1500 倍活力钾混合溶液 1 次。结果中后期，叶面喷施喷施 500～600 倍含氨基酸水溶肥或 500～600 倍含腐殖酸水溶肥、1500 倍活力钙、1500 倍活力钾混合溶液 2 次，间隔 20 天。

# 第六章

# 设施无公害瓜类蔬菜测土配方施肥技术

瓜类蔬菜是指葫芦科植物中以果实供食用的栽培种群。瓜类蔬菜种类较多，主要有黄瓜、西葫芦、南瓜、冬瓜、苦瓜、丝瓜、青瓜、瓠瓜、佛手瓜等。设施栽培的瓜类蔬菜主要有黄瓜、西葫芦、苦瓜、丝瓜等。

## 第一节　设施无公害黄瓜测土配方施肥技术

黄瓜的主要设施栽培方式：一是春提早栽培，主要采用塑料大棚、日光温室等设施；二是秋延迟栽培，主要采用塑料大棚等设施；三是越冬长季栽培，主要采用日光温室或连栋温室等设施。

## 一、设施黄瓜营养需求特点

### 1. 养分需求

黄瓜的营养生长与生殖生长并进时间长，产量高，需肥量大，喜肥但不耐肥，是典型的果蔬型瓜类作物。每 1000 千克商品瓜约需氮 2.8～3.2 千克，五氧化二磷 1.2～1.8 千克，氧化钾 3.3～4.4 千克，氧化钙 3.1～3.2 千克，氧化镁 0.6～0.8 千克。氮、磷、钾比例为 1∶0.4∶1.6。黄瓜全生育期需钾最多，其次是氮，再次为磷。

**2. 需肥特点**

黄瓜初花以前，植株生长缓慢，对氮的吸收只占全生育期的6.5%，到结瓜时达到吸收高峰；盛瓜期吸收氮、磷、钾分别占吸收总量的50%、47%和48%左右；结瓜后期生长速度减慢，养分吸收量减少，其中以氮、钾较为明显；采收盛期至拉秧期是钙的吸收高峰期。

黄瓜栽培方式的不同，养分的吸收量与吸收过程也不相同，生育期长的早热促成栽培黄瓜，要比生育期短的抑制栽培的吸收量高。秋季栽培的黄瓜，定植1个月后就可吸收全量的50%。所以对秋延后的黄瓜来说，施足基肥尤为重要。早春黄瓜采用塑料薄膜地面覆盖后，土壤中有机质分解加速，前期土壤速效养分增加，土壤理化性状得到改善，促进了结瓜盛期以前干物质、氮、钾的累积吸收以及结果盛期磷至少的吸收。

## 二、设施黄瓜测土施肥配方及肥料组合

**1. 设施黄瓜测土施肥配方**

（1）根据土壤肥力推荐  根据测定土壤硝态氮、速效磷、速效钾等有效养分含量确定设施黄瓜地土壤肥力分级（表6-1），然后根据不同肥力水平推荐施肥量见表6-2。

表6-1  设施黄瓜地土壤肥力分级

| 肥力水平 | 硝态氮/(毫克/千克) | 速效磷/(毫克/千克) | 速效钾/(毫克/千克) |
|---|---|---|---|
| 低 | <100 | <60 | <100 |
| 中 | 100~150 | 60~90 | 100~150 |
| 高 | >150 | >100 | >150 |

表6-2  不同肥力设施黄瓜推荐施肥量

| 肥力等级 | 施肥量/(千克/亩) | | |
|---|---|---|---|
| | 氮 | 五氧化二磷 | 氧化钾 |
| 低肥力 | 17~21 | 9~11 | 12~14 |
| 中肥力 | 15~19 | 7~9 | 10~12 |
| 高肥力 | 13~17 | 6~8 | 8~10 |

（2）依据目标产量推荐　农业部科学施肥指导意见（2015年），设施黄瓜的种植季节分为秋冬茬、越冬长茬和冬春茬，主要考虑产量水平提出以下施肥建议。

① 育苗肥增施腐熟有机肥，补施磷肥，每 10 平方米苗床施用腐熟有机肥 60～100 千克，钙镁磷肥 0.5～1 千克，硫酸钾 0.5 千克，根据苗情喷施 0.05％～0.1％尿素溶液 1～2 次。

② 基肥施用优质有机肥 4000 千克/亩。考虑到设施黄瓜目标产量和当地施肥现状，设施黄瓜的氮、磷、钾施肥量可参考表 6-3。

**表 6-3　依据目标产量设施黄瓜推荐施肥量**

| 目标产量 /（千克/亩） | 施肥量/（千克/亩） | | |
| --- | --- | --- | --- |
| | 氮 | 五氧化二磷 | 氧化钾 |
| 4000～7000 | 20～28 | 5～8 | 25～30 |
| 7000～11000 | 28～35 | 8～13 | 30～40 |
| 11000～14000 | 35～40 | 13～16 | 40～50 |
| 14000～16000 | 40～50 | 15～20 | 50～60 |

③ 如果采用滴灌施肥技术，可减少 20％的化肥施用量；如果大水漫灌，每次施肥则需要增加 20％的肥料数量。设施黄瓜全部用有机肥和磷肥作基肥，初花期以控为主，全部的氮肥和钾肥按生育期养分需求定期分 6～8 次追施；每次追施氮肥数量不超过 5 千克/亩；秋冬茬和冬春茬的氮钾肥分 6～7 次追肥，越冬长茬的氮钾肥分 8～11 次追肥。如果采用滴灌施肥技术，可采取少量多次的原则，灌溉施肥次数在 15 次左右。

（3）依据测土与目标产量结合推荐　陈清（2009 年）针对设施黄瓜主产区施肥现状，提出在保证有机肥施用的基础上，氮肥推荐采用总量控制分期调控技术，磷钾肥推荐采取恒量监控技术。

① 有机肥推荐。一般根据黄瓜目标产量水平及有机肥种类来确定有机肥的施用数量（表 6-4）。

**表 6-4 设施黄瓜有机肥推荐用量/（千克/亩）**

| 种类 | 目标产量/（千克/亩） | | | | | |
|---|---|---|---|---|---|---|
| | <2660 | 2660~5330 | 5330~8000 | 8000~10660 | 10660~13330 | 13330~15000 |
| 畜禽粪等（鲜基） | 1200~1330 | 1330~1460 | 1460~1660 | 1660~1860 | 1860~2000 | 2000~2130 |
| 畜禽粪等（干基） | 660~800 | 800~1200 | 1200~1330 | 1330~1460 | 1460~1660 | 1660~1860 |

② 氮肥推荐。设施黄瓜氮肥推荐根据种植前土壤硝态氮含量结合目标产含量进行确定（表 6-5）。在底肥施足有机肥基础上（>20 千克氮/亩）可不基施氮肥，按生育期进行追施，每次追肥量小于 4~5 千克/亩；结瓜期每 7~10 天结合灌水追肥 1 次，不同土壤质地和种植茬口可根据土壤质地和气候条件适当调整（表 6-6）。

**表 6-5 不同目标产量设施黄瓜氮肥推荐用量/（千克/亩）**

| 土壤硝态氮/（毫克/千克） | | 目标产量/（千克/亩） | | | | | |
|---|---|---|---|---|---|---|---|
| | | <2660 | 2660~5330 | 5330~8000 | 8000~10660 | 10660~13330 | >13330 |
| <60 | 极低 | 10~13.3 | 13.3~16.7 | 23.3~26.7 | 30~33.3 | 36.7~40 | 46.7~50 |
| 60~100 | 低 | 6.7~10 | 10~13.3 | 20~23.3 | 23.3~26.7 | 33.3~36.7 | 43.3~46.7 |
| 100~140 | 中 | 3.3~6.7 | 6.7~10 | 16.7~20 | 20~23.3 | 30~33.3 | 40~43.3 |
| 140~180 | 高 | 0~3.3 | 3.3~6.7 | 13.3~16.7 | 16.7~20 | 23.3~26.7 | 36.7~40 |
| >180 | 极高 | 0 | 3.3 | 10 | 13.3 | 20 | 30 |

**表 6-6 不同土壤质地黄瓜生育期氮肥追肥推荐次数**

| 土壤质地 | 黄瓜生育期 | | | |
|---|---|---|---|---|
| | 1~2 个月 | 2~3 个月 | 3~6 个月 | 10 个月 |
| 黏土、黏壤土 | 1~2 次 | 1~2 次 | 2~4 次 | 6~8 次 |
| 壤土 | 1~2 次 | 2~4 次 | 6~10 次 | 10~12 次 |
| 沙壤土 | 2 次 | 3~5 次 | 8~12 次 | 12~14 次 |
| 沙土 | 2~42 次 | 8~12 次 | 12~20 次 | 14~16 次 |

③ 磷肥推荐。设施黄瓜磷肥推荐主要考虑土壤磷素供应水平及目标产量（表 6-7）。在基施有机肥的基础上，按磷肥推荐用量底施，或按总量的 2/3 底施，其余在气温较低时期进行追肥。当有机肥施用量＞2000 千克/亩时，且有效磷处于高和极高水平时，基肥磷肥用量可减少一半，如果条施其推荐量可相应减少 1/5～1/4。

**表 6-7　设施黄瓜磷肥（$P_2O_5$）推荐用量/（千克/亩）**

| 土壤有效磷 /（毫克/千克） | | 目标产量/（千克/亩） | | | | | |
|---|---|---|---|---|---|---|---|
| | | ＜2660 | 2660～5330 | 5330～8000 | 8000～10660 | 10660～13330 | ＞13330 |
| ＜30 | 极低 | 8～10 | 8～10.7 | 13.3～16 | 16.7～21.3 | — | — |
| 30～60 | 低 | 6～8 | 6.7～8 | 10～13.3 | 13.3～16.7 | — | — |
| 60～100 | 中 | 4～6 | 4～6.7 | 6.7～10 | 10～16.7 | 13.3～16.7 | 16.7～20 |
| 100～130 | 高 | 2～4 | 2.7～4 | 4～6 | 6.7～10 | 10～16.7 | 13.3～16.7 |
| ＞130 | 极高 | — | — | — | 4～6.7 | 6.7～10 | 10～16.7 |

④ 钾肥推荐。设施黄瓜钾肥推荐主要考虑土壤钾素供应水平及目标产量（表 6-8）。钾肥推荐原则：20%～30%作基肥，其余在初花期和结瓜期分次追施。当有机肥施用量＞2000 千克/亩时，或土壤交换性钾含量高时则不再施用钾肥。如有机肥施用量＜2000 千克/亩时，或土壤交换性钾含量低时，则按 20%～30%作基肥，其余在养分需求关键期分次追施。

**表 6-8　设施黄瓜钾肥（$K_2O$）推荐用量/（千克/亩）**

| 土壤交换性钾 /（毫克/千克） | | 目标产量/（千克/亩） | | | | | |
|---|---|---|---|---|---|---|---|
| | | ＜2660 | 2660～5330 | 5330～8000 | 8000～10660 | 10660～13330 | ＞13330 |
| ＜120 | 极低 | 8～14 | 13.3～18 | 29～44 | 36.7～46.7 | — | — |
| 120～160 | 低 | 3～8 | 8～13.3 | 20～29 | 34～36.7 | 43.3～53.3 | — |
| 160～200 | 中 | | 3～8 | 14～20 | 26～30 | 34～43.3 | 40～46.7 |
| 200～240 | 高 | | | 8～14 | 17.3～23.3 | 32～34 | 28～40 |
| ＞240 | 极高 | | | 3.3 | 5.3 | 6.7 | 10 |

⑤ 中微量元素。设施黄瓜中微量元素采用因缺补缺的方式，对于设施黄瓜而言特别是钙、镁、硼的施用（表6-9）。

表6-9　设施黄瓜中微量元素丰缺指标及对应用肥量

| 元素 | 提取方法 | 临界指标/(毫克/千克) | 施用量 |
|---|---|---|---|
| 交换性钙 | 醋酸铵 | 800 | 石灰 12～15 千克/亩 |
| 交换性镁 | 醋酸铵 | 120 | 碱性土壤施 6.7～15 千克/亩硫酸镁；酸性土壤施 7～11 千克/亩硫酸镁 |
| 硼 | 沸水 | 0.5 | 基施硼砂 0.5～0.75 千克/亩 |

**2. 无公害设施黄瓜生产套餐肥料组合**

（1）基肥　可选用黄瓜有机型专用肥、有机型复混肥料及单质肥料等。

① 黄瓜有机型专用肥。根据测土施肥配方，以氮肥、磷肥、钾肥为基础，添加腐殖酸、有机型螯合微量元素、增效剂、调理剂等，生产黄瓜有机型专用肥。根据当地施肥现状，综合各地黄瓜配方肥配制资料，现有以下 3 种配方。

配方1：建议氮、磷、钾总养分量为 30%，氮磷钾比例分别为 1：0.98：1.97。基础肥料选用及用量（1 吨产品）：硫酸铵 100 千克、尿素 90 千克、磷酸二铵 68 千克、过磷酸钙 100 千克、钙镁磷肥 10 千克、氯化钾 234 千克、硼砂 20 千克、硫酸锌 20 千克、硫酸铜 20 千克、硝基腐殖酸 130 千克、生物制剂 26 千克、增效剂 12 千克、调理剂 30 千克。

配方2：建议氮、磷、钾总养分量为 30%，氮磷钾比例分别为 1：0.62：1.38。基础肥料选用及用量（1 吨产品）：硫酸铵 100 千克、尿素 140 千克、磷酸二铵 82 千克、过磷酸钙 150 千克、钙镁磷肥 20 千克、氯化钾 230 千克、硝基腐殖酸 100 千克、氨基酸螯合铁铜硼 20 千克、氨基酸螯合中量元素 40 千克、氨基酸 30 千克、生物制剂 25 千克、增效剂 12 千克、调理剂 51 千克。

配方3：建议氮、磷、钾总养分量为 30%，氮磷钾比例分别为 1：0.56：1.12。基础肥料选用及用量（1 吨产品）：氯化铵 50 千克、硫酸铵 100 千克、尿素 130 千克、磷酸二铵 80 千克、过磷酸

钙 160 千克、钙镁磷肥 25 千克、氯化钾 210 千克、硝基腐殖酸 100
千克、氨基酸 30 千克、氨基酸螯合锌铜硼 25 千克、麦饭石粉 20
千克、生物制剂 20 千克、增效剂 12 千克、调理剂 38 千克。

②有机型复混肥料及单质肥料。也可选用腐殖酸含促生菌生
物复混肥（20-0-10）、腐殖酸高效缓释肥（15-5-20）、硫基长效缓
释复混肥（15-20-5）、腐殖酸型过磷酸钙、生物有机肥等。

（2）根际追肥　可选择黄瓜专用冲施肥、有机型复混肥料、缓
效型化肥、水溶滴灌肥等。

①黄瓜专用冲施肥。基础肥料选用及用量（1 吨产品）：硫酸
铵 200 千克、尿素 200 千克、氯化钾 150 千克、过磷酸钙 100 千
克、黄腐酸钾 100 千克、硼砂 20 千克、硫酸锌 20 千克、硫酸铜 20
千克、硫酸亚铁 20 千克、硫酸镁 100 千克、生物制剂 30 千克、增
效剂 10 千克、调理剂 30 千克。

②有机型复混肥料。主要有腐殖酸含促生菌生物复混肥（20-
0-10）、腐殖酸高效缓释肥（15-5-20）、硫基长效缓释复混肥（22-
16-7）、腐殖酸长效缓释肥（10-15-15）等。

③缓效型化肥。主要有腐殖酸包裹尿素、增效尿素、腐殖酸
型过磷酸钙、缓释磷酸二铵等。

④水溶滴灌肥。主要有腐殖酸水溶灌溉肥（20-0-15）、黄瓜滴
灌专用水溶肥（15-15-20）、黄瓜灌溉专用水溶肥（20-20-20）等。

（3）根外追肥　可根据黄瓜生育情况，酌情选用含腐殖酸水溶
肥、含氨基酸水溶肥、含海藻酸水溶肥、氨基酸螯合微量元素水溶
肥、大量元素水溶肥、活力钙叶面肥、活力硼叶面肥等。

## 三、设施无公害黄瓜施肥技术规程

本规程以设施黄瓜高产、优质、无公害、环境友好为目标，选
用有机无机复合肥料、长效缓释肥料、有机活性水溶肥料进行施
用，各地在具体应用时，可根据当地栽培季节、栽培方式及测土配
方推荐用量进行调整。

### 1. 春提早设施栽培无公害黄瓜施肥技术规程

黄瓜春提早设施栽培一般进行多层覆盖栽培，2 月下旬至 3 月
下旬移栽定植，4 月上旬至 6 月下旬采收。

（1）定植前基肥　结合越冬进行秋耕冻垡，撒施或沟施基肥。根据当地肥源情况，每亩施生物有机肥 400～600 千克或无害化处理过的有机肥 4000～6000 千克基础上，再选择下列肥料之一配合施用：每亩施黄瓜有机型专用肥 50～60 千克；或每亩施腐殖酸型过磷酸钙 40～50 千克、腐殖酸含促生菌生物复混肥（20-0-10）50～60 千克；或每亩施腐殖酸型过磷酸钙 10～20 千克、腐殖酸高效缓释肥（15-5-20）40～50 千克；或每亩施硫基长效缓释复混肥（15-20-5）40～50 千克、大粒钾肥 10～15 千克；或每亩施腐殖酸包裹尿素 20～30 千克、腐殖酸型过磷酸钙 40～50 千克、大粒钾肥 20～25 千克。

（2）根际追肥　主要在定植活棵后、结瓜期进行追施。

① 缓苗肥。定植活棵后，保持土壤湿润，幼苗 4～5 片叶时，结合浇水冲施 1 次。根据当地肥源情况，可选择下列肥料组合之一：每亩施黄瓜专用冲施肥 8～10 千克；或每亩施腐殖酸包裹尿素 5～7 千克、缓效二铵 5～7 千克、大粒钾肥 5～7 千克；或每亩施腐殖酸包裹尿素 5～7 千克、磷酸二氢钾 5～7 千克。

② 结瓜初期追肥。一般在黄瓜结瓜后结合浇水进行追肥。根据当地肥源情况，可选择下列肥料组合之一：每亩施黄瓜有机型专用肥 10～15 千克；或每亩施黄瓜专用冲施肥 10～15 千克；或每亩施腐殖酸高效缓释肥（15-5-20）10～12 千克；或每亩施硫基长效缓释复混肥（22-16-7）10～12 千克；或每亩施腐殖酸长效缓释肥（10-15-15）8～10 千克；或每亩施腐殖酸包裹尿素 10～12 千克、缓效二铵 5～7 千克、大粒钾肥 8～10 千克。

③ 结瓜盛期追肥。一般在第二批瓜采收后进行，以后每采收 2～3 次再追肥 1 次，共追 2～3 次。可根据当地肥源情况，可选择下列肥料组合之一：每亩施黄瓜有机型专用肥 10～12 千克；或每亩施黄瓜专用冲施肥 10～12 千克；或每亩施腐殖酸高效缓释肥（15-5-20）8～10 千克；或每亩施硫基长效缓释复混肥（22-16-7）8～10 千克；或每亩施腐殖酸长效缓释肥（10-15-15）7～9 千克；或每亩施腐殖酸包裹尿素 8～10 千克、缓效二铵 5～7 千克、大粒钾肥 8～10 千克。

（3）根外追肥　黄瓜移栽定植后，叶面喷施 500～600 倍含氨基酸水溶肥或 500～600 倍含腐殖酸水溶肥、1500 倍活力硼混合溶液 1 次。进入结瓜期，叶面喷施 1500 倍活力钾、1500 倍活力钙混合溶液 2 次，间隔 15 天。进入结瓜盛期，每隔 20～30 天，叶面喷施 500～600 倍含氨基酸水溶肥或 500～600 倍含腐殖酸水溶肥、1500 倍活力钾混合溶液 1 次。

**2. 秋延迟设施栽培无公害黄瓜施肥技术规程**

黄瓜秋延迟设施栽培利用遮阳网前期降温，后期增温保温栽培，多利用日光温室或塑料大棚。一般 6 月至 8 月上旬播种，8 月至 11 月中旬采收。

（1）定植前基肥　结合越冬进行秋耕冻垡，撒施或沟施基肥。根据当地肥源情况，每亩施生物有机肥 300～500 千克或无害化处理过的有机肥 3000～5000 千克基础上，再选择下列肥料之一配合施用：每亩施黄瓜有机型专用肥 50～60 千克；或每亩施腐殖酸型过磷酸钙 40～50 千克、腐殖酸含促生菌生物复混肥（20-0-10）50～60 千克；或每亩施腐殖酸型过磷酸钙 10～20 千克、腐殖酸高效缓释肥（15-5-20）40～50 千克；或每亩施硫基长效缓释复混肥（15-20-5）40～50 千克、大粒钾肥 10～15 千克；或每亩施腐殖酸包裹尿素 20～30 千克、腐殖酸型过磷酸钙 40～50 千克、大粒钾肥 20～25 千克。

（2）根际追肥　主要在定植活棵后、结瓜期进行追施。

① 缓苗肥。定植活棵后，保持土壤湿润，幼苗 4～5 片叶时，结合浇水冲施 1 次。根据当地肥源情况，可选择下列肥料组合之一：每亩施黄瓜专用冲施肥 8～10 千克；或每亩施腐殖酸包裹尿素 5～7 千克、缓效二铵 5～7 千克、大粒钾肥 5～7 千克；或每亩施腐殖酸包裹尿素 5～7 千克、磷酸二氢钾 5～7 千克。

② 结瓜初期追肥。一般在黄瓜结瓜后结合浇水进行追肥。根据当地肥源情况，可选择下列肥料组合之一：每亩施黄瓜有机型专用肥 10～12 千克；或每亩施黄瓜专用冲施肥 10～12 千克；或每亩施腐殖酸高效缓释肥（15-5-20）8～10 千克；或每亩施硫基长效缓释复混肥（22-16-7）8～10 千克；或每亩施腐殖酸长效缓释肥（10-15-15）7～9 千克；或每亩施腐殖酸包裹尿素 6～8 千克、缓效二铵 5～7 千克、大粒钾肥 10～15 千克。

③ 结瓜盛期追肥。一般在第二批瓜采收后进行，以后每采收 2～

3 次再追肥 1 次，共追 3～5 次。可根据当地肥源情况，可选择下列肥料组合之一：每亩施黄瓜有机型专用肥 8～10 千克；或每亩施黄瓜专用冲施肥 8～10 千克；或每亩施腐殖酸高效缓释肥（15-5-20）7～9 千克；或每亩施硫基长效缓释复混肥（22-16-7）7～9 千克；或每亩施腐殖酸长效缓释肥（10-15-15）7～8 千克；或每亩施腐殖酸包裹尿素 6～8 千克、缓效二铵 5～7 千克、大粒钾肥 8～10 千克。

（3）根外追肥　黄瓜移栽定植后，叶面喷施 500～600 倍含氨基酸水溶肥或 500～600 倍含腐殖酸水溶肥、1500 倍活力硼混合溶液 1 次。进入结瓜期，叶面喷施 1500 倍活力钾、1500 倍活力钙混合溶液 2 次，间隔 15 天。进入结瓜盛期，每隔 20～30 天，叶面喷施 500～600 倍含氨基酸水溶肥或 500～600 倍含腐殖酸水溶肥、1500 倍活力钾混合溶液 1 次。

**3. 越冬长季设施栽培无公害黄瓜施肥技术规程**

黄瓜越冬长季设施栽培利用日光温室或连栋温室。一般 9 月下旬播种，11 月中旬至翌年 6 月中旬采收。

（1）定植前基肥　结合越冬进行秋耕冻垡，撒施或沟施基肥。根据当地肥源情况，每亩施生物有机肥 500～700 千克或无害化处理过的有机肥 5000～7000 千克基础上，再选择下列肥料之一配合施用：每亩施黄瓜有机型专用肥 50～70 千克；或每亩施腐殖酸型过磷酸钙 50～60 千克、腐殖酸含促生菌生物复混肥（20-0-10）50～70 千克；或每亩施腐殖酸型过磷酸钙 20～25 千克、腐殖酸高效缓释肥（15-5-20）50～60 千克；或每亩施硫基长效缓释复混肥（15-20-5）50～60 千克、大粒钾肥 10～15 千克；或每亩施腐殖酸包裹尿素 20～30 千克、腐殖酸型过磷酸钙 40～50 千克、大粒钾肥 20～30 千克。

（2）根际追肥　主要在定植活棵后、结瓜期进行追施。

① 缓苗肥。定植活棵后，保持土壤湿润，幼苗 4～5 片叶时，结合浇水冲施 1 次。根据当地肥源情况，可选择下列肥料组合之一：每亩施黄瓜专用冲施肥 10～12 千克；或每亩施腐殖酸包裹尿素 6～8 千克、缓效二铵 5～7 千克、大粒钾肥 6～8 千克；或每亩施腐殖酸包裹尿素 6～8 千克、磷酸二氢钾 5～7 千克。

② 结瓜初期追肥。一般在黄瓜结瓜后结合浇水进行追肥。根

据当地肥源情况，可选择下列肥料组合之一：每亩施黄瓜有机型专用肥 12～15 千克；或每亩施黄瓜专用冲施肥 12～15 千克；或每亩施腐殖酸高效缓释肥（15-5-20）10～12 千克；或每亩施硫基长效缓释复混肥（22-16-7）10～12 千克；或每亩施腐殖酸长效缓释肥（10-15-15）8～10 千克；或每亩施腐殖酸包裹尿素 8～10 千克、缓效二铵 6～8 千克、大粒钾肥 10～15 千克。

③ 结瓜盛期追肥。一般在第二批瓜采收后进行，以后每采收 2～3 次再追肥 1 次，共追 4～6 次。可根据当地肥源情况，可选择下列肥料组合之一：每亩施黄瓜有机型专用肥 10～12 千克；或每亩施黄瓜专用冲施肥 10～12 千克；或每亩施腐殖酸高效缓释肥（15-5-20）8～10 千克；或每亩施硫基长效缓释复混肥（22-16-7）8～10 千克；或每亩施腐殖酸长效缓释肥（10-15-15）8～10 千克；或每亩施腐殖酸包裹尿素 7～9 千克、缓效二铵 5～7 千克、大粒钾肥 10～12 千克。

（3）根外追肥　黄瓜移栽定植后，叶面喷施 500～600 倍含氨基酸水溶肥或 500～600 倍含腐殖酸水溶肥、1500 倍活力硼混合溶液 1 次。进入结瓜期，叶面喷施 1500 倍活力钾、1500 倍活力钙混合溶液 2 次，间隔 15 天。进入结瓜盛期，每隔 20～30 天，叶面喷施 500～600 倍含氨基酸水溶肥或 500～600 倍含腐殖酸水溶肥、1500 倍活力钾混合溶液 1 次。

**4. 日光温室冬春茬滴灌栽培无公害黄瓜施肥技术规程**

日光温室冬春茬黄瓜滴灌栽培，一般 11 月至 12 月中旬播种，翌年 3 月中旬至 4 月采收。

（1）定植前基肥　结合越冬进行秋耕冻垡，撒施或沟施基肥。根据当地肥源情况，每亩施生物有机肥 500～700 千克或无害化处理过的有机肥 5000～7000 千克基础上，再选择下列肥料之一配合施用：每亩施黄瓜有机型专用肥 50～70 千克；或每亩施腐殖酸型过磷酸钙 50～60 千克、腐殖酸含促生菌生物复混肥（20-0-10）50～70 千克；或每亩施腐殖酸型过磷酸钙 20～25 千克、腐殖酸高效缓释肥（15-5-20）50～60 千克；或每亩施硫基长效缓释复混肥（15-20-5）50～60 千克、大粒钾肥 10～15 千克；或每亩施腐殖酸包裹尿素 20～30 千克、腐殖酸型过磷酸钙 40～50 千克、大粒钾肥 20～30 千克。

（2）滴灌追肥　这里以华北地区日光温室冬春茬黄瓜滴灌施肥为例。表 6-10 为在华北地区日光温室冬春茬黄瓜栽培经验基础上，总结得出的滴灌施肥方案，可供相应地区日光温室冬春茬黄瓜生产使用参考。

**表 6-10　日光温室冬春茬黄瓜滴灌施肥方案**

| 生育时期 | 灌水次数 | 每次灌水量 /（米³/亩） | 每次灌溉加入的养分量/（千克/亩） | | | | 备注 |
|---|---|---|---|---|---|---|---|
| | | | N | $P_2O_5$ | $K_2O$ | 合计 | |
| 定植-开花 | 2 | 9 | 1.4 | 1.4 | 1.4 | 4.2 | 施肥 2 次 |
| 开花-坐果 | 2 | 11 | 2.1 | 2.1 | 2.1 | 6.2 | 施肥 2 次 |
| 坐果-采收 | 17 | 12 | 1.7 | 1.7 | 3.4 | 6.8 | 施肥 17 次 |

注：1. 该方案每亩栽植 2900～3000 株，目标产量为 13000～15000 千克/亩。

2. 定植到开花期灌水结合施肥 2 次，可采用黄瓜灌溉专用水溶肥(20-20-20)进行施肥。

3. 开花后至坐果期灌水结合施肥 2 次，可采用黄瓜灌溉专用水溶肥（20-20-20）进行施肥。

4. 进入采摘期，植株兑水肥的需求量加大，一般前期每 7 天滴灌施肥 1 次，可采用黄瓜灌溉专用水溶肥(15-15-20)进行施肥。

（3）根外追肥　黄瓜移栽定植后，叶面喷施 500～600 倍含氨基酸水溶肥或 500～600 倍含腐殖酸水溶肥、1500 倍活力硼混合溶液 1 次。进入结瓜期，叶面喷施 1500 倍活力钾、1500 倍活力钙混合溶液 2 次，间隔 15 天。进入结瓜盛期，每隔 20～30 天，叶面喷施 500～600 倍含氨基酸水溶肥或 500～600 倍含腐殖酸水溶肥、1500 倍活力钾混合溶液 1 次。

# 第二节　设施无公害西葫芦测土配方施肥技术

西葫芦的主要设施栽培方式：一是春提早栽培，主要采用塑料大棚、日光温室等设施；二是秋延迟栽培，主要采用塑料大棚、日光温室等设施；三是越冬长季栽培，主要采用日光温室或连栋温室等设施。

## 一、设施西葫芦营养需求特点

### 1. 养分需求
设施西葫芦由于根系强大，吸肥吸水能力强，因而比较耐肥耐抗旱。对养分的吸收以钾为最多，氮次之，再次为钙和镁，磷最少。每生产 1000 千克西葫芦果实，需要吸收纯氮（N）3.9～5.5 千克、磷（$P_2O_5$）2.1～2.3 千克、钾（$K_2O$）4.1～7.3 千克，其吸收比例为 1：0.46：1.21。

**2. 需肥特点**

设施西葫芦不同生育期对肥料种类、养分比例需求有所不同。出苗后到开花结瓜前需供给充足氮肥，促进植株生长，为果实生长奠定基础。前 1/3 的生育阶段对氮、磷、钾、钙的吸收量少，植株生长缓慢。中间的 1/3 的生育阶段是果实生长旺期，随生物量的剧增而对氮、磷、钾的吸收量也猛增，此期增施氮、磷、钾肥有利于促进果实的生长，提高植株连续结果能力。而在最后 1/3 的生育阶段里，生长量和吸收量增加更显著。因此，西葫芦栽培中施缓效基肥和后期及时追肥对高产优质更为重要。

## 二、设施西葫芦测土施肥配方及肥料组合

**1. 设施西葫芦测土施肥配方**

（1）根据土壤肥力推荐　根据测定土壤硝态氮、有效磷、交换性钾等有效养分含量确定设施西葫芦地土壤肥力分级（表 6-11），然后根据不同肥力水平推荐施肥量见表 6-12。

表 6-11　设施西葫芦地土壤肥力分级

| 肥力水平 | 硝态氮/(毫克/千克) | 有效磷/(毫克/千克) | 交换性钾/(毫克/千克) |
|---|---|---|---|
| 低 | <100 | <60 | <100 |
| 中 | 100～150 | 60～100 | 100～150 |
| 高 | >150 | >100 | >150 |

表 6-12　不同肥力设施西葫芦推荐施肥量

| 肥力等级 | 施肥量/(千克/亩) | | |
|---|---|---|---|
| | 氮 | 五氧化二磷 | 氧化钾 |
| 低肥力 | 19～23 | 10～12 | 16～18 |
| 中肥力 | 17～21 | 9～11 | 14～16 |
| 高肥力 | 15～19 | 8～10 | 12～14 |

（2）依据目标产量推荐　考虑到设施西葫芦目标产量和当地施肥现状，设施西葫芦的氮、磷、钾施肥量可参考表 6-13。

表 6-13　依据目标产量设施西葫芦推荐施肥量

| 目标产量/（千克/亩） | 施肥量/（千克/亩） | | |
|---|---|---|---|
| | 氮 | 五氧化二磷 | 氧化钾 |
| 3000～4000 | 16～20 | 8～10 | 11～13 |
| 4000～5000 | 17～21 | 9～11 | 13～15 |
| 5000～6000 | 18～22 | 11～13 | 15～17 |

**2. 无公害设施西葫芦生产套餐肥料组合**

（1）基肥　可选用西葫芦有机型专用肥、有机型复混肥料及单质肥料等。

① 西葫芦有机型专用肥。根据测土施肥配方，以氮肥、磷肥、钾肥为基础，添加腐殖酸、有机型螯合微量元素、增效剂、调理剂等，生产西葫芦有机型专用肥。根据当地施肥现状，综合各地西葫芦配方肥配制资料，建议氮、磷、钾总养分量为 35%，氮磷钾比例分别为 1∶0.5∶1.5。配方：硫酸铵 100 千克、尿素 196 千克、磷酸二铵 100 千克、过磷酸钙 100 千克、钙镁磷肥 10 千克、氯化钾 266 千克、硼砂 15 千克、氨基酸螯合锌铁铜钙 20 千克、硝基腐殖酸 133 千克、生物制剂 25 千克、增效剂 15 千克、调理剂 20 千克。

② 有机型复混肥料及单质肥料。也可选用腐殖酸含促生菌生物复混肥（20-0-10）、腐殖酸高效缓释肥（15-5-20）、硫基长效缓释复混肥（15-20-5）、腐殖酸型过磷酸钙、生物有机肥等。

（2）根际追肥　可选择西葫芦专用冲施肥、有机型复混肥料、缓效型化肥、水溶滴灌肥等。

① 西葫芦专用冲施肥。基础肥料选用及用量（1 吨产品）：硫酸铵 100 千克、尿素 238 千克、氯化钾 216 千克、氨化过磷酸钙 200 千克、黄腐酸钾 100 千克、硼砂 10 千克、氨基酸螯合锌铜铁 10 千克、氨基酸 70 千克、生物制剂 20 千克、增效剂 12 千克、调理剂 24 千克。

② 有机型复混肥料。主要有腐殖酸含促生菌生物复混肥（20-

0-10)、腐殖酸高效缓释肥（15-5-20）、腐殖酸长效缓释肥（10-15-15）等。

③ 缓效型化肥。主要有腐殖酸包裹尿素、增效尿素、腐殖酸型过磷酸钙、缓释磷酸二铵等。

④ 水溶滴灌肥。主要有西葫芦滴灌专用水溶肥（20-5-20）、西葫芦灌溉专用水溶肥（20-20-20）等。

（3）根外追肥　可根据西葫芦生育情况，酌情选用含腐殖酸水溶肥、含氨基酸水溶肥、含海藻酸水溶肥、氨基酸螯合微量元素水溶肥、大量元素水溶肥、活力钙叶面肥、活力硼叶面肥等。

## 三、设施无公害西葫芦施肥技术规程

本规程以设施西葫芦高产、优质、无公害、环境友好为目标，选用有机无机复合肥料、长效缓释肥料、有机活性水溶肥料进行施用，各地在具体应用时，可根据当地栽培季节、栽培方式及测土配方推荐用量进行调整。

### 1. 春提早设施栽培无公害西葫芦施肥技术规程

西葫芦春提早设施栽培一般利用塑料大棚或日光温室等。一般2至3月定植，4月上旬开始采收，至6月下旬采收完毕。

（1）定植前基肥　结合越冬进行秋耕冻垡，撒施或沟施基肥。根据当地肥源情况，每亩施生物有机肥300～500千克或无害化处理过的有机肥3000～5000千克基础上，再选择下列肥料之一配合施用：每亩施西葫芦有机型专用肥40～50千克；或每亩施腐殖酸型过磷酸钙30～50千克、腐殖酸含促生菌生物复混肥（20-0-10）40～50千克；或每亩施腐殖酸型过磷酸钙15～20千克、腐殖酸高效缓释肥（15-5-20）35～40千克；或每亩施硫基长效缓释复混肥（15-20-5）35～40千克、大粒钾肥12～15千克；或每亩施腐殖酸包裹尿素15～20千克、腐殖酸型过磷酸钙30～40千克、大粒钾肥15～20千克。

（2）根际追肥　主要追施缓苗肥、促瓜肥、盛瓜肥等。

① 缓苗肥。一般在定植后7天左右，结合浇水进行第1次追肥。根据当地肥源情况，可选择下列肥料组合之一：每亩施西葫芦有机型专用肥8～10千克；或每亩施西葫芦专用冲施肥10～12千

克；或每亩施腐殖酸包裹尿素 6～8 千克、大粒钾肥 5～7 千克；或每亩施腐殖酸包裹尿素 5～7 千克、磷酸二氢钾 5～7 千克。

② 促瓜肥。进入结瓜期，当根瓜开始膨大后，每隔 10～15 天结合浇水进行追 1 次肥，共追 3～4 次。可根据当地肥源情况，可选择下列肥料组合之一：每次每亩施西葫芦有机型专用肥 12～16 千克；或每次每亩施西葫芦专用冲施肥 12～16 千克；或每次每亩施腐殖酸高效缓释肥（15-5-20）10～15 千克；或每次每亩施腐殖酸长效缓释肥（10-15-15）10～15 千克；或每次每亩施腐殖酸包裹尿素 8～10 千克、缓效二铵 5～7 千克、大粒钾肥 10～15 千克。

③ 盛瓜肥。进入结瓜盛期，一般每隔 10 天追肥 1 次。可根据当地肥源情况，可选择下列肥料组合之一：每次每亩施西葫芦有机型专用肥 10～12 千克；或每次每亩施西葫芦专用冲施肥 10～12 千克；或每次每亩施腐殖酸高效缓释肥（15-5-20）8～10 千克；或每次每亩施腐殖酸长效缓释肥（10-15-15）8～10 千克；或每次每亩施腐殖酸包裹尿素 5～7 千克、大粒钾肥 8～10 千克。

（3）根外追肥　西葫芦移栽定植后，叶面喷施 500～600 倍含氨基酸水溶肥或 500～600 倍含腐殖酸水溶肥、500～600 倍氨基酸螯合锌硼混合溶液 1 次。结瓜盛期，每隔 15 天，叶面喷施 500～600 倍含氨基酸水溶肥或 500～600 倍含腐殖酸水溶肥、1500 倍活力钾混合溶液 1 次。

**2. 越冬长季设施栽培无公害西葫芦施肥技术规程**

西葫芦越冬长季设施栽培一般利用塑料大棚或日光温室等。一般 11 至 12 月定植，翌年 1 月至 2 月开始采收，4 月至 5 月采收完毕。

（1）定植前基肥　结合越冬进行秋耕冻垡，撒施或沟施基肥。根据当地肥源情况，每亩施生物有机肥 400～600 千克或无害化处理过的有机肥 4000～6000 千克基础上，再选择下列肥料之一配合施用：每亩施西葫芦有机型专用肥 50～70 千克；或每亩施腐殖酸型过磷酸钙 30～50 千克、腐殖酸含促生菌生物复混肥（20-0-10）50～70 千克；或每亩施腐殖酸型过磷酸钙 15～20 千克、腐殖酸高效缓释肥（15-5-20）40～60 千克；或每亩施硫基长效缓释复混肥（15-20-5）40～60 千克、大粒钾肥 15～20 千克；或每亩施腐殖酸包裹尿素 20～30 千克、腐殖酸型过磷酸钙 40～50 千克、大粒钾肥 20～30 千克。

（2）根际追肥　主要追施缓苗肥、促瓜肥、盛瓜肥等。

① 缓苗肥。一般在定植后 7 天左右，结合浇水进行第 1 次追肥。根据当地肥源情况，可选择下列肥料组合之一：每亩施西葫芦有机型专用肥 10～15 千克；或每亩施西葫芦专用冲施肥 10～15 千克；或每亩施腐殖酸包裹尿素 8～10 千克、大粒钾肥 8～10 千克；或每亩施腐殖酸包裹尿素 8～10 千克、磷酸二氢钾 5～7 千克。

② 促瓜肥。进入结瓜期，当根瓜开始膨大后，每隔 10～15 天结合浇水进行追 1 次肥，共追 3～5 次。可根据当地肥源情况，可选择下列肥料组合之一：每次每亩施西葫芦有机型专用肥 12～15 千克；或每次每亩施西葫芦专用冲施肥 12～15 千克；或每次每亩施腐殖酸高效缓释肥（15-5-20）10～12 千克；或每次每亩施腐殖酸长效缓释肥（10-15-15）10～12 千克；或每次每亩施腐殖酸包裹尿素 10～12 千克、缓效二铵 5～7 千克、大粒钾肥 12～15 千克。

③ 盛瓜肥。进入结瓜盛期，一般每隔 10 天追肥 1 次。可根据当地肥源情况，可选择下列肥料组合之一：每次每亩施西葫芦有机型专用肥 10～12 千克；或每次每亩施西葫芦专用冲施肥 10～12 千克；或每次每亩施腐殖酸高效缓释肥（15-5-20）8～10 千克；或每次每亩施腐殖酸长效缓释肥（10-15-15）8～10 千克；或每次每亩施腐殖酸包裹尿素 5～7 千克、大粒钾肥 8～10 千克。

（3）根外追肥　西葫芦移栽定植后，叶面喷施 500～600 倍含氨基酸水溶肥或 500～600 倍含腐殖酸水溶肥、500～600 倍氨基酸螯合锌硼混合溶液 1 次。结瓜盛期，每隔 15 天，叶面喷施 500～600 倍含氨基酸水溶肥或 500～600 倍含腐殖酸水溶肥、1500 倍活力钾混合溶液 1 次。

**3. 日光温室滴灌栽培无公害西葫芦施肥技术规程**

日光温室栽培西葫芦主要有早春茬和冬春茬。冬春茬一般 10 月下旬或 11 月初定植，12 月上中旬开始采收，翌年 2 月下旬或 3 月上旬采收完毕。早春茬一般 1 月中下旬定植，2 月下旬开始采收，至 5 月下旬采收完毕。

（1）定植前基肥　结合整地撒施或沟施基肥。根据当地肥源情况，每亩施生物有机肥 400～600 千克或无害化处理过的有机肥 4000～6000 千克基础上，再选择下列肥料之一配合施用：每亩施西葫芦有机型专用肥 50～70 千克；或每亩施腐殖酸型过磷酸钙 30～50 千克、腐殖酸含促生菌生物复混肥（20-0-10）50～70 千克；或每亩施腐殖酸型过磷酸钙 15～20 千克、腐殖酸高效缓释肥（15-5-20）40～60 千克；或每亩施硫基长效缓释复混肥（15-20-5）40～60 千克、大粒钾肥 15～20 千克；或每亩施腐殖酸包裹尿素 20～30 千克、腐殖酸型过磷酸钙 40～50 千克、大粒钾肥 20～30 千克。

（2）滴灌追肥　这里以华北地区日光温室冬春茬和早春茬西葫芦滴灌施肥为例。表 6-14 为在华北地区日光温室西葫芦栽培经验基础上，总结得出的滴灌施肥方案，可供相应地区日光温室西葫芦生产使用参考。

表 6-14　日光温室西葫芦滴灌施肥方案

| 生育时期 | 灌水次数 | 每次灌水量/（米³/亩） | 每次灌溉加入的养分量/（千克/亩） | | | | 备注 |
|---|---|---|---|---|---|---|---|
| | | | N | $P_2O_5$ | $K_2O$ | 合计 | |
| 定植-开花 | 4 | 10 | 1.0 | 1.0 | 1.0 | 3.8 | 施肥 2 次 |
| 开花-坐果 | 1 | 12 | 0 | 0 | 0 | 0 | 施肥 0 次 |
| 坐果-采收 | 12 | 15 | 1.0 | | 1.5 | 2.5 | 施肥 8 次 |

注：1. 该方案适宜冬春茬和早春茬西葫芦，每亩栽植 2300 株，目标产量为 5000 千克/亩。

2. 定植到开花期滴灌 4 次，平均每 10 天滴灌 1 次。其中前 2 次滴灌不施肥，后 2 次可采用西葫芦灌溉专用水溶肥（20-20-20）进行施肥。

3. 开花后至坐果期灌水 1 次，不施肥。

4. 西葫芦坐瓜后 10～15 天开始采收，采收前每 7～8 天滴灌施肥 1 次，可采用黄瓜灌溉专用水溶肥（20-5-20）进行施肥。采收后期气温回升，每 6～7 天滴灌施肥 1 次。

（3）根外追肥　西葫芦移栽定植后，叶面喷施 500～600 倍含氨基酸水溶肥或 500～600 倍含腐殖酸水溶肥、500～600 倍氨基酸螯合锌硼混合溶液 1 次。结瓜盛期，每隔 15 天，叶面喷施 500～600 倍含氨基酸水溶肥或 500～600 倍含腐殖酸水溶肥、1500 倍活力钾混合溶液 1 次。

# 第三节　设施无公害丝瓜测土配方施肥技术

丝瓜的主要设施栽培方式：一是春提早栽培，主要采用塑料大棚、日光温室；二是秋延迟栽培，主要采用日光温室等设施；三是越冬长季栽培，主要采用日光温室等设施。

## 一、设施丝瓜营养需求特点

### 1. 养分需求

据测定，每生产1000千克丝瓜需从土壤中吸取氮2.7千克、磷1.0千克、钾2.5千克，氮磷钾吸收比例为1：0.37：0.93。

### 2. 需肥特点

丝瓜苗期以吸收氮素为主，以后随着根系快速生长需磷较多，结瓜初期对钾的吸收速率增加。丝瓜苗期需肥量很小，抽蔓以后需肥量逐渐增多，到结瓜盛期对氮、磷、钾、钙、铁等吸收达到高峰。

## 二、设施丝瓜测土施肥配方及肥料组合

### 1. 设施丝瓜测土施肥配方

（1）根据土壤肥力推荐　根据测定土壤硝态氮、有效磷、交换性钾等有效养分含量确定设施丝瓜地土壤肥力分级（表6-15），然后根据不同肥力水平推荐设施丝瓜施肥量见表6-16。

表 6-15　设施丝瓜地土壤肥力分级

| 肥力水平 | 硝态氮/(毫克/千克) | 有效磷/(毫克/千克) | 交换性钾/(毫克/千克) |
|---|---|---|---|
| 低 | <80 | <40 | <100 |
| 中 | 80~120 | 40~60 | 100~150 |
| 高 | >120 | >60 | >150 |

表 6-16　不同肥力设施丝瓜推荐施肥量

| 肥力等级 | 施肥量/(千克/亩) | | |
|---|---|---|---|
| | 氮 | 五氧化二磷 | 氧化钾 |
| 低肥力 | 13~15 | 7~9 | 11~13 |

| 肥力等级 | 施肥量/(千克/亩) | | |
|---|---|---|---|
| | 氮 | 五氧化二磷 | 氧化钾 |
| 中肥力 | 15～17 | 8～10 | 13～15 |
| 高肥力 | 17～19 | 9～11 | 15～17 |

（2）依据目标产量推荐 考虑到设施丝瓜目标产量和当地施肥现状，设施丝瓜的氮、磷、钾施肥量可参考表 6-17。

表 6-17 依据目标产量水平设施丝瓜推荐施肥量

| 目标产量<br>/(千克/亩) | 有机肥 | 施肥量/(千克/亩) | | |
|---|---|---|---|---|
| | | 氮 | 五氧化二磷 | 氧化钾 |
| <2000 | 4000 | 15～17 | 7～9 | 11～13 |
| 2000～3000 | 3000 | 17～19 | 8～10 | 13～15 |
| >3000 | 3000 | 19～210 | 9～11 | 15～17 |

**2. 无公害设施丝瓜生产套餐肥料组合**

（1）基肥 可选用丝瓜有机型专用肥、有机型复混肥料及单质肥料等。

① 丝瓜有机型专用肥。根据测土施肥配方，以氮肥、磷肥、钾肥为基础，添加腐殖酸、有机型螯合微量元素、增效剂、调理剂等，生产丝瓜有机型专用肥。根据当地施肥现状，建议氮、磷、钾总养分量为 30%，氮磷钾比例分别为 1：0.34：0.92。基础肥料选用及用量（1 吨产品）：硫酸铵 100 千克、尿素 221 千克、磷酸一铵 47 千克、过磷酸钙 130 千克、钙镁磷肥 13 千克、氯化钾 201 千克、七水硫酸亚铁 20 千克、氨基酸螯合锌硼铜锰 20 千克、硝基腐殖酸 130 千克、氨基酸 36 千克、生物制剂 30 千克、增效剂 12 千克、调理剂 60 千克。

② 有机型复混肥料及单质肥料。也可选用腐殖酸含促生菌生物复混肥（20-0-10）、腐殖酸高效缓释肥（20-9-11）、硫基长效缓释复混肥（17-6-17）、腐殖酸型过磷酸钙、生物有机肥等。

（2）根际追肥 可选择有机型复混肥料、缓效型化肥等。

① 有机型复混肥料。主要有腐殖酸含促生菌生物复混肥（20-0-10）、腐殖酸高效缓释肥（20-9-11）、腐殖酸长效缓释肥（17-6-17）等。

② 缓效型化肥。主要有腐殖酸包裹尿素、增效尿素、腐殖酸型过磷酸钙、缓释磷酸二铵等。

（3）根外追肥　可根据丝瓜生育情况，酌情选用含腐殖酸水溶肥、含氨基酸水溶肥、含海藻酸水溶肥、氨基酸螯合微量元素水溶肥、大量元素水溶肥、活力钙叶面肥、活力硼叶面肥等。

## 三、设施无公害丝瓜施肥技术规程

本规程以设施丝瓜高产、优质、无公害、环境友好为目标，选用有机无机复合肥料、长效缓释肥料、有机活性水溶肥料进行施用，各地在具体应用时，可根据当地栽培季节、栽培方式及测土配方推荐用量进行调整。

### 1. 春提早设施栽培无公害丝瓜施肥技术规程

丝瓜春提早设施栽培，一般 2 月中旬至 3 月初播种，苗龄 30～35 天，瓜苗二叶一心至三叶一心时定植，即 3 月中旬至 4 月上旬定植，5 月中下旬开始采收。

（1）基肥　丝瓜可以采用沟植和穴植方式栽植。根据当地肥源情况，每亩施生物有机肥 300～400 千克或无害化处理过的有机肥 3000～4000 千克基础上，再选择下列肥料之一配合施用：每亩施丝瓜有机型专用肥 40～50 千克；或每亩施腐殖酸型过磷酸钙 20～30 千克、腐殖酸含促生菌生物复混肥（20-0-10）40～50 千克；或每亩施腐殖酸高效缓释肥（20-9-11）30～40 千克；或每亩施硫基长效缓释复混肥（17-6-17）35～45 千克；或每亩施腐殖酸包裹尿素 15～20 千克、腐殖酸型过磷酸钙 20～30 千克、大粒钾肥 20～25 千克。

（2）根际追肥　主要追施提苗肥、膨瓜肥、盛瓜肥等。

① 提苗肥。丝瓜抽蔓后结合浇水追施 1 次提苗肥。根据当地肥源情况，可选择下列肥料组合之一：每次每亩施腐殖酸包裹尿素 10～12 千克；或每次每亩施无害化处理过的腐熟稀粪水 1200～1500 千克。

② 膨瓜肥。丝瓜开花坐瓜后，追施 1 次膨瓜肥。根据当地肥源情况，可选择下列肥料组合之一：每亩施丝瓜有机型专用肥 12～15 千克；或每亩施腐殖酸含促生菌生物复混肥（20-0-10）12～15 千克；或每亩施腐殖酸高效缓释肥（20-9-11）10～12 千克；或每亩施腐殖酸长效缓释肥（17-6-17）10～12 千克；或每亩施腐殖酸包裹尿素 10～12 千克、大粒钾肥 10～15 千克。

③ 盛瓜肥。丝瓜进入采收期后，每采收 2～3 次追肥 1 次，特别是盛瓜期重施追肥。根据当地肥源情况，可选择下列肥料组合之一：每次每亩施丝瓜有机型专用肥 8～10 千克；或每次每亩施腐殖酸含促生菌生物复混肥（20-0-10）8～10 千克；或每次每亩施腐殖酸高效缓释肥（20-9-11）7～9 千克；或每次每亩施腐殖酸长效缓释肥（17-6-17）7～9 千克；或每次每亩施腐殖酸包裹尿素 5～7 千克、大粒钾肥 8～10 千克。

（3）根外追肥　丝瓜伸蔓期，叶面喷施 500～600 倍含氨基酸水溶肥或 500～600 倍含腐殖酸水溶肥、1500 倍活力硼混合溶液 1 次。结瓜盛期，叶面喷施 500～600 倍含氨基酸水溶肥或 500～600 倍含腐殖酸水溶肥、1500 倍活力钾混合溶液 2～4 次，间隔 20 天。

**2. 秋延迟设施栽培无公害丝瓜施肥技术规程**

丝瓜秋延迟设施栽培，一般 7 月中下旬至 8 月上中旬播种，3 月下旬至 9 月中旬定植，10 月中下旬开始采收。但夏秋栽培丝瓜，生长期遇高温，雨水少秋风暂起，极易造成苗蔓生长不旺、结果少、病虫多，因此对施肥管理要求较高。

（1）基肥　夏秋栽培丝瓜一般基肥少施，定植前 7～10 天翻晒土壤，基肥沟施，整平作畦。根据当地肥源情况，每亩施生物有机肥 200～300 千克或无害化处理过的有机肥 2000～3000 千克基础上，再选择下列肥料之一配合施用：每亩施丝瓜有机型专用肥 25～30 千克；或每亩施腐殖酸型过磷酸钙 10～15 千克、腐殖酸含促生菌生物复混肥（20-0-10）25～30 千克；或每亩施腐殖酸高效缓释肥（20-9-11）20～25 千克；或每亩施硫基长效缓释复混肥（17-6-17）20～25 千克；或每亩施腐殖酸包裹尿素 12～15 千克、腐殖酸型过磷酸钙 15～20 千克、大粒钾肥 10～15 千克。

（2）根际追肥　主要追施活棵肥、催蔓肥、初瓜肥、盛瓜肥等。

① 活棵肥。带土定植的秧苗，浇定根水时即可施 1 次提苗肥。根据当地肥源情况，可选择下列肥料组合之一：每亩施丝瓜有机型专用肥 5～7 千克；或每亩施腐殖酸含促生菌生物复混肥（20-0-10）5～7 千克；或每亩施腐殖酸高效缓释肥（20-9-11）4～6 千克；或每亩施腐殖酸长效缓释肥（17-6-17）4～6 千克；或每亩施腐殖酸包裹尿素 5～7 千克。

② 催蔓肥。待蔓快速生长时，追施 1 次催蔓肥。根据当地肥源情况，可选择下列肥料组合之一：每亩施腐殖酸包裹尿素 3～5 千克；或每亩施无害化处理过的腐熟稀粪水 500～600 千克。

③ 初瓜肥。丝瓜开始结瓜后，追施 1 次初瓜肥。根据当地肥源情况，可选择下列肥料组合之一：每亩施丝瓜有机型专用肥 8～10 千克；或每亩施腐殖酸含促生菌生物复混肥（20-0-10）8～10 千克；或每亩施腐殖酸高效缓释肥（20-9-11）7～9 千克；或每亩施腐殖酸长效缓释肥（17-6-17）7～9 千克；或每亩施腐殖酸包裹尿素 5～7 千克、大粒钾肥 8～10 千克。

④ 盛瓜肥。丝瓜进入采收期后，每采收 1～2 次追肥 1 次，特别是盛瓜期重施追肥。根据当地肥源情况，可选择下列肥料组合之一：每次每亩施丝瓜有机型专用肥 7～9 千克；或每次每亩施腐殖酸含促生菌生物复混肥（20-0-10）7～9 千克；或每次每亩施腐殖酸高效缓释肥（20-9-11）6～8 千克；或每次每亩施腐殖酸长效缓释肥（17-6-17）6～89 千克；或每次每亩施腐殖酸包裹尿素 3～5 千克、大粒钾肥 5～7 千克。

（3）根外追肥 丝瓜伸蔓期，叶面喷施 500～600 倍含氨基酸水溶肥或 500～600 倍含腐殖酸水溶肥、1500 倍活力硼混合溶液 1 次。结瓜盛期，叶面喷施 500～600 倍含氨基酸水溶肥或 500～600 倍含腐殖酸水溶肥、1500 倍活力钾混合溶液 2～4 次，间隔 20 天。

**3. 越冬长季设施栽培无公害丝瓜施肥技术规程**

丝瓜越冬长季设施栽培，一般 9～10 月育苗，10～12 月定植，翌年 2 月初开始采收，可延长到 8～9 月拉秧。

（1）基肥 丝瓜可以采用沟植和穴植方式栽植。根据当地肥源情况，每亩施生物有机肥 300～500 千克或无害化处理过的有机肥

3000～5000 千克基础上，再选择下列肥料之一配合施用：每亩施丝瓜有机型专用肥 50～60 千克；或每亩施腐殖酸型过磷酸钙 30～40 千克、腐殖酸含促生菌生物复混肥（20-0-10）50～60 千克；或每亩施生腐殖酸高效缓释肥（20-9-11）40～50 千克；或每亩施硫基长效缓释复混肥（17-6-17）40～50 千克；或每亩施腐殖酸包裹尿素 20～25 千克、腐殖酸型过磷酸钙 40～50 千克、大粒钾肥 20～30 千克。

（2）根际追肥　主要追施蔓叶肥、膨瓜肥、盛瓜肥等。

① 蔓叶肥。丝瓜抽蔓后结合浇水追施 1 次蔓叶肥。根据当地肥源情况，可选择下列肥料组合之一：每亩施腐殖酸包裹尿素 10～12 千克；或每亩施无害化处理过的腐熟稀粪水 1200～1500 千克。

② 膨瓜肥。丝瓜开花坐瓜后，追施 1 次膨瓜肥。根据当地肥源情况，可选择下列肥料组合之一：每亩施丝瓜有机型专用肥 15～18 千克；或每亩施腐殖酸含促生菌生物复混肥（20-0-10）15～18 千克；或每亩施腐殖酸高效缓释肥（20-9-11）12～15 千克；或每亩施腐殖酸长效缓释肥（17-6-17）12～15 千克；或每亩施腐殖酸包裹尿素 12～15 千克、大粒钾肥 12～15 千克。

③ 盛瓜肥。丝瓜进入采收期后，每采收 2～3 次追肥 1 次，特别是盛瓜期重施追肥。根据当地肥源情况，可选择下列肥料组合之一：每次每亩施丝瓜有机型专用肥 8～10 千克；或每次每亩施腐殖酸含促生菌生物复混肥（20-0-10）8～10 千克；或每次每亩施腐殖酸高效缓释肥（20-9-11）7～9 千克；或每次每亩施腐殖酸长效缓释肥（17-6-17）7～9 千克；或每次每亩施腐殖酸包裹尿素 5～7 千克、大粒钾肥 8～10 千克。

（3）根外追肥　丝瓜伸蔓期，叶面喷施 500～600 倍含氨基酸水溶肥或 500～600 倍含腐殖酸水溶肥、1500 倍活力硼混合溶液 1 次。结瓜盛期，叶面喷施 500～600 倍含氨基酸水溶肥或 500～600 倍含腐殖酸水溶肥、1500 倍活力钾混合溶液 2～4 次，间隔 20 天。

# 第四节　设施无公害苦瓜测土配方施肥技术

苦瓜的主要设施栽培方式：一是春提早栽培，主要采用塑料大棚、日光温室；二是秋延迟栽培，主要采用日光温室等设施。

# 一、设施苦瓜营养需求特点

## 1. 养分需求

苦瓜属于喜高氮高钾型蔬菜，每生产 1000 千克苦瓜果实，平均从土壤中吸收纯氮 5.28 千克，五氧化二磷 1.76 千克，氧化钾 6.67 千克，氮、磷、钾吸收比例为 1：0.33：1.26，整个生育期对钾肥的需求最大，氮次之，磷最少。

## 2. 需肥特点

苦瓜在不同生育期对养分的需求不同。幼苗期对养分吸收量很少，抽蔓以后生长加快，吸收养分数量也逐渐增加，开花结果期养分吸收达到高峰。总体上来说，苦瓜生长前期需氮较多，中后期以磷、钾为主。

苦瓜对肥料要求较高，尤其喜有机肥，如果有机肥充足，植株生长粗壮，茎叶繁茂，开花、结果就多，瓜也肥大，品质好。如果营养生长过弱或过旺，易造成"化瓜"；若幼苗期营养不足易产生"老化苗"，营养生长过剩则会产生"徒长苗"；开花期营养不足，茎叶生长变弱，坐果率降低；结果盛期营养不良，植株生长势弱，产生蜂腰瓜；特别是生长后期，若肥水不足，花果少，果实也小，苦味增浓，品质下降。

# 二、设施苦瓜测土施肥配方及肥料组合

## 1. 设施苦瓜测土施肥配方

（1）根据土壤肥力推荐　根据测定土壤硝态氮、有效磷、交换性钾等有效养分含量确定设施苦瓜地土壤肥力分级（表 6-18），然后根据不同肥力水平推荐设施苦瓜施肥量见表 6-19。

表 6-18　设施苦瓜地土壤肥力分级

| 肥力水平 | 硝态氮/(毫克/千克) | 有效磷/(毫克/千克) | 交换性钾/(毫克/千克) |
|---|---|---|---|
| 低 | <80 | <30 | <100 |
| 中 | 80~120 | 30~60 | 100~150 |
| 高 | >120 | >60 | >150 |

**表6-19　不同肥力设施苦瓜推荐施肥量**

| 肥力等级 | 施肥量/(千克/亩) | | |
| --- | --- | --- | --- |
| | 氮 | 五氧化二磷 | 氧化钾 |
| 低肥力 | 11～14 | 4～6 | 10～12 |
| 中肥力 | 13～16 | 6～7 | 11～13 |
| 高肥力 | 15～18 | 8～9 | 12～14 |

（2）依据目标产量推荐　考虑到设施苦瓜目标产量和当地施肥现状，设施苦瓜的氮、磷、钾施肥量可参考表6-20。

**表6-20　依据目标产量水平苦瓜推荐施肥量**

| 目标产量/(千克/亩) | 有机肥 | 施肥量/(千克/亩) | | |
| --- | --- | --- | --- | --- |
| | | 氮 | 五氧化二磷 | 氧化钾 |
| ＜2000 | 4000 | 12～14 | 5～7 | 10～12 |
| 2000～3000 | 3000 | 14～16 | 6～8 | 12～14 |
| ＞3000 | 2000 | 16～18 | 7～9 | 14～16 |

## 2. 无公害设施苦瓜生产套餐肥料组合

（1）基肥　可选用苦瓜有机型专用肥、有机型复混肥料及单质肥料等。

① 苦瓜有机型专用肥。根据测土施肥配方，以氮肥、磷肥、钾肥为基础，添加腐殖酸、有机型螯合微量元素、增效剂、调理剂等，生产苦瓜有机型专用肥。根据当地施肥现状，建议氮、磷、钾总养分量为35%，氮磷钾比例分别为1：0.30：1.38。配方：硫酸铵100千克、尿素220千克、磷酸二铵30千克、过磷酸钙150千克、钙镁磷肥15千克、氯化钾300千克、氨基酸螯合锌硼铁铜钙25千克、硝基腐殖酸108千克、生物制剂20千克、增效剂12千克、调理剂20千克。

② 有机型复混肥料及单质肥料。也可选用腐殖酸含促生菌生物复混肥（20-0-10）、腐殖酸高效缓释肥（18-8-4）、硫基长效缓释复混肥（15-20-5）、腐殖酸型过磷酸钙、生物有机肥等。

（2）根际追肥　可选用苦瓜专用冲施肥、有机型复混肥料、缓效型化肥等。

① 苦瓜专用冲施肥。基础肥料选用及用量（1 吨产品）：硫酸铵 100 千克、尿素 260 千克、氨化过磷酸钙 200 千克、磷酸二氢钾 20 千克、氯化钾 350 千克、氨基酸 20 千克、生物制剂 20 千克、增效剂 10 千克、调理剂 20 千克。

② 有机型复混肥料。主要有腐殖酸含促生菌生物复混肥（20-0-10）、腐殖酸高效缓释肥（15-5-20）、腐殖酸长效缓释肥（22-16-7）等。

③ 缓效型化肥。主要有腐殖酸包裹尿素、增效尿素、腐殖酸型过磷酸钙、缓释磷酸二铵等。

（3）根外追肥　可根据苦瓜生育情况，酌情选用含腐殖酸水溶肥、含氨基酸水溶肥、含海藻酸水溶肥、氨基酸螯合微量元素水溶肥、大量元素水溶肥、活力钙叶面肥、活力硼叶面肥等。

## 三、设施无公害苦瓜施肥技术规程

本规程以苦瓜高产、优质、无公害、环境友好为目标，选用有机无机复合肥料、长效缓释肥料、有机活性水溶肥料进行施用，各地在具体应用时，可根据当地栽培季节、栽培方式及测土配方推荐用量进行调整。

**1. 春提早设施栽培无公害苦瓜施肥技术规程**

苦瓜春提早设施栽培，采用多层覆盖栽培方式，2 月中旬至 3 月初播种，3 月中旬至 4 月初定植，上市比露地栽培提早 30 天左右。

（1）施足基肥　采用沟施或全层施肥，耕深 20～30 厘米，平整打畦，畦宽 1.5～1.6 米。根据当地肥源情况，每亩施生物有机肥 200～300 千克或无害化处理过的有机肥 2000～3000 千克基础上，再选择下列肥料之一配合施用：每亩苦瓜有机型专用肥 40～50 千克；或每亩施腐殖酸型过磷酸钙 15～20 千克、腐殖酸含促生菌生物复混肥（20-0-10）40～50 千克；或每亩施腐殖酸高效缓释肥（18-8-4）40～50 千克；或每亩施硫基长效缓释复混肥（15-20-5）35～40 千克；或每亩施腐殖酸包裹尿素 15～20 千克、腐殖酸型过磷酸钙 30～40 千克、大粒钾肥 15～20 千克。

（2）根际追肥　主要追施伸蔓肥、坐瓜肥、采收肥等。

① 伸蔓肥。根据当地肥源情况，可选择下列肥料组合之一：每亩施苦瓜有机型专用肥 4～6 千克；或每亩施苦瓜专用冲施肥 4～6 千克；或每亩施腐殖酸包裹尿素 4～5 千克；或每亩施无害化处理过的腐熟稀粪水 600～800 千克。

② 坐瓜肥。苦瓜坐瓜后应施充足的肥料，为多开花、多结瓜、结大瓜创造条件。根据当地肥源情况，可选择下列肥料组合之一：每亩施苦瓜有机型专用肥 15～20 千克；或每亩施苦瓜专用冲施肥 15～20 千克；或每亩施腐殖酸高效缓释肥（15-5-20）14～18 千克；或每亩施腐殖酸长效缓释肥（22-16-7）12～16 千克；或每亩施腐殖酸包裹尿素 10～12 千克、大粒钾肥 10～15 千克。

③ 采收肥。进入采收期每隔 15～20 天追肥 1 次。根据当地肥源情况，可选择下列肥料组合之一：每次每亩施苦瓜有机型专用肥 10～15 千克；或每次每亩施苦瓜专用冲施肥 10～15 千克；或每次每亩施腐殖酸高效缓释肥（15-5-20）8～12 千克；或每次每亩施腐殖酸长效缓释肥（22-16-7）8～10 千克；或每次每亩施腐殖酸包裹尿素 8～10 千克、大粒钾肥 10～12 千克。

（3）根外追肥　苦瓜伸蔓期，叶面喷施 500～600 倍含氨基酸水溶肥或 500～600 倍含腐殖酸水溶肥、1500 倍活力硼混合溶液 2 次，间隔 15 天。结瓜盛期，叶面喷施 500～600 倍含氨基酸水溶肥或 500～600 倍含腐殖酸水溶肥、1500 倍活力钾混合溶液 2～4 次，间隔 20 天。

**2. 秋延迟设施栽培无公害苦瓜施肥技术规程**

苦瓜秋延迟设施栽培，采用日光温室栽培，7 月中下旬播种，8 月中下旬定植，10 月上旬开始采收，上市时间集中在 11～12 月。

（1）施足基肥　采用沟施或全层施肥，耕深 20～30 厘米，平整打畦，畦宽 1.5～1.6 米。根据当地肥源情况，每亩施生物有机肥 200～300 千克或无害化处理过的有机肥 2000～3000 千克基础上，再选择下列肥料之一配合施用：每亩苦瓜有机型专用肥 40～50 千克；或每亩施腐殖酸型过磷酸钙 15～20 千克、腐殖酸含促生菌生物复混肥（20-0-10）40～50 千克；或每亩施腐殖酸高效缓释

（18-8-4）40～50 千克；或每亩施硫基长效缓释复混肥（15-20-5）35～40 千克；或每亩施腐殖酸包裹尿素 15～20 千克、腐殖酸型过磷酸钙 30～40 千克、大粒钾肥 15～20 千克。

（2）根际追肥　主要追施伸蔓肥、坐瓜肥、采收肥等。

① 伸蔓肥。根据当地肥源情况，可选择下列肥料组合之一：每亩施苦瓜有机型专用肥 4～6 千克；或每亩施苦瓜专用冲施肥 4～6 千克；或每亩施腐殖酸包裹尿素 4～5 千克；或每亩施无害化处理过的腐熟稀粪水 600～800 千克。

② 坐瓜肥。苦瓜坐瓜后应施充足的肥料，为多开花、多结瓜、结大瓜创造条件。根据当地肥源情况，可选择下列肥料组合之一：每亩施苦瓜有机型专用肥 20～25 千克；或每亩施苦瓜专用冲施肥 20～25 千克；或每亩施腐殖酸高效缓释肥（15-5-20）16～20 千克；或每亩施腐殖酸长效缓释肥（22-16-7）13～15 千克；或每亩施腐殖酸包裹尿素 12～15 千克、大粒钾肥 12～15 千克。

③ 采收肥。进入采收期每隔 15～20 天追肥 1 次。根据当地肥源情况，可选择下列肥料组合之一：每次每亩施苦瓜有机型专用肥 10～15 千克；或每次每亩施苦瓜专用冲施肥 10～15 千克；或每次每亩施腐殖酸高效缓释肥（15-5-20）8～12 千克；或每次每亩施腐殖酸长效缓释肥（22-16-7）8～10 千克；或每次每亩施腐殖酸包裹尿素 8～10 千克、大粒钾肥 10～12 千克。

（3）根外追肥　苦瓜伸蔓期，叶面喷施 500～600 倍含氨基酸水溶肥或 500～600 倍腐殖酸水溶肥、1500 倍活力硼混合溶液 2 次，间隔 15 天。结瓜盛期，叶面喷施 500～600 倍含氨基酸水溶肥或 500～600 倍含腐殖酸水溶肥、1500 倍活力钾混合溶液 2～4 次，间隔 20 天。

# 第七章

# 设施无公害豆类蔬菜测土配方施肥技术

豆类蔬菜为豆科一年生或二年生的草本植物，主要有菜豆、长豇豆、毛豆、豌豆（荷兰豆）等。豆类蔬菜在我国栽培历史悠久，种类多，分布广。

## 第一节　设施无公害菜豆测土配方施肥技术

菜豆的主要设施栽培方式：一是春提早栽培，主要采用塑料大棚、日光温室等设施；二是秋延迟栽培，主要采用塑料大棚等设施；三是越冬长季栽培，主要采用日光温室或连栋温室等设施。

## 一、设施菜豆营养需求特点

### 1. 养分需求

菜豆的正常生长发育需要 16 种营养元素。根据河北农业大学高志奎研究，菜豆每形成 1000 千克产品，需氮 10.09 千克，五氧化二磷 2.2 千克，氧化钾 5.93 千克，氮、磷、钾的吸收比例为 1∶0.22∶0.59。其中从土壤中吸收的氮素为 3.3 千克，约为 33%。虽然植株需氮最多，但在根瘤形成后，大部分氮（约 67%）可由根瘤固定空气中的氮来提供，仅生长初期菜豆吸收的氮来自于土壤。

**2. 需肥特点**

菜豆在整个生长发育阶段对氮、钾肥的需求量都很大。其需肥规律是，在生育初期对氮、钾的吸收量较大；到开花结荚时，对氮钾的需求量迅速增加。幼苗茎叶中的氮钾也随着生长中心的改变逐渐转移到荚果中去。由于菜豆根瘤菌没有其他豆科植物发达，所以在生产上应及时供应适量的氮肥，有利于获得高产和改善品质。磷肥的吸收量虽比氮钾肥少，但根瘤菌对磷特别敏感。根瘤菌中磷的含量比根中多 1.5 倍。因此，施磷肥可达到以磷增氮的明显增产效果。

矮生种类的菜豆生育期短，从开花盛期起就进入了养分吸收旺盛期，在嫩荚开始伸长时，茎叶的无机养分向嫩荚的转移率，氮为 24%，磷为 11%，钾为 40%。到了荚果成熟期，氮的吸收量逐渐减少，而磷的吸收量逐渐增多。

蔓生种类菜豆的生长和发育相对较迟缓，大量吸收养分的时间也相对延迟。嫩荚开始伸长时，才进入养分吸收旺盛期，日吸收量较矮生种大，生育后期仍需吸收大量的氮。荚果伸长期，茎叶中的无机养分向荚果中转移也较矮生种菜豆少。

菜豆属喜硝态氮肥，铵态氮肥过量时，影响根瘤菌的正常发育。菜豆对硼、钼等微量元素的需求较其他元素更为重要，尤其对根瘤菌的活动起着重要作用。因此，应适量施用硼、钼肥，可提高其产量和品质。

# 二、设施菜豆测土施肥配方及肥料组合

**1. 设施菜豆测土施肥配方**

（1）根据土壤肥力推荐　根据测定土壤硝态氮、有效磷、交换性钾等有效养分含量确定设施菜豆地土壤肥力分级（表 7-1），然后根据不同肥力水平推荐设施菜豆施肥量见表 7-2。

表 7-1　设施菜豆地土壤肥力分级

| 肥力水平 | 硝态氮/(毫克/千克) | 有效磷/(毫克/千克) | 交换性钾/(毫克/千克) |
|---|---|---|---|
| 低 | <80 | <30 | <100 |

续表

| 肥力水平 | 硝态氮/(毫克/千克) | 有效磷/(毫克/千克) | 交换性钾/(毫克/千克) |
|---|---|---|---|
| 中 | 80～120 | 30～50 | 100～150 |
| 高 | ＞120 | ＞50 | ＞150 |

**表7-2 设施菜豆推荐施肥量**

| 肥力等级 | 施肥量/(千克/亩) | | |
|---|---|---|---|
| | 氮 | 五氧化二磷 | 氧化钾 |
| 低肥力 | 11～13 | 7～8 | 11～13 |
| 中肥力 | 9～11 | 6～7 | 10～12 |
| 高肥力 | 7～9 | 5～6 | 9～11 |

（2）依据目标产量推荐　考虑到设施菜豆目标产量和当地施肥现状，设施菜豆的氮、磷、钾施肥量可参考表7-3。

**表7-3 依据目标产量水平设施菜豆推荐施肥量**

| 目标产量/(千克/亩) | 有机肥 | 施肥量/(千克/亩) | | |
|---|---|---|---|---|
| | | 氮 | 五氧化二磷 | 氧化钾 |
| ＜1500 | 4000～5000 | 8～10 | 5～7 | 10～12 |
| 1500～2000 | 3500～4000 | 10～12 | 6～8 | 11～13 |
| ＞2000 | 3000～3500 | 12～14 | 7～9 | 12～14 |

**2. 无公害设施菜豆生产套餐肥料组合**

（1）基肥　可选用菜豆有机型专用肥、有机型复混肥料及单质肥料等。

①菜豆有机型专用肥。根据测土施肥配方，以氮肥、磷肥、钾肥为基础，添加腐殖酸、有机型螯合微量元素、增效剂、调理剂等，生产菜豆有机型专用肥。根据当地施肥现状，综合各地菜豆配方肥配制资料，建议氮、磷、钾总养分量为25％，氮磷钾比例分别为1:1:1.13。基础肥料选用及用量（1吨产品）：硫酸铵100千克、尿素100千克、磷酸一铵100千克、过磷酸钙200千克、钙镁

磷肥 30 千克、氯化钾 160 千克、硝基腐殖酸 200 千克、氨基酸螯合钼硼锰锌铜铁 25 千克、生物制剂 25 千克、氨基酸 30 千克、增效剂 10 千克、调理剂 20 千克。

② 有机型复混肥料及单质肥料。也可选用腐殖酸含促生菌生物复混肥（20-0-10）、腐殖酸高效缓释肥（13-18-17）、硫基长效缓释复混肥（15-20-5）、腐殖酸型过磷酸钙、生物有机肥等。

（2）根际追肥 可选用菜豆专用冲施肥、有机型复混肥料、缓效型化肥等。

① 菜豆专用冲施肥。基础肥料选用及用量（1 吨产品）：硫酸铵 100 千克、尿素 200 千克、氨化过磷酸钙 150 千克、氯化钾 200 千克、硝基腐殖酸 100 千克、氨基酸螯合硼锰锌铜铁 25 千克、硼砂 20 千克、氨基酸 50 千克、增效剂 12 千克、调理剂 33 千克。

② 有机型复混肥料。主要有腐殖酸含促生菌生物复混肥（20-0-10）、腐殖酸高效缓释肥（13-18-17）、腐殖酸长效缓释肥（24-16-5）等。

③ 缓效型化肥。主要有腐殖酸包裹尿素、增效尿素、腐殖酸型过磷酸钙、缓释磷酸二铵等。

（3）根外追肥 可根据菜豆生育情况，酌情选用含腐殖酸水溶肥、含氨基酸水溶肥、含海藻酸水溶肥、氨基酸螯合微量元素水溶肥、大量元素水溶肥、活力钙叶面肥、活力硼叶面肥等。

## 三、设施无公害菜豆施肥技术规程

本规程以设施菜豆高产、优质、无公害、环境友好为目标，选用有机无机复合肥料、长效缓释肥料、有机活性水溶肥料进行施用，各地在具体应用时，可根据当地栽培季节、栽培方式及测土配方推荐用量进行调整。

### 1. 春提早设施栽培无公害菜豆施肥技术规程

菜豆春提早设施栽培一般 2 月上旬播种育苗，3 月上旬移栽定植，4 月中旬上市，6 月上旬采收完毕。

（1）施足基肥 一般结合整地将基肥撒匀后进行耕翻整地起垄或作畦，以备播种。根据当地肥源情况，每亩施生物有机肥 200～250 千克或无害化处理过的有机肥 2000～2500 千克基础上，再选择下列肥料之一配合施用：每亩施菜豆有机型专用肥 40～50 千克；或每亩施腐殖酸型过磷酸钙 30～50 千克、腐殖酸含促生菌生物复混肥（20-0-10）40～50 千克；或每亩施腐殖酸高效缓释肥（13-18-17）35～45 千克；或每亩施硫基长效缓释复混肥（15-20-5）35～45 千克；或每亩施腐殖酸包裹尿素 15～20 千克、腐殖酸型过磷酸钙 40～50 千克、大粒钾肥 15～20 千克。

（2）根际追肥　主要追施催蔓或花蕾肥、结荚肥等。

① 催蔓或花蕾肥。蔓生菜豆进入伸蔓期、矮生菜豆呈现花蕾时，结合浇水施肥 1 次。根据当地肥源情况，可选择下列肥料组合之一：每亩施菜豆有机型专用肥 15～20 千克；或每亩施菜豆专用冲施肥 15～20 千克；或每亩施腐殖酸高效缓释肥（13-18-17）13～16 千克；或每亩施腐殖酸长效缓释肥（24-16-5）13～16 千克；或每亩施腐殖酸型过磷酸钙 15～20 千克、腐殖酸含促生菌生物复混肥（20-0-10）15～20 千克；或每亩施腐殖酸包裹尿素 12～15 千克、腐殖酸型过磷酸钙 15～20 千克、大粒钾肥 10～15 千克。

② 结荚肥。开花结荚期是肥水管理的关键时期，应重施追肥，一般追施 2～3 次，间隔 10～15 天。根据当地肥源情况，可选择下列肥料组合之一：每次每亩施菜豆有机型专用肥 15～20 千克；或每次每亩施菜豆专用冲施肥 15～20 千克；或每次每亩施腐殖酸高效缓释肥（13-18-17）12～16 千克；或每次每亩施腐殖酸长效缓释肥（24-16-5）12～15 千克；或每次每亩施腐殖酸型过磷酸钙 15～20 千克、腐殖酸含促生菌生物复混肥（20-0-10）15～20 千克；或每次每亩施腐殖酸包裹尿素 12～15 千克、腐殖酸型过磷酸钙 20～30 千克、大粒钾肥 10～15 千克。

（3）根外追肥　菜豆苗期，叶面喷施 500～600 倍含氨基酸水溶肥或 500～600 倍含腐殖酸水溶肥 2 次，间隔期 15 天。结荚期，叶面喷施 500～600 倍含氨基酸螯合钼锌硼水溶肥、1500 倍活力钾混合溶液 1 次。采收期，每采收 1～2 次豆荚，叶面喷施 1500 倍活力钙、1500 倍活力钾混合溶液 1 次。

**2. 秋延迟设施栽培无公害菜豆施肥技术规程**

菜豆秋延迟设施栽培一般 7 月中下旬至 8 月上中旬播种，采收期 9 月中下旬至 12 月中下旬。

（1）施足基肥　一般结合整地将基肥撒匀后进行耕翻整地起垄或作畦，以备播种。根据当地肥源情况，每亩施生物有机肥100～150千克或无害化处理过的有机肥1000～1500千克基础上，再选择下列肥料之一配合施用：每亩施菜豆有机型专用肥40～50千克；或每亩施腐殖酸型过磷酸钙30～50千克、腐殖酸含促生菌生物复混肥（20-0-10）40～50千克；或每亩施腐殖酸高效缓释肥（13-18-17）35～45千克；或每亩施硫基长效缓释复混肥（15-20-5）35～45千克；或每亩施腐殖酸包裹尿素15～20千克、腐殖酸型过磷酸钙40～50千克、大粒钾肥15～20千克。

（2）根际追肥　主要追施上架肥、花荚肥、防早衰肥等。

① 上架肥。菜豆进入伸蔓期、蔓生种应在搭架时结合浇水施肥1次。根据当地肥源情况，每亩施无害化处理过的腐熟稀粪水1000～1500千克基础上，再选择下列肥料之一配合施用：每亩施菜豆有机型专用肥6～8千克；或每亩施菜豆专用冲施肥8～10千克；或每亩施菜豆有机型专用肥6～8千克；或每亩施菜豆专用冲施肥8～10千克；或每亩施腐殖酸型过磷酸钙15～20千克、大粒钾肥8～10千克。

② 花荚肥。开花结荚期是肥水管理的关键时期，应重施追肥，一般追施1～2次，间隔10～15天。根据当地肥源情况，可选择下列肥料组合之一：每次每亩施菜豆有机型专用肥20～25千克；或每次每亩施菜豆专用冲施肥20～25千克；或每次每亩施腐殖酸高效缓释肥（13-18-17）16～20千克；或每次每亩施腐殖酸长效缓释肥（24-16-5）16～20千克；或每次每亩施腐殖酸型过磷酸钙20～25千克、腐殖酸含促生菌生物复混肥（20-0-10）20～25千克；或每次每亩施腐殖酸包裹尿素15～20千克、腐殖酸型过磷酸钙30～40千克、大粒钾肥15～20千克。

③ 防早衰肥。菜豆进入采摘后期，茎叶生长缓慢，结荚率低，畸形荚和短荚增多，此时若缺肥水，植株易早衰。可每隔5～7天追施1次肥，延长采收期。根据当地肥源情况，可选择下列肥料组合之一：每次每亩施无害化处理过的腐熟稀粪水600～800千克；或每次每亩施菜豆专用冲施肥8～10千克；或每次每亩施腐殖酸包裹尿素5～7千克、大粒钾肥4～6千克。

（3）根外追肥　菜豆苗期，叶面喷施 500～600 倍含氨基酸水溶肥或 500～600 倍含腐殖酸水溶肥 2 次，间隔期 15 天。结荚期，叶面喷施 500～600 倍含氨基酸螯合钼锌硼水溶肥、1500 倍活力钾混合溶液 1 次。采收期，每采收 1～2 次豆荚，叶面喷施 1500 倍活力钙、1500 倍活力钾混合溶液 1 次。

**3. 越冬长季设施栽培无公害菜豆施肥技术规程**

菜豆越冬长季设施栽培一般 10 月至 11 月播种，1 月至春节前后开始采收。

（1）施足基肥　一般结合整地将基肥撒匀后进行耕翻整地起垄或作畦，以备播种。根据当地肥源情况，每亩施生物有机肥 250～300 千克或无害化处理过的有机肥 2500～3000 千克基础上，再选择下列肥料之一配合施用：每亩施菜豆有机型专用肥 40～50 千克；或每亩施腐殖酸型过磷酸钙 30～40 千克、腐殖酸含促生菌生物复混肥（20-0-10）40～50 千克；或每亩施腐殖酸高效缓释肥（13-18-17）35～40 千克；或每亩施硫基长效缓释复混肥（15-20-5）35～40 千克；或每亩施腐殖酸包裹尿素 15～20 千克、腐殖酸型过磷酸钙 40～50 千克、大粒钾肥 15～20 千克。

（2）根际追肥　主要追施催苗肥、花期肥、结荚肥、盛荚肥等。

① 催苗肥。播种后 20～25 天，菜豆开始花芽分化时，如果基肥施用不足，应及时追施第 1 次肥。根据当地肥源情况，可选择下列肥料组合之一：每亩施菜豆有机型专用肥 10～12 千克；或每亩施腐殖酸高效缓释肥（13-18-17）8～10 千克；或每亩施硫基长效缓释复混肥（15-20-5）7～9 千克；或每亩施无害化处理过的腐熟稀粪水 800～1000 千克、腐殖酸型过磷酸钙 8～10 千克、大粒钾肥 5～7 千克；或每亩施腐殖酸包裹尿素 6～8 千克、腐殖酸型过磷酸钙 8～10 千克、大粒钾肥 5～7 千克。

② 花期肥。菜豆开花前结合浇水施肥 1 次，蔓生种应在抽蔓和搭架前进行。根据当地肥源情况，可选择下列肥料组合之一：每亩施无害化处理过的腐熟稀粪水 1000～1200 千克；或每亩施无害化处理过的沼液 1000～1200 千克；或每亩施腐殖酸包裹尿素 8～10 千克、腐殖酸型过磷酸钙 15～20 千克、大粒钾肥 8～10 千克。

③ 结荚肥。当第一批嫩荚长到 2～3 厘米时，结合浇水追肥 1 次。根据当地肥源情况，可选择下列肥料组合之一：每亩施菜豆有机型专用肥 10～15 千克；或每亩施菜豆专用冲施肥 10～15 千克；或每亩施腐殖酸高效缓释肥（13-18-17）8～12 千克；或每亩施腐殖酸长效缓释肥（24-16-5）8～12 千克；或每亩施腐殖酸型过磷酸钙 10～15 千克、腐殖酸含促生菌生物复混肥（20-0-10）10～15 千克；或每亩施腐殖酸包裹尿素 10～12 千克、腐殖酸型过磷酸钙 15～20 千克、大粒钾肥 10～12 千克。

④ 盛荚肥。菜豆进入盛荚期，一般追施 1～2 次，间隔 10～15 天。根据当地肥源情况，可选择下列肥料组合之一：每次每亩施菜豆有机型专用肥 8～10 千克；或每次每亩施菜豆专用冲施肥 8～10 千克；或每次每亩施腐殖酸高效缓释肥（13-18-17）6～8 千克；或每次每亩施腐殖酸长效缓释肥（24-16-5）6～8 千克；或每次每亩施腐殖酸型过磷酸钙 10～15 千克、腐殖酸含促生菌生物复混肥（20-0-10）8～10 千克；或每次每亩施腐殖酸包裹尿素 4～6 千克、腐殖酸型过磷酸钙 8～10 千克、大粒钾肥 5～7 千克。

（3）根外追肥　菜豆苗期，叶面喷施 500～600 倍含氨基酸水溶肥或 500～600 倍含腐殖酸水溶肥 2 次，间隔期 15 天。结荚期，叶面喷施 500～600 倍含氨基酸螯合钼锌硼水溶肥、1500 倍活力钾混合溶液 1 次。采收期，每采收 1～2 次豆荚，叶面喷施 1500 倍活力钙、1500 倍活力钾混合溶液 1 次。

# 第二节　设施无公害豇豆测土配方施肥技术

豇豆的主要设施栽培方式：一是春提早栽培，主要采用塑料大棚、日光温室等设施；二是秋延迟栽培，主要采用塑料大棚等设施；三是越冬长季栽培，主要采用日光温室或连栋温室等设施。

## 一、设施豇豆营养需求特点

### 1. 养分需求

据报道，每生产 1000 千克设施豇豆产品，需要吸收纯氮 10.2 千克，五氧化二磷 4.4 千克，氧化钾 9.7 千克，但所需氮素仅有

4.05 千克是从土壤中吸收的，占所需氮素的 33.31%。设施豇豆对氮磷钾的吸收，以氮素最多，钾素次之，磷最少。

**2. 需肥特点**

另据王卫平等人（2013 年）研究，在豇豆的 4 个主要生育期（幼苗期、伸蔓期、结荚初期、结荚后期）中，养分需求最多的时期在结荚初期，其次在结荚后期。豇豆的养分总需求中，在营养生长期的氮磷钾吸收量较少，其吸收量约占 20.7%，生殖生长期约占总吸收量的 79.3%，至结荚后期利用了氮、磷总量的 82.2%，钾总量近 74.5%。

# 二、设施豇豆测土施肥配方及肥料组合

**1. 设施豇豆测土施肥配方**

（1）根据土壤肥力推荐　根据测定土壤硝态氮、有效磷、交换性钾等有效养分含量确定设施豇豆地土壤肥力分级（表 7-4），然后根据不同肥力水平推荐设施豇豆施肥量见表 7-5。

表 7-4　设施豇豆地土壤肥力分级

| 肥力水平 | 硝态氮/(毫克/千克) | 有效磷/(毫克/千克) | 有效钾/(毫克/千克) |
|---|---|---|---|
| 低 | <80 | <30 | <100 |
| 中 | 80~120 | 30~50 | 100~150 |
| 高 | >120 | >50 | >150 |

表 7-5　设施豇豆推荐施肥量

| 肥力等级 | 施肥量/(千克/亩) | | |
|---|---|---|---|
| | 氮 | 五氧化二磷 | 氧化钾 |
| 低肥力 | 9~11 | 6~8 | 12~13 |
| 中肥力 | 8~10 | 5~7 | 9~11 |
| 高肥力 | 7~9 | 4~6 | 7~9 |

（2）依据目标产量推荐　考虑到设施豇豆目标产量和当地施肥现状，设施豇豆的氮、磷、钾施肥量可参考表 7-6。

表 7-6　依据目标产量水平设施豇豆推荐施肥量

| 目标产量 /（千克/亩） | 有机肥 | 施肥量/（千克/亩） | | |
|---|---|---|---|---|
| | | 氮 | 五氧化二磷 | 氧化钾 |
| ＜1500 | 2500～3000 | 8～10 | 5～7 | 9～11 |
| 1500～2500 | 2000～2500 | 19～12 | 6～8 | 11～13 |
| ＞2500 | 1500～2000 | 12～14 | 7～9 | 13～15 |

**2. 无公害设施豇豆生产套餐肥料组合**

（1）基肥　可选用豇豆有机型专用肥、有机型复混肥料及单质肥料等。

① 豇豆有机型专用肥。根据测土施肥配方，以氮肥、磷肥、钾肥为基础，添加腐殖酸、有机型螯合微量元素、增效剂、调理剂等，生产豇豆有机型专用肥。根据当地施肥现状，综合各地豇豆配方肥配制资料，建议氮、磷、钾总养分量为 35%，氮磷钾比例分别为 1∶0.6∶1.9。基础肥料选用及用量（1 吨产品）：硫酸铵 100 千克、尿素 131 千克、磷酸二铵 94 千克、过磷酸钙 100 千克、钙镁磷肥 10 千克、氯化钾 316 千克、硝基腐殖酸 117 千克、氨基酸螯合钼硼锰锌铜铁 35 千克、生物制剂 25 千克、氨基酸 40 千克、增效剂 12 千克、调理剂 20 千克。

② 有机型复混肥料及单质肥料。也可选用腐殖酸含促生菌生物复混肥（20-0-10）、腐殖酸高效缓释肥（12-15-15）、硫基长效缓释复混肥（15-20-5）、腐殖酸型过磷酸钙、生物有机肥等。

（2）根际追肥　可选用豇豆专用冲施肥、有机型复混肥料、缓效型化肥等。

① 豇豆专用冲施肥。基础肥料选用及用量（1 吨产品）：硫酸铵 100 千克、尿素 156 千克、磷酸一铵 8 千克、氨化过磷酸钙 100 千克、氯化钾 288 千克、黄腐酸钾 50 千克、硝基腐殖酸 196 千克、硼砂 15 千克、氨基酸螯合锰锌铜铁钼 21 千克、硼砂 20 千克、氨基酸 24 千克、生物制剂 20 千克、增效剂 12 千克、调理剂 10 千克。

② 有机型复混肥料。主要有腐殖酸含促生菌生物复混肥（20-

0-10)、腐殖酸高效缓释肥（12-15-15）、腐殖酸长效缓释肥（24-16-5）等。

③ 缓效型化肥。主要有腐殖酸包裹尿素、增效尿素、腐殖酸型过磷酸钙、缓释磷酸二铵等。

（3）根外追肥　可根据豇豆生育情况，酌情选用含腐殖酸水溶肥、含氨基酸水溶肥、含海藻酸水溶肥、氨基酸螯合微量元素水溶肥、大量元素水溶肥、活力钙叶面肥、活力硼叶面肥等。

## 三、设施无公害豇豆施肥技术规程

本规程以设施豇豆高产、优质、无公害、环境友好为目标，选用有机无机复合肥料、长效缓释肥料、有机活性水溶肥料进行施用，各地在具体应用时，可根据当地栽培季节、栽培方式及测土配方推荐用量进行调整。

### 1. 春提早设施栽培无公害豇豆施肥技术规程

豇豆春提早设施栽培华北地区多在3月上旬播种，长江流域多在3月上旬播种，南方地区多在1月上旬至2月上旬播种。

（1）施足基肥　一般结合整地将基肥撒匀后进行耕翻整地起垄或作畦，以备播种。根据当地肥源情况，每亩施生物有机肥200～300千克或无害化处理过的有机肥2000～3000千克基础上，再选择下列肥料之一配合施用：每亩施豇豆有机型专用肥30～40千克；或每亩施腐殖酸型过磷酸钙30～40千克、腐殖酸含促生菌生物复混肥（20-0-10）30～40千克；或每亩施腐殖酸高效缓释肥（12-15-15）25～30千克；或每亩施硫基长效缓释复混肥（15-20-5）25～30千克；或每亩施腐殖酸包裹尿素12～15千克、腐殖酸型过磷酸钙30～40千克、大粒钾肥15～20千克。

（2）根际追肥　主要追施提苗肥、结荚肥、采收肥等。

① 提苗肥。一般在齐苗或定植缓苗后进行1次中耕、松土、施肥。根据当地肥源情况，可选择下列肥料组合之一：每亩施沼液1000～1200千克；或每亩施豇豆专用冲施肥8～10千克；或每亩施腐殖酸包裹尿素3～5千克、腐殖酸型过磷酸钙4～6千克、大粒钾肥3～5千克。

② 结荚肥。第一花序坐荚后开始结合浇水追施第1次肥。根

据当地肥源情况，可选择下列肥料组合之一：每亩施豇豆有机型专用肥 10～15 千克；或每亩施腐殖酸高效缓释肥（12-15-15）10～12 千克；或每亩施硫基长效缓释复混肥（15-20-5）10～12 千克；或每亩施豇豆专用冲施肥 12～15 千克；或每亩施腐殖酸型过磷酸钙 10～15 千克、腐殖酸含促生菌生物复混肥（20-0-10）12～15 千克；或每亩施腐殖酸包裹尿素 8～10 千克、腐殖酸型过磷酸钙 10～15 千克、大粒钾肥 10～15 千克。

③ 采收肥。豇豆进入结荚盛期，应重施追肥，一般每采收豆角 2 次追施 1 次肥料（或每采收 1 次追施肥料 1 次，但施肥量减半）。根据当地肥源情况，可选择下列肥料组合之一：每次每亩施豇豆有机型专用肥 12～15 千克；或每次每亩施豇豆专用冲施肥 12～15 千克；或每次每亩施腐殖酸高效缓释肥（12-15-15）10～15 千克；或每次每亩施腐殖酸长效缓释肥（24-16-5）8～12 千克、大粒钾肥 10～12 千克；或每次每亩施腐殖酸型过磷酸钙 10～15 千克、腐殖酸含促生菌生物复混肥（20-0-10）10～15 千克；或每次每亩施腐殖酸包裹尿素 8～10 千克、腐殖酸型过磷酸钙 10～15 千克、大粒钾肥 10～15 千克。

（3）根外追肥　豇豆苗期，叶面喷施 500～600 倍含氨基酸水溶肥或 500～600 倍含腐殖酸水溶肥 2 次，间隔期 15 天。结荚期，叶面喷施 1500 倍含活力硼水溶肥、1500 倍活力钾混合溶液 1 次。采收期，每采收 1～2 次豆荚，叶面喷施 1500 倍活力钾混合溶液 1 次。

**2. 秋延迟设施栽培无公害豇豆施肥技术规程**

豇豆秋延迟设施栽培，北方矮生品种 7 月下旬播种，蔓生品种 6 月下旬至 7 月下旬播种；长江流域矮生品种、蔓生品种均在 7 月底至 8 月初播种；华南地区多在 8 月上旬至 9 月上旬播种。

（1）施足基肥　一般结合整地将基肥撒匀后进行耕翻整地起垄或作畦，以备播种。根据当地肥源情况，每亩施生物有机肥 200～300 千克或无害化处理过的有机肥 2000～3000 千克基础上，再选择下列肥料之一配合施用：每亩施豇豆有机型专用肥 20～25 千克；或每亩施腐殖酸型过磷酸钙 20～25 千克、腐殖酸含促生菌生物复混肥（20-0-10）20～25 千克；或每亩施腐殖酸高效缓释肥（12-15-

15）16～20千克；或每亩施硫基长效缓释复混肥（15-20-5）16～20千克；或每亩施腐殖酸包裹尿素10～12千克、腐殖酸型过磷酸钙20～25千克、大粒钾肥10～15千克。

（2）根际追肥　主要追施提苗肥、结荚肥、采收肥等。

① 提苗肥。一般在齐苗或定植缓苗后进行1次中耕、松土、施肥。根据当地肥源情况，可选择下列肥料组合之一：每亩施沼液800～1000千克；或每亩施豇豆专用冲施肥5～7千克；或每亩施腐殖酸包裹尿素2～3千克。

② 结荚肥。一般在蔓架中部已经开花，底荚长到10厘米左右重施1次肥。根据当地肥源情况，可选择下列肥料组合之一：每亩施豇豆有机型专用肥15～20千克；或每亩施腐殖酸高效缓释肥（12-15-15）14～18千克；或每亩施硫基长效缓释复混肥（15-20-5）15～18千克；或每亩施豇豆专用冲施肥16～20千克；或每亩施腐殖酸型过磷酸钙15～20千克、腐殖酸含促生菌生物复混肥（20-0-10）15～20千克；或每亩施腐殖酸包裹尿素10～15千克、腐殖酸型过磷酸钙15～20千克、大粒钾肥10～15千克。

③ 采收肥。从第一采收开始，每隔7天左右施肥1次，连追2次，以后根据豇豆长势酌情追施。根据当地肥源情况，可选择下列肥料组合之一：每次每亩施豇豆有机型专用肥10～15千克；或每次每亩施豇豆专用冲施肥10～15千克；或每次每亩施腐殖酸高效缓释肥（12-15-15）10～12千克；或每次每亩施腐殖酸长效缓释肥（24-16-5）10～12千克、大粒钾肥8～10千克；或每次每亩施腐殖酸型过磷酸钙10～15千克、腐殖酸含促生菌生物复混肥（20-0-10）10～15千克；或每次每亩施腐殖酸包裹尿素8～10千克、腐殖酸型过磷酸钙10～15千克、大粒钾肥10～15千克。

（3）根外追肥　豇豆苗期，叶面喷施500～600倍含氨基酸水溶肥或500～600倍含腐殖酸水溶肥2次，间隔期15天。结荚期，叶面喷施1500倍含活力硼水溶肥、1500倍活力钾混合溶液1次。采收期，每采收1～2次豆荚，叶面喷施1500倍活力钾混合溶液1次。

### 3. 越冬长季设施栽培无公害豇豆营养套餐施肥技术规程

豇豆越冬长季设施栽培，一般在8月上旬至10月上旬均可播种。一般在保温好的日光温室中进行。

（1）施足基肥　一般结合整地将基肥撒匀后进行耕翻整地起垄或作畦，以备播种。根据当地肥源情况，每亩施生物有机肥 300～400 千克或无害化处理过的有机肥 3000～4000 千克基础上，再选择下列肥料之一配合施用：每亩施豇豆有机型专用肥 30～40 千克；或每亩施腐殖酸型过磷酸钙 20～40 千克、腐殖酸含促生菌生物复混肥（20-0-10）30～40 千克；或每亩施腐殖酸高效缓释肥（12-15-15）25～30 千克；或每亩施硫基长效缓释复混肥（15-20-5）25～30 千克；或每亩施腐殖酸包裹尿素 12～15 千克、腐殖酸型过磷酸钙 20～30 千克、大粒钾肥 15～20 千克。

（2）根际追肥　主要追施伸蔓肥、结荚采收肥等。

① 伸蔓肥。一般在蔓生豇豆搭架前、矮生豇豆开花前施 1 次肥。根据当地肥源情况，可选择下列肥料组合之一：每亩施豇豆有机型专用肥 6～8 千克；或每亩施腐殖酸高效缓释肥（12-15-15）5～7 千克；或每亩施硫基长效缓释复混肥（15-20-5）5～7 千克；或每亩施豇豆专用冲施肥 6～8 千克；或每亩施腐殖酸型过磷酸钙 6～8 千克、腐殖酸含促生菌生物复混肥（20-0-10）6～8 千克；或每亩施腐殖酸包裹尿素 5～7 千克、腐殖酸型过磷酸钙 10～12 千克、大粒钾肥 6～8 千克。

② 结荚采收肥。豇豆进入结荚期，每隔 10～15 天追肥 1 次。根据当地肥源情况，可选择下列肥料组合之一：每亩施豇豆有机型专用肥 15～20 千克；或每亩施腐殖酸高效缓释肥（12-15-15）14～18 千克；或每亩施硫基长效缓释复混肥（15-20-5）15～18 千克；或每亩施豇豆专用冲施肥 16～20 千克；或每亩施腐殖酸型过磷酸钙 15～20 千克、腐殖酸含促生菌生物复混肥（20-0-10）15～20 千克；或每亩施腐殖酸包裹尿素 10～15 千克、腐殖酸型过磷酸钙 15～20 千克、大粒钾肥 10～15 千克。

（3）根外追肥　豇豆苗期，叶面喷施 500～600 倍含氨基酸水溶肥或 500～600 倍含腐殖酸水溶肥 2 次，间隔期 15 天。结荚期，叶面喷施 1500 倍含活力硼水溶肥、1500 倍活力钾混合溶液 1 次。采收期，每采收 1～2 次豆荚，叶面喷施 1500 倍活力钾混合溶液 1 次。

（4）追施气肥　有条件的，开花后晴天每天上午 8～10 时追施二氧化碳气肥，施后 2 小时适当通风。

# 第三节　设施无公害荷兰豆测土配方施肥技术

荷兰豆的主要设施栽培方式：一是春提早栽培，主要采用塑料大棚、日光温室等设施；二是越冬长季栽培，主要采用日光温室或连栋温室等设施。

## 一、设施荷兰豆营养需求特点

### 1. 养分需求

据有关资料报道，每生产 1000 千克荷兰豆需纯氮 3～11.5 千克，五氧化二磷 1～6 千克，氧化钾 5.7～12 千克，氮磷钾吸收比例为 1∶0.36～0.62∶0.73～2.14。若采摘嫩荚，氮、磷、钾的吸收量则少于上述比例。

### 2. 需肥特点

荷兰豆营养生长阶段，生长量小，养分吸收也少，到了开花、坐荚以后，生长量迅速增大，养分吸收量也大幅增加。自出苗到始花期，氮的吸收量占一生总吸收量的 40%，开花期占 59%，终花期至成熟占 1%；磷的吸收分别为 30%、36%、34%；钾的吸收分别为 60%、23%、17%。

荷兰豆的根瘤虽能固定土壤及空气中的氮素，但仍需依赖土壤供氮或施氮肥补充。施用氮肥要经常考虑根瘤的供氮状况，在生育初期，如施氮过多，会使根瘤形成延迟，并引起茎叶生长过于茂盛而造成落花落荚；在收获期供氮不足，则收获期缩短，产量降低。增施磷、钾肥可以促进豌豆根瘤的形成，防止徒长，增强抗病性。

## 二、设施荷兰豆测土施肥配方及肥料组合

### 1. 设施荷兰豆测土施肥配方

（1）根据土壤肥力推荐　根据测定土壤硝态氮、有效磷、交换性钾等有效养分含量确定设施荷兰豆地土壤肥力分级（表7-7），然后根据不同肥力水平推荐设施荷兰豆施肥量见表7-8。

**表7-7　设施荷兰豆地土壤肥力分级**

| 肥力水平 | 硝态氮/(毫克/千克) | 有效磷/(毫克/千克) | 有效钾/(毫克/千克) |
|---|---|---|---|
| 低 | <60 | <30 | <80 |
| 中 | 60~100 | 30~50 | 80~120 |
| 高 | >100 | >50 | >120 |

**表7-8　设施荷兰豆推荐施肥量**

| 肥力等级 | 施肥量/(千克/亩) | | |
|---|---|---|---|
| | 氮 | 五氧化二磷 | 氧化钾 |
| 低肥力 | 17~20 | 7~9 | 10~12 |
| 中肥力 | 14~17 | 6~8 | 9~11 |
| 高肥力 | 11~14 | 5~7 | 8~10 |

（2）依据目标产量推荐　考虑到设施荷兰豆目标产量和当地施肥现状，设施荷兰豆的氮、磷、钾施肥量可参考表7-9。

**表7-9　依据目标产量水平设施荷兰豆推荐施肥量**

| 目标产量/(千克/亩) | 有机肥 | 施肥量/(千克/亩) | | |
|---|---|---|---|---|
| | | 氮 | 五氧化二磷 | 氧化钾 |
| <1500 | 2500~3000 | 14~16 | 5~7 | 7~9 |
| 1500~2000 | 2000~2500 | 16~18 | 7~9 | 9~11 |
| >2000 | 1500~2000 | 18~20 | 8~10 | 11~13 |

## 2. 无公害设施荷兰豆生产套餐肥料组合

（1）基肥　可选用荷兰豆有机型专用肥、有机型复混肥料及单质肥料等。

① 荷兰豆有机型专用肥。根据测土施肥配方，以氮肥、磷肥、钾肥为基础，添加腐殖酸、有机型螯合微量元素、增效剂、调理剂等，生产荷兰豆有机型专用肥。根据当地施肥现状，建议氮、磷、钾总养分量为30%，氮磷钾比例分别为1：0.42：1.08。基础肥料选用及用量（1吨产品）：硫酸铵100千克、尿素194千克、磷酸一铵63千克、过磷酸钙100千克、钙镁磷肥10千克、氯化钾216千

克、硝基腐殖酸 181 千克、氨基酸螯合钼硼锰 21 千克、生物固氮磷钾菌肥 60 千克、生物制剂 20 千克、增效剂 10 千克、调理剂 25 千克。

② 有机型复混肥料及单质肥料。也可选用腐殖酸含促生菌生物复混肥（20-0-10）、腐殖酸高效缓释肥（12-6-24）、硫基长效缓释复混肥（15-20-5）、腐殖酸型过磷酸钙、生物有机肥等。

（2）根际追肥 可选用荷兰豆专用冲施肥、有机型复混肥料、缓效型化肥等。

① 荷兰豆专用冲施肥。基础肥料选用及用量（1 吨产品）：硫酸铵 100 千克、尿素 280 千克、氯化钾 266 千克、磷酸二氢钾 50 千克、黄腐酸钾 50 千克、硝基腐殖酸 94 千克、硼砂 20 千克、氨基酸螯合锰 20 千克、氨基酸 50 千克、生物制剂 30 千克、增效剂 10 千克、调理剂 30 千克。

② 有机型复混肥料。主要有腐殖酸含促生菌生物复混肥（20-0-10）、腐殖酸高效缓释肥（12-6-24）、腐殖酸长效缓释肥（15-20-5）等。

③ 缓效型化肥。主要有腐殖酸包裹尿素、腐殖酸型过磷酸钙、缓释磷酸二铵等。

（3）根外追肥 可根据荷兰豆生育情况，酌情选用含腐殖酸水溶肥、含氨基酸水溶肥、含海藻酸水溶肥、氨基酸螯合微量元素水溶肥、大量元素水溶肥、活力钙叶面肥、活力硼叶面肥等。

# 三、设施无公害荷兰豆施肥技术规程

本规程以设施荷兰豆高产、优质、无公害、环境友好为目标，选用有机无机复合肥料、长效缓释肥料、有机活性水溶肥料进行施用，各地在具体应用时，可根据当地栽培季节、栽培方式及测土配方推荐用量进行调整。

荷兰豆越冬长季或早春茬设施栽培，一般利用日光温室进行，采用育苗移栽定植。这里以越冬长季或早春茬设施栽培无公害荷兰豆为例。

## 1. 施足基肥

一般结合整地将基肥撒匀后进行耕翻整地起垄或作畦，以备播种。根据当地肥源情况，每亩施生物有机肥 300～500 千克或无害化处理过的有机肥 3000～5000 千克基础上，再选择下列肥料之一配合施用：每亩施荷兰豆有机型专用肥 40～50 千克；或每亩施腐殖酸型过磷酸钙 40～50 千克、腐殖酸含促生菌生物复混肥（20-0-10）40～50 千克；或每亩施腐殖酸高效缓释肥（12-6-24）30～40 千克；或每亩施硫基长效缓释复混肥（15-20-5）30～40 千克、大粒钾肥 10～15 千克；或每亩施腐殖酸包裹尿素 15～20 千克、腐殖酸型过磷酸钙 40～50 千克、大粒钾肥 15～20 千克。

**2. 根际追肥**

（1）花蕾肥　菜用豌豆（包括荷兰豆）当显花蕾后立即浇水施肥。根据当地肥源情况，可选择下列肥料组合之一：每亩施荷兰豆有机型专用肥 10～15 千克；或每亩施腐殖酸高效缓释肥（12-6-24）10～12 千克；或每亩施硫基长效缓释复混肥（15-20-5）10～12 千克、大粒钾肥 3～5 千克；或每亩施荷兰豆专用冲施肥 10～15 千克；或每亩施腐殖酸型过磷酸钙 10～15 千克、腐殖酸含促生菌生物复混肥（20-0-10）10～15 千克；或每亩施腐殖酸包裹尿素 8～10 千克、腐殖酸型过磷酸钙 10～15 千克、大粒钾肥 10～15 千克。

（2）结荚肥　一般第一荚果结成小荚，第二花刚谢后，开始浇水进行第 2 次追肥，以后每隔 10～15 天追肥 1 次。根据当地肥源情况，可选择下列肥料组合之一：每次每亩施荷兰豆有机型专用肥 15～20 千克；或每次每亩施腐殖酸高效缓释肥（12-6-24）14～18 千克；或每次每亩施硫基长效缓释复混肥（15-20-5）15～18 千克、大粒钾肥 6～8 千克；或每次每亩施荷兰豆专用冲施肥 15～20 千克；或每次每亩施腐殖酸型过磷酸钙 15～20 千克、腐殖酸含促生菌生物复混肥（20-0-10）15～20 千克；或每次每亩施腐殖酸包裹尿素 10～15 千克、腐殖酸型过磷酸钙 15～20 千克、大粒钾肥 10～15 千克。

**3. 根外追肥**

荷兰豆苗期至开花期，叶面喷施 500～600 倍含氨基酸水溶肥或 500～600 倍含腐殖酸水溶肥、1500 倍活力硼混合液 2 次，间隔期 15 天。结荚期，叶面喷施 500～600 倍含氨基酸水溶肥或 500～600 倍含腐殖酸水溶肥、1500 倍活力钾混合溶液 2 次，间隔期 15 天。

# 第八章

# 设施无公害白菜类蔬菜测土配方施肥技术

白菜类蔬菜主要是指十字花科中以叶球、花球、嫩茎、嫩叶为产品的一类蔬菜。常见的栽培品种主要有大白菜、小白菜、结球甘蓝、花椰菜等。

## 第一节 设施无公害结球甘蓝测土配方施肥技术

设施栽培甘蓝品种的选择需结合栽培时间和不同设施类型选择。结球甘蓝设施栽培主要方式：一是春提早栽培，采用塑料小拱棚、塑料大棚、日光温室等设施；二是秋延迟栽培，多采用塑料小拱棚设施；三是越冬栽培，多采用日光温室设施。

### 一、设施结球甘蓝营养需求特点

#### 1. 养分需求

设施结球甘蓝整个生长期吸收的氮、磷、钾三要素大致比例为 3 : 1 : 4，吸收的氮、钾、钙较多，磷较少。一般每生产 1000 千克结球甘蓝需吸收氮 $4.1 \sim 6.5$ 千克，五氧化二磷 $1.2 \sim 1.9$ 千克，氧化钾 $4.9 \sim 6.8$ 千克。

**2. 需肥特点**

结球甘蓝的生育期不同，对氮、磷、钾等养分的吸收量不同。生长前期吸收氮素较多，到莲座期达到最高峰。结球甘蓝从播种到开始结球，生长量逐渐增大，氮、磷、钾的吸收量也逐渐增加，前期氮、磷的吸收量约为总吸收量的 15%～20%，而钾的吸收量较少约为 6%～10%；开始结球后，养分吸收量迅速增加，在结球的 30～40 天内氮、磷的吸收量占总吸收量的 80%～85%，而钾的吸收量最多，占总吸收量的 90%。

## 二、设施结球甘蓝测土施肥配方及肥料组合

### 1. 设施结球甘蓝测土施肥配方

（1）根据土壤肥力推荐　根据测定土壤硝态氮、速效磷、速效钾等有效养分含量确定设施结球甘蓝地土壤肥力分级（表 8-1），然后根据不同肥力水平推荐施肥量见表 8-2。

表 8-1　设施结球甘蓝地土壤肥力分级

| 肥力水平 | 硝态氮/(毫克/千克) | 速效磷/(毫克/千克) | 速效钾/(毫克/千克) |
|---|---|---|---|
| 低 | <100 | <50 | <120 |
| 中 | 100～150 | 50～100 | 120～160 |
| 高 | >150 | >100 | >160 |

表 8-2　设施结球甘蓝推荐施肥量

| 肥力等级 | 施肥量/(千克/亩) | | |
|---|---|---|---|
| | 氮 | 五氧化二磷 | 氧化钾 |
| 低肥力 | 19～22 | 8～10 | 12～14 |
| 中肥力 | 17～20 | 7～9 | 10～12 |
| 高肥力 | 15～18 | 6～8 | 8～10 |

（2）依据目标产量推荐　设施结球甘蓝基肥一次施用优质农家肥 4000 千克/亩，根据产量水平确定氮、磷、钾肥施用量（表 8-3）。氮钾肥 30%～40% 基施，60%～70% 在莲座期和结球初期分 2 次追施，注意在结球初期增施钾肥，磷肥全部作基肥条施或穴施。

表 8-3  依据目标产量设施结球甘蓝推荐施肥量

| 产量水平 /(千克/亩) | 施肥量/(千克/亩) | | |
|---|---|---|---|
| | 氮 | 五氧化二磷 | 氧化钾 |
| 4500～5500 | 10～12 | 4～6 | 11～13 |
| 5500～6500 | 17～20 | 6～8 | 13～15 |
| >6500 | 15～18 | 8～10 | 15～17 |

对往年"干烧心"发生较严重的地块，注意控氮补钙，可于莲座期至结球后期叶面喷施 0.3%～0.5% 的氯化钙（$CaCl_2$）溶液或硝酸钙溶液 2～3 次；南方地区菜园土壤 pH 值<5 时，每亩需施用生石灰 100～150 千克；土壤 pH 值<4.5 时，每亩需施用生石灰（宜在整地前施用）150～200 千克。对于缺硼的地块，可基施硼砂 0.5～1 千克/亩，或叶面喷施 0.2%～0.3% 的硼砂溶液 2～3 次。同时可结合喷药喷施 2～3 次 0.5% 的磷酸二氢钾，以提高甘蓝的净菜率和商品率。

**2. 无公害设施结球甘蓝生产套餐肥料组合**

（1）基肥  可选用结球甘蓝有机型专用肥、有机型复混肥料及单质肥料等。

① 结球甘蓝有机型专用肥。根据测土施肥配方，以氮肥、磷肥、钾肥为基础，添加腐殖酸、有机型螯合微量元素、增效剂、调理剂等，生产结球甘蓝有机型专用肥。根据当地结球甘蓝施肥现状，选取下列 3 个配方中一个作为基肥施用。

配方 1：建议氮、磷、钾总养分量为 37%，氮磷钾比例分别为 1∶0.42∶0.68。基础肥料选用及用量（1 吨产品）：硫酸铵 100 千克、尿素 300 千克、磷酸一铵 150 千克、氯化钾 200 千克、硝基腐殖酸 100 千克、硼砂 20 千克、硫酸镁 40 千克、生物制剂 30 千克、氨基酸 30 千克、增效剂 10 千克、调理剂 20 千克。

配方 2：建议氮、磷、钾总养分量为 28%，氮磷钾比例分别为 1∶0.9∶0.9。基础肥料选用及用量（1 吨产品）：硫酸铵 100 千克、氯化铵 50 克、尿素 100 千克、磷酸一铵 150 千克、过磷酸钙 100 千克、钙镁磷肥 10 千克、氯化钾 150 千克、硼砂 20 千克、硝基腐殖酸 200 千克、氨基酸 40 千克、生物制剂 35 千克、增效剂 12 千克、调理剂 33 千克。

配方 3：建议氮、磷、钾总养分量为 25%，氮磷钾比例分别为 1∶0.44∶1.33。基础肥料选用及用量（1 吨产品）：硫酸铵 150 千克、尿素 120 千克、过磷酸钙 250 千克、钙镁磷肥 50 千克、氯化钾 200 千克、硼砂 20 千克、硝基腐殖酸 100 千克、氨基酸 38 千克、生物制剂 30 千克、增效剂 12 千克、调理剂 30 千克。

② 有机型复混肥料或单质肥料。主要有腐殖酸含促生菌生物复混肥（20-0-10）、腐殖酸高效缓释肥（16-13-16）、腐殖酸高效缓释复混肥（24-16-5）、腐殖酸型过磷酸钙、生物有机肥等。

（2）根际追肥　可选用结球甘蓝专用冲施肥、有机型复混肥料、缓效型化肥等。

① 结球甘蓝专用冲施肥。基础肥料选用及用量（1 吨产品）：硫酸铵 150 千克、尿素 188 千克、氯化钾 150 千克、氨化过磷酸钙 150 千克、腐殖酸钾 80 千克、硫酸镁 150 千克、氨基酸钙锌硼锰铁铜 50 千克、氨基酸 30 千克、生物制剂 20 千克、增效剂 12 千克、调理剂 20 千克。

② 有机型复混肥料。主要有腐殖酸高效缓释肥（15-5-20）、硫基长效缓释复混肥（24-16-5）、腐殖酸含促生菌生物复混肥（20-0-10）等。

③ 缓效型单质肥料。主要有腐殖酸包裹尿素、增效尿素、腐殖酸型过磷酸钙、缓释磷酸二铵等。

（3）根外追肥　可根据结球甘蓝生育情况，酌情选用含腐殖酸水溶肥、含氨基酸水溶肥、含海藻酸水溶肥、氨基酸螯合微量元素水溶肥、大量元素水溶肥、活力钙叶面肥、活力钾叶面肥、活力硼叶面肥、高钾素叶面肥等。

## 三、设施无公害结球甘蓝施肥技术规程

本规程以设施结球甘蓝高产、优质、无公害、环境友好为目标，选用有机无机复合肥料、长效缓释肥料、有机活性水溶肥料进行施用，各地在具体应用时，可根据当地栽培季节、栽培方式及测土配方推荐用量进行调整。

### 1. 基肥

基肥施用方法可以采用撒施和条施。根据当地肥源情况，每亩施生物有机肥 250~300 千克或无害化处理过的有机肥 2500~3000 千克基础上，缺硼、缺镁土壤一般亩施硼砂 1.0~1.5 千克、硫酸镁 10~15 千克，再选择下列肥料之一配合施用：每亩施结球甘蓝有机型专用肥 50~60 千克；或每亩施腐殖酸型过磷酸钙 40~50 千克、腐殖酸含促生菌生物复混肥（20-0-10）50~60 千克；或每亩施腐殖酸高效缓释肥（16-13-16）40~50 千克；或每亩施腐殖酸高效缓释复混肥（24-16-5）40~50 千克；或每亩施腐殖酸包裹尿素 15~18 千克、腐殖酸型过磷酸钙 40~50 千克、大粒钾肥 10~15 千克。

### 2. 根际追肥

（1）心叶抱合期肥　当植株旺盛生长、叶片明显有蜡粉、心叶开始抱合时，及时结束蹲苗，再结合浇水进行追肥。根据当地肥源情况，可选择下列肥料组合之一：每亩施结球甘蓝专用冲施肥 10~15 千克；或每亩施腐殖酸包裹尿素 12~16 千克、大粒钾肥 8~10 千克。

（2）结球初期肥　主要在结球初期可结合浇水进行追肥。根据当地肥源情况，可选择下列肥料组合之一：每亩施结球甘蓝有机型专用肥 20~25 千克；或每亩施腐殖酸涂高效缓释肥（15-5-20）15~20 千克；或每亩施结球甘蓝专用冲施肥 15~20 千克；或每亩施腐殖酸高效缓释复混肥（24-16-5）10~15 千克；或每亩施缓释磷酸二铵 10~15 千克、大粒钾肥 10~15 千克。

（3）结球中期肥　结球中期可随灌溉水冲施肥料。根据当地肥源情况，可选择下列肥料组合之一：每亩施结球甘蓝专用冲施肥 10~12 千克；或每亩施腐殖酸包裹尿素 10~12 千克、大粒钾肥 5~10 千克；或每亩施无害化处理过的腐熟饼肥液 600~800 千克。

### 3. 根外追肥

结球甘蓝进入莲座期，叶面喷施 500~600 倍含氨基酸水溶肥或 500~600 倍含腐殖酸水溶肥、1500 倍活力钙、1500 倍活力硼混合溶液 2 次，间隔期 15 天。结球期，叶面喷施 500~600 倍高钾素或活力钾叶面肥、1500 倍活力钙混合溶液 1 次。

# 第二节　设施无公害花椰菜测土配方施肥技术

花椰菜设施栽培主要方式：一是春提早栽培，选择早熟或中早熟品种，采用塑料小拱棚、塑料大棚、改良阳畦等设施；二是秋延迟栽培，选择中晚熟品种，多采用塑料小拱棚、塑料大棚设施。

## 一、设施花椰菜营养需求特点

### 1. 养分需求

设施花椰菜在整个生长期，每生产 1000 千克花球，需吸收纯氮 13.4 千克，五氧化二磷 4.0 千克，氧化钾 9.6 千克，氮磷钾吸收比例为 1∶0.3∶0.7。其中需要量最多的是氮和钾，特别是叶簇生长旺盛时期需氮肥更多，花球形成期需磷比较多。

### 2. 需肥特点

设施花椰菜喜水喜肥，整个生长期对氮肥需要量较大，特别是叶簇生长旺盛时期需氮肥更多，对磷、钾的需求集中在花球形成期。设施花椰菜各生育期对养分的需求不同。未出现花蕾前，吸收养分少；随着花蕾的出现和膨大，植株对养分的吸收速度迅速增加；花球膨大盛期是花吸收养分最多、速度最快的时期。营养生长期对氮的需要量最大，且硝态氮肥效最好，其次为钾肥；但在花球形成期则需较多的磷肥，同时对硼、镁、钙、钼需求量比较大，尤其是钙。

## 二、设施花椰菜测土施肥配方及肥料组合

### 1. 设施花椰菜测土施肥配方

（1）根据土壤肥力推荐　根据测定土壤硝态氮、速效磷、速效钾等有效养分含量确定设施花椰菜地土壤肥力分级（表8-4），然后根据不同肥力水平推荐施肥量见表8-5。

表 8-4　设施花椰菜地土壤肥力分级

| 肥力水平 | 硝态氮/(毫克/千克) | 速效磷/(毫克/千克) | 速效钾/(毫克/千克) |
|---|---|---|---|
| 低 | <100 | <50 | <120 |

| 肥力水平 | 硝态氮/(毫克/千克) | 速效磷/(毫克/千克) | 速效钾/(毫克/千克) |
|---|---|---|---|
| 中 | 100～150 | 50～100 | 120～160 |
| 高 | >150 | >100 | >160 |

**表 8-5　设施花椰菜推荐施肥量**

| 肥力等级 | 施肥量/(千克/亩) | | |
|---|---|---|---|
| | 氮 | 五氧化二磷 | 氧化钾 |
| 低肥力 | 23～26 | 9～11 | 13～15 |
| 中肥力 | 21～24 | 7～9 | 12～14 |
| 高肥力 | 19～22 | 5～7 | 11～12 |

（2）根据目标产量水平推荐　在大量施用有机肥的基础上，适当减少化肥用量；磷肥做底肥一次性施入，氮肥追施应在莲座期、花球形成前期及后期分次施入，钾肥50％作基肥、剩余部分分两次在莲座期和花球形成前期追施。根据设施花椰菜目标产量水平推荐的氮、磷、钾施肥量可参考表 8-6。

**表 8-6　设施花椰菜不同产量水平推荐施肥量**

| 目标产量/(千克/亩) | 施肥量/(千克/亩) | | |
|---|---|---|---|
| | 氮 | 五氧化二磷 | 氧化钾 |
| <2000 | 16～19 | 6～8 | 13～15 |
| 2000～3500 | 19～22 | 7～9 | 15～17 |
| >3500 | 22～25 | 8～10 | 17～20 |

**2. 无公害设施花椰菜生产套餐肥料组合**

（1）基肥　可选用花椰菜有机型专用肥、有机型复混肥料及单质肥料等。

① 花椰菜有机型专用肥。根据测土施肥配方，以氮肥、磷肥、钾肥为基础，添加腐殖酸、有机型螯合微量元素、增效剂、调理剂等，生产花椰菜有机型专用肥，根据当地花椰菜施肥现状，选取下

列 3 个配方中一个作为基肥施用。

配方 1：建议氮、磷、钾总养分量为 35％，氮磷钾比例分别为 1∶1∶1.09。基础肥料选用及用量（1 吨产品）：硫酸铵 100 千克、尿素 160 千克、磷酸一铵 200 千克、过磷酸钙 100 千克、氯化钾 200 千克、钙镁磷肥 20 千克、硝基腐殖酸 100 千克、氨基酸铜 5 千克、生物制剂 29.5 千克、氨基酸 30 千克、增效剂 12 千克、调理剂 23 千克。

配方 2：建议氮、磷、钾总养分量为 30％，氮磷钾比例分别为 1∶1.21∶0.95。基础肥料选用及用量（1 吨产品）：氯化铵 100 千克、硫酸铵 100 千克、尿素 60 千克、磷酸一铵 200 千克、过磷酸钙 100 千克、氯化钾 150 千克、钙镁磷肥 10 千克、硝基腐殖酸 130 千克、硼砂 20 千克、钼酸铵 0.5 千克、氨基酸铜 5 千克、生物制剂 32.5 千克、氨基酸 50 千克、增效剂 12 千克、调理剂 30 千克。

配方 3：建议氮、磷、钾总养分量为 25％，氮磷钾比例分别为 1∶0.94∶1.2。基础肥料选用及用量（1 吨产品）：硫酸铵 100 千克、尿素 110 千克、磷酸一铵 80 千克、过磷酸钙 120 千克、氯化钾 160 千克、钙镁磷肥 100 千克、硝基腐殖酸 200 千克、硼砂 10 千克、氨基酸铜钼 12 千克、生物制剂 30 千克、氨基酸 40 千克、增效剂 10 千克、调理剂 28 千克。

② 有机型复混肥料或单质肥料。也可选用腐殖酸含促生菌生物复混肥（20-0-10）、腐殖酸高效缓释肥（18-6-4）、腐殖酸高效缓释复混肥（24-16-5）、腐殖酸型过磷酸钙、生物有机肥等。

（2）根际追肥　可选用花椰菜专用冲施肥、有机型复混肥料、缓效型化肥等。

① 花椰菜专用冲施肥。基础肥料选用及用量（1 吨产品）：硫酸铵 150 千克、尿素 200 千克、氨化过磷酸钙 150 千克、氯化钾 150 千克、腐殖酸钾 100 千克、七水硫酸镁 120 千克、硼砂 15 千克、氨基酸螯合钙锰锌钼铁 21 千克、氨基酸 34 千克、生物制剂 23 千克、增效剂 12 千克、调理剂 25 千克。

② 有机型复混肥料。主要有腐殖酸高效缓释肥（15-5-20）、腐殖酸高效缓释复混肥（24-16-5）等。

③ 缓效型单质肥料。主要有腐殖酸包裹尿素、增效尿素、腐

殖酸型过磷酸钙、缓释磷酸二铵等。

（3）根外追肥　可根据花椰菜生育情况，酌情选用含腐殖酸水溶肥、含氨基酸水溶肥、含海藻酸水溶肥、氨基酸螯合微量元素水溶肥、大量元素水溶肥、活力钙叶面肥、活力钾叶面肥、活力硼叶面肥、高钾素叶面肥等。

## 三、设施无公害花椰菜施肥技术规程

本规程以设施花椰菜高产、优质、无公害、环境友好为目标，选用有机无机复合肥料、长效缓释肥料、有机活性水溶肥料进行施用，各地在具体应用时，可根据当地栽培季节、栽培方式及测土配方推荐用量进行调整。

### 1. 塑料小拱棚栽培无公害花椰菜施肥技术规程

塑料小拱棚栽培花椰菜可用于春提早栽培或秋延迟栽培。

（1）基肥　结合整地，撒施或沟施基肥。根据当地肥源情况，每亩施生物有机肥 200～300 千克或无害化处理过的有机肥 2000～3000 千克基础上，再选择下列肥料之一配合施用：每亩施花椰菜有机型专用肥 60～80 千克；或每亩施腐殖酸型过磷酸钙 40～50 千克、腐殖酸含促生菌生物复混肥（20-0-10）60～70 千克；或每亩施腐殖酸高效缓释肥（18-6-4）60～80 千克；或每亩施腐殖酸高效缓释复混肥（24-16-5）50～70 千克；或每亩施腐殖酸包裹尿素 12～16 千克、腐殖酸型过磷酸钙 50～60 千克、大粒钾肥 12～15 千克。

（2）根际追肥　主要追施缓苗肥、莲座肥、催球肥等。

① 缓苗肥。定植后 5～6 天，浇 1 次缓苗水，及时中耕追肥。根据当地肥源情况，可选择下列肥料组合之一：每亩施花椰菜专用冲施肥 12～15 千克；或每亩施腐殖酸包裹尿素 10～15 千克。

② 莲座肥。一般在定植 15 天左右，进入莲座期可结合浇水进行追肥，以促进花芽、花蕾分化和花球形成。根据当地肥源情况，可选择下列肥料组合之一：每亩施花椰菜有机型专用肥 15～18 千克；或每亩施腐殖酸涂高效缓释肥（15-5-20）12～16 千克；或每亩施花椰菜专用冲施肥 15～18 千克；或每亩施腐殖酸高效缓释复混肥（24-16-5）10～15 千克；或每亩施腐殖酸包裹尿素 12～15 千

克、大粒钾肥 8～10 千克。

③ 催球肥。花球形成初期,可结合浇水进行追肥,以促进花球的快速膨大,防止花茎空心。根据当地肥源情况,可选择下列肥料组合之一:每亩施结球甘蓝有机型专用肥 20～25 千克;或每亩施腐殖酸涂高效缓释肥（15-5-20）18～20 千克;或每亩施花椰菜蓝专用冲施肥 20～25 千克;或每亩施腐殖酸高效缓释复混肥（24-16-5）16～20 千克;或每亩施腐殖酸包裹尿素 15～20 千克、大粒钾肥 10～15 千克。

（3）根外追肥　花椰菜菜苗返青后,叶面喷施 500～600 倍含氨基酸水溶肥或 500～600 倍含腐殖酸水溶肥 1 次。莲座期,叶面喷施 500～600 倍含氨基酸水溶肥或 500～600 倍含腐殖酸水溶肥、1500 倍活力钙、1500 倍活力硼混合溶液 2 次,间隔期 15 天。花球快速膨大期,叶面喷施 500～600 倍高钾素或活力钾叶面肥、0.01％的钼酸铵 2 次,间隔期 15 天。

**2. 日光温室早春茬栽培无公害花椰菜施肥技术规程**

（1）基肥　结合整地,撒施或沟施基肥。根据当地肥源情况,每亩施生物有机肥 400～500 千克或无害化处理过的有机肥 4000～5000 千克基础上,再选择下列肥料之一配合施用:每亩施花椰菜有机型专用肥 50～60 千克;或每亩施腐殖酸型过磷酸钙 40～50 千克、腐殖酸含促生菌生物复混肥（20-0-10）50～60 千克;或每亩施腐殖酸高效缓释肥（18-6-4）50～70 千克;或每亩施腐殖酸高效缓释复混肥（24-16-5）40～50 千克;或每亩施腐殖酸包裹尿素 15～20 千克、腐殖酸型过磷酸钙 40～50 千克、大粒钾肥 10～15 千克。

（2）根际追肥　主要追施缓苗肥、莲座肥、催球肥、花球肥等。

① 缓苗肥。定植后 5～6 天,浇 1 次缓苗水,及时中耕追肥。根据当地肥源情况,可选择下列肥料组合之一:每亩施结球甘蓝专用冲施肥 10～15 千克;或每亩施腐殖酸包裹尿素 10～15 千克。

② 莲座肥。一般在定植 15 天左右,进入莲座期可结合浇水进行追肥,以促进花芽、花蕾分化和花球形成。根据当地肥源情况,可选择下列肥料组合之一:每亩施花椰菜蓝有机型专用肥 12～15

千克；或每亩施腐殖酸涂高效缓释肥（15-5-20）10～15 千克；或每亩施花椰菜专用冲施肥 12～15 千克；或每亩施腐殖酸高效缓释复混肥（24-16-5）10～12 千克；或每亩施腐殖酸包裹尿素 10～12千克、大粒钾肥 8～10 千克。

③ 催球肥。花球形成初期，可结合浇水进行追肥，以促进花球的快速膨大，防止花茎空心。根据当地肥源情况，可选择下列肥料组合之一：每亩施结球甘蓝有机型专用肥 20～25 千克；或每亩施腐殖酸涂高效缓释肥（15-5-20）18～20 千克；或每亩施结球甘蓝专用冲施肥 20～25 千克；或每亩施腐殖酸高效缓释复混肥（24-16-5）16～20 千克；或每亩施腐殖酸包裹尿素 15～20 千克、大粒钾肥 10～15 千克。

④ 花球肥。花球形成中期结合追肥，要注意保证水分供应，保持土壤一定的湿度。根据当地肥源情况，可选择下列肥料组合之一：每亩施花椰菜蓝有机型专用肥 8～10 千克；或每亩施腐殖酸涂高效缓释肥（15-5-20）5～10 千克；或每亩施花椰菜专用冲施肥 10～12 千克；或每亩施腐殖酸高效缓释复混肥（24-16-5）5～7 千克；或每亩施腐殖酸包裹尿素 5～7 千克、大粒钾肥 5～7 千克。

（3）根外追肥　花椰菜菜苗返青后，叶面喷施 500～600 倍含氨基酸水溶肥或 500～600 倍含腐殖酸水溶肥 1 次。莲座期，叶面喷施 500～600 倍含氨基酸水溶肥或 500～600 倍含腐殖酸水溶肥、1500 倍活力钙、1500 倍活力硼混合溶液 2 次，间隔期 15 天。花球快速膨大期，叶面喷施 500～600 倍高钾素或活力钾叶面肥、0.01％的钼酸铵 2 次，间隔期 15 天。

# 第三节　设施无公害大白菜测土配方施肥技术

设施栽培大白菜春播常用小拱棚、塑料大棚、日光温室等保温增温设施，夏播常用的设施主要是遮阳网、防雨棚、防虫网等。

## 一、设施大白菜营养需求特点

### 1. 养分需求
设施大白菜生长迅速，产量很高，对养分需求较多（表 3-1）。

每生产 1000 千克大白菜需吸收氮 1.82～2.6 千克，五氧化二磷 0.9～1.1 千克，氧化钾 3.2～3.7 千克，氧化钙 1.61 千克，氧化镁 0.21 千克。三要素大致比例为 1∶0.5∶1.6。由此可见，吸收的钾最多，其次是氮，磷量少。

**2. 需肥特点**

设施大白菜的养分需要量各生育期有明显差别。莲座期和结球期是两个吸肥高峰期，吸肥特点是苗期吸收养分较少，吸收的氮磷钾不足总吸收量的 1%；进入莲座期养分吸收增长较快，吸收养分量占总吸收量的 30% 左右；结球期是生长最快养分吸收最多的时期，吸收养分量占总吸收量的 70 左右。各生育期吸收的氮磷钾比例也不相同，发芽期至莲座期吸收的氮最多、钾次之、磷最少，结球期吸收钾最多、氮次之、磷最少。

# 二、设施大白菜测土施肥配方及肥料组合

**1. 设施大白菜测土施肥配方**

（1）根据土壤肥力推荐。根据测定土壤硝态氮、速效磷、速效钾等有效养分含量确定设施大白菜地土壤肥力分级（表 8-7），然后根据不同肥力水平推荐施肥量见表 8-8。

**表 8-7　设施大白菜地土壤肥力分级**

| 肥力水平 | 硝态氮/(毫克/千克) | 速效磷/(毫克/千克) | 速效钾/(毫克/千克) |
|---|---|---|---|
| 低 | <100 | <50 | <120 |
| 中 | 100～140 | 50～100 | 120～160 |
| 高 | >140 | >100 | >160 |

**表 8-8　设施大白菜推荐施肥量**

| 肥力等级 | 施肥量/(千克/亩) | | |
|---|---|---|---|
| | 氮 | 五氧化二磷 | 氧化钾 |
| 低肥力 | 18～21 | 8～10 | 13～15 |
| 中肥力 | 16～19 | 7～9 | 11～13 |
| 高肥力 | 14～17 | 6～8 | 9～11 |

（2）根据目标产量推荐　根据产量水平确定有机肥及氮、磷、钾肥施用量（表8-9）。

表8-9　依据目标产量设施大白菜推荐施肥量

| 产量水平 /（千克/亩） | 施肥量/（千克/亩） | | | |
|---|---|---|---|---|
| | 有机肥 | 氮 | 五氧化二磷 | 氧化钾 |
| 3500～4500 | 3000～4000 | 10～12 | 4～6 | 12～15 |
| 4500～6000 | 4000 | 12～15 | 5～7 | 15～18 |

对于容易出现微量元素硼缺乏的地块，或往年已表现有缺硼症状的地块，可于播种前每亩基施硼砂1千克，或于生长中后期用0.1%～0.5%的硼砂或硼酸水溶液进行叶面喷施（也可混入农药一起喷），每隔5～6天喷1次，连喷2～3次；大白菜为喜钙作物，除了基施含钙肥料（过磷酸钙）以外，也可采取叶面补充的方法，喷施0.3%～0.5%的氯化钙或硝酸钙。南方菜地土壤pH值＜5时，每亩需要施用生石灰100～150千克，可降低土壤酸度和补充钙素。

**2. 无公害设施大白菜生产套餐肥料组合**

（1）基肥　可选用大白菜有机型专用肥、有机型复混肥料及单质肥料等。

① 大白菜有机型专用肥。根据测土施肥配方，以氮肥、磷肥、钾肥为基础，添加腐殖酸、有机型螯合微量元素、增效剂、调理剂等，生产大白菜有机型专用肥，根据当地大白菜施肥现状，选取下列3个配方中一个作为基肥施用。

配方1：建议氮、磷、钾总养分量为30%，氮磷钾比例分别为1∶0.66∶1.38。基础肥料选用及用量（1吨产品）：硫酸铵100千克、尿素150千克、磷酸一铵100千克、过磷酸钙100千克、钙镁磷肥10千克、氯化钾230千克、硝基腐殖酸200千克、硼砂10千克、氨基酸螯合锌5千克、生物制剂25千克、增效剂10千克、调理剂25千克。

配方2：建议氮、磷、钾总养分量为25%，氮磷钾比例分别为1∶0.76∶1.05。基础肥料选用及用量（1吨产品）：硫酸铵100千克、氯化铵100g、尿素80千克、磷酸二铵50千克、过磷酸钙300千克、钙镁磷肥20千克、氯化钾158千克、氨基酸螯合锌5千克、氨基酸硼5千克、硝基腐殖酸100千克、氨基酸30千克、生物制剂20千克、增效剂12千克、调理剂20千克。

配方3：建议氮、磷、钾总养分量为23％，氮磷钾比例分别为1：0.42：0.5。基础肥料选用及用量（1吨产品）：氯化铵50千克、硫酸铵200千克、尿素150千克、磷酸一铵50千克、过磷酸钙200千克、钙镁磷肥20千克、氯化钾100千克、氨基酸螯合锌5千克、硼砂20千克、硝基腐殖酸100千克、氨基酸43千克、生物制剂20千克、增效剂12千克、调理剂30千克。

② 有机型复混肥料或单质肥料。也可选用腐殖酸含促生菌生物复混肥（20-0-10）、腐殖酸高效缓释肥（18-8-4）、硫基长效缓释复混肥（23-12-10）、腐殖酸型过磷酸钙、生物有机肥等。

（2）根际追肥　可选用大白菜专用冲施肥、有机型复混肥料、缓效型化肥等。

① 大白菜专用冲施肥。基础肥料选用及用量（1吨产品）：硫酸铵100千克、氯化铵150千克、尿素100千克、氯化钾100千克、氨化过磷酸钙200千克、腐殖酸钾60千克、硫酸镁120千克、氨基酸螯合钙锌硼锰铁铜55千克、生物制剂20千克、增效剂10千克、调理剂25千克。

② 有机型复混肥料。主要有腐殖酸高效缓释肥（15-5-20）、硫基长效缓释复混肥（23-12-10）、腐殖酸含促生菌生物复混肥（20-0-10）。

③ 缓效型单质肥料。主要有腐殖酸包裹尿素、增效尿素、腐殖酸型过磷酸钙、缓释磷酸二铵等。

（3）根外追肥　可根据大白菜生育情况，酌情选用含腐殖酸水溶肥、含氨基酸水溶肥、含海藻酸水溶肥、氨基酸螯合微量元素水溶肥、大量元素水溶肥、活力钙叶面肥、活力硼叶面肥等。

# 三、设施无公害大白菜施肥技术规程

本规程以设施大白菜高产、优质、无公害、环境友好为目标，选用有机无机复合肥料、长效缓释肥料、有机活性水溶肥料进行施用，各地在具体应用时，可根据当地栽培季节、栽培方式及测土配方推荐用量进行调整。

设施栽培主要以春夏白菜种植为主，春季一般在塑料大棚或日光温室中种植，夏季一般采取搭建高 2 米的棚架上面覆盖遮阳网进行栽培。

**1. 重施基肥**

结合整地整畦时施入，以优质腐熟有机肥为主。基肥施用方法可以采用撒施、穴施和条施。根据当地肥源情况，每亩施生物有机肥 200～300 千克或无害化处理过的有机肥 2000～3000 千克基础上，再选择下列肥料之一配合施用：每亩施大白菜有机型专用肥 30～40 千克；或每亩施腐殖酸型过磷酸钙 20～30 千克、腐殖酸含促生菌生物复混肥（20-0-10）20～30 千克；或每亩施腐殖酸高效缓释肥（18-8-4）30～40 千克；或每亩施硫基长效缓释复混肥（23-12-10）20～25 千克；或每亩施腐殖酸型过磷酸钙 30～40 千克。

**2. 根际追肥**

（1）适施莲座肥　一般应在封垄前开沟施入。根据当地肥源情况，每亩施无害化处理过的人粪尿 500～700 千克基础上，再选择下列肥料之一配合施用：每亩施腐殖酸包裹尿素 10～12 千克；或每亩施腐殖酸涂高效缓释肥（15-5-20）7～10 千克；或每亩施大白菜专用冲施肥 7～105 千克；或每亩施缓释磷酸二铵 5～10 千克、大粒钾肥 7～10 千克。

（2）重施结球肥　结球期是大白菜需水需肥最多的时期。主要在结球初期次施入，可在行间开 8～10 厘米深沟条施为宜。根据当地肥源情况，每亩施无害化处理过的腐熟饼肥肥液 700～1000 千克基础上，再选择下列肥料之一配合施用：每亩施大白菜有机型专用肥 25～30 千克；或每亩施腐殖酸涂高效缓释肥（15-5-20）20～25千克；或每亩施大白菜专用冲施肥 10～15 千克；或每亩施缓释磷酸二铵 10～12 千克、大粒钾肥 7～10 千克。

**3. 根外追肥**

设施大白菜出齐苗后，叶面喷施 500～600 倍含氨基酸水溶肥或 500～600 倍含腐殖酸水溶肥 1 次。莲座期，叶面喷施 500～600

倍含氨基酸水溶肥或 500～600 倍含腐殖酸水溶肥、1500 倍活力硼混合溶液 1 次。结球初期，叶面喷施 800～1000 倍氨基酸螯合微量元素水溶肥溶液 1 次。结球中期，若发现因缺钙造成干烧心，叶面喷施 500～600 倍含氨基酸水溶肥或 500～600 倍含腐殖酸水溶肥、1500 倍活力钙混合溶液 1 次。

# 第九章

# 设施无公害其他蔬菜测土配方施肥技术

除前述几章设施蔬菜外，另外根菜类的萝卜、葱蒜类的韭菜、薯芋类的生姜、多年生蔬菜的芦笋等也可采取设施栽培，满足不同季节蔬菜供应。

## 第一节　设施无公害萝卜测土配方施肥技术

萝卜的主要设施栽培方式：一是春提早栽培，主要采用塑料大棚、日光温室等设施；二是秋延迟栽培，主要采用塑料大棚等设施；三是越冬长季栽培，主要采用日光温室或连栋温室等设施；四是越夏避雨栽培，利用闲置的塑料大棚、日光温室加盖遮阳网等设施。

## 一、设施萝卜营养需求特点

### 1. 养分需求

萝卜对氮、磷、钾的需要量因栽培地区、产量水平及品种等因素而有差别。每生产 1000 千克萝卜，需从土壤中吸收氮 2.1～3.1 千克，五氧化二磷 0.8～1.9 千克，氧化钾 3.8～5.6 千克，氮、磷、钾三者比例为 1：0.2：1.8。可见萝卜是喜钾的蔬菜，而不应过多施用氮肥。

## 2. 需肥特点

萝卜在不同生育期对氮、磷、钾的吸收量差别很大，一般幼苗期和莲座期吸氮量较多，磷、钾的吸收量较少；进入肉质根膨大前期，对钾的吸收量显著增加，其次为氮、磷；肉质根膨大盛期是养分吸收高峰期，吸收的氮、磷、钾量占总吸钾量的 80 以上％。另外，萝卜对硼素比较敏感，在肉质根膨大前期和盛期采用叶面喷施硼肥，可有效提高萝卜的品质。

# 二、设施萝卜测土施肥配方及肥料组合

## 1. 设施萝卜测土施肥配方

（1）依据土壤肥力推荐  根据测定土壤硝态氮、有效磷、交换性钾等有效养分含量确定设施萝卜地土壤肥力分级（表 9-1），然后根据不同肥力水平推荐萝卜施肥量见表 9-2。

表 9-1  设施萝卜地土壤肥力分级

| 肥力水平 | 硝态氮/(毫克/千克) | 有效磷/(毫克/千克) | 有效钾/(毫克/千克) |
|---|---|---|---|
| 低 | <80 | <30 | <100 |
| 中 | 80～120 | 30～50 | 100～150 |
| 高 | >120 | >50 | >150 |

表 9-2  设施萝卜推荐施肥量

| 肥力等级 | 施肥量/(千克/亩) | | |
|---|---|---|---|
| | 氮 | 五氧化二磷 | 氧化钾 |
| 低肥力 | 16～19 | 8～10 | 11～13 |
| 中肥力 | 15～17 | 7～9 | 10～12 |
| 高肥力 | 14～16 | 6～8 | 9～11 |

（2）依据目标产量推荐  考虑到设施萝卜目标产量和当地施肥现状，设施萝卜的氮、磷、钾施肥量可参考表 9-3。

**表 9-3　依据目标产量水平萝卜推荐施肥量**

| 目标产量 /(千克/亩) | 有机肥 | 施肥量/(千克/亩) | | |
|---|---|---|---|---|
| | | 氮 | 五氧化二磷 | 氧化钾 |
| 3000～3500 | 2000～2500 | 14～16 | 7～9 | 9～11 |
| 3500～4000 | 2500～3000 | 16～18 | 9～10 | 11～13 |
| 4000～4500 | 3000～3500 | 18～20 | 10～12 | 13～15 |

**2. 无公害设施萝卜生产套餐肥料组合**

（1）基肥　可选用萝卜有机型专用肥、有机型复混肥料及单质肥料等。

① 萝卜有机型专用肥。根据测土施肥配方，以氮肥、磷肥、钾肥为基础，添加腐殖酸、有机型螯合微量元素、增效剂、调理剂等，生产萝卜有机型专用肥。

配方 1：建议氮、磷、钾总养分量为 40％，氮磷钾比例分别为 1：0.63：0.88。基础肥料选用及用量（1 吨产品）：硫酸铵 100 千克、尿素 228 千克、磷酸二铵 190 千克、过磷酸钙 80 千克、钙镁磷肥 10 千克、氯化钾 235 千克、硼砂 20 千克、硫酸锌 10 千克、硫酸锰 10 千克、硝基腐殖酸 100 千克、调理剂 17 千克。

配方 2：建议氮、磷、钾总养分量为 30％，氮磷钾比例分别为 1：0.68：1.05。基础肥料选用及用量（1 吨产品）：硫酸铵 100 千克、尿素 175 千克、磷酸一铵 88 千克、过磷酸钙 200 千克、钙镁磷肥 20 千克、氯化钾 192 千克、氨基酸螯合锌硼钼 10 千克、生物制剂 30 千克、硝基腐殖酸 120 千克、氨基酸 30 千克、增效剂 12 千克、调理剂 23 千克。

配方 3：建议氮、磷、钾总养分量为 25％，氮磷钾比例分别为 1：0.67：1.11。基础肥料选用及用量（1 吨产品）：硫酸铵 368 千克、磷酸一铵 122 千克、氯化钾 168 千克、硼砂 20 千克、硫酸锌 20 千克、钼酸铵 1 千克、硝基腐殖酸 170 千克、生物制剂 30 千克、氨基酸 50 千克、增效剂 11 千克、调理剂 40 千克。

② 有机型复混肥料及单质肥料。也可选用腐殖酸含促生菌生物复混肥（20-0-10）、腐殖酸高效缓释肥（15-5-20）、硫基长效缓

释复混肥（15-20-5）、腐殖酸型过磷酸钙、生物有机肥等。

（2）根际追肥 可选用萝卜专用冲施肥、有机型复混肥料、缓效型化肥等。

① 萝卜专用冲施肥。基础肥料选用及用量（1 吨产品）：硫酸铵 200 千克、尿素 128 千克、磷酸一铵 100 千克、氯化钾 234 千克、硝酸钙 80 千克、氨基酸螯合锌硼锰钼 20 千克、硫酸镁 65 千克、生物制剂 30 千克、增效剂 10 千克、调理剂 33 千克。

② 有机型复混肥料。主要有腐殖酸含促生菌生物复混肥（20-0-10）、腐殖酸高效缓释肥（15-5-20）、腐殖酸长效缓释肥（15-20-5）等。

③ 缓效型化肥。主要有腐殖酸包裹尿素、增效尿素、腐殖酸型过磷酸钙、缓释磷酸二铵等。

（3）根外追肥 可根据萝卜生育情况，酌情选用含腐殖酸水溶肥、含氨基酸水溶肥、含海藻酸水溶肥、氨基酸螯合微量元素水溶肥、大量元素水溶肥、活力钙叶面肥、活力硼叶面肥等。

## 三、设施无公害萝卜施肥技术规程

本规程以设施萝卜高产、优质、无公害、环境友好为目标，选用有机无机复合肥料、长效缓释肥料、有机活性水溶肥料进行施用，各地在具体应用时，可根据当地栽培季节、栽培方式及测土配方推荐用量进行调整。

### 1. 春提早设施栽培萝卜施肥技术规程

春提早设施栽培萝卜，3～4 月播种，5～6 月收获，生长期 45～60 天，利用塑料薄膜、草帘或无纺布等保温材料进行多层覆盖，解决 5 月蔬菜的小淡季。

（1）基肥 春提早设施栽培萝卜，结合整地作畦或起垄前施足基肥。根据根据当地肥源情况，每亩施生物有机肥 250～300 千克或无害化处理过的有机肥 2500～3000 千克基础上，再选择下列肥料之一配合施用：每亩施萝卜有机型专用肥 40～50 千克；或每亩施腐殖酸高效缓释复混肥（15-5-20）35～40 千克、腐殖酸型过磷酸钙 10～15 千克；或每亩施含促生菌腐殖酸型复混肥（20-0-10）40～50 千克、腐殖酸型过磷酸钙 20～25 千克；或每亩施硫基长效缓释复混肥（15-20-5）35～40千克、大粒钾肥8～10千克；或每亩施腐殖酸包裹尿素15～20千克、腐殖酸型过磷酸钙25～30千克、硫酸钾10～15千克。

（2）根际追肥　主要追施定苗肥、肉质根膨大盛期肥等。

① 定苗肥。一般在间苗中耕结束后，可先施肥后随即灌水。根据当地肥源情况，可选择下列肥料组合之一：每亩施萝卜有机型专用肥6～8千克；或每亩施腐殖酸高效缓释复混肥（15-5-20）4～6千克；或每亩施含促生菌腐殖酸型复混肥（20-0-10）5～7千克、缓释磷酸二铵3～5千克；或每亩施硫基长效缓释复混肥（15-20-5）4～6千克、大粒钾肥3～5千克；或每亩施萝卜专用冲施肥6～8千克；或每亩施腐殖酸包裹尿素3～5千克、腐殖酸型过磷酸钙6～8千克、大粒钾肥4～6千克。

② 肉质根膨大盛期肥。根据当地肥源情况，可选择下列肥料组合之一：每亩施萝卜有机型专用肥10～15千克；或每亩施腐殖酸高效缓释复混肥（15-5-20）8～12千克；或每亩施含促生菌腐殖酸型复混肥（20-0-10）10～15千克；或每亩施硫基长效缓释复混肥（15-20-5）8～12千克、大粒钾肥3～5千克；或每亩施萝卜专用冲施肥10～15千克；或每亩施腐殖酸包裹尿素10～15千克、大粒钾肥8～10千克。

（3）根外追肥　萝卜定苗后，叶面喷施500～600倍含氨基酸水溶肥或500～600倍含腐殖酸水溶肥、1500倍活力硼混合液1次。肉质根膨大前期，叶面喷施500～600倍含氨基酸水溶肥或500～600倍含腐殖酸水溶肥、500倍生物活性钾肥、1500倍活力钙混合液1次。肉质根膨大盛期，叶面喷施500倍生物活性钾肥、1500倍活力钙混合液1次。

**2. 越冬长季设施栽培萝卜施肥技术规程**

越冬长季设施栽培主要是北方地区冬春季节种植一些小型萝卜，来解决早春淡季蔬菜供应。

（1）基肥　春提早设施栽培萝卜，结合整地作畦或起垄前施足基肥。根据当地肥源情况，每亩施生物有机肥250～300千克或无害化处理过的有机肥2500～3000千克基础上，再选择下列肥料之一配合施用：每亩施萝卜有机型专用肥40～50千克；或每亩施腐殖酸高效缓释复混肥（15-5-20）35～40 千克、腐殖酸型过磷酸钙10～15 千克；或每亩施含促生菌腐殖酸型复混肥（20-0-10）40～50 千克、腐殖酸型过磷酸钙 20～25 千克；或每亩施硫基长效缓释复混肥（15-20-5）35～40 千克、大粒钾肥 8～10 千克；或每亩施腐殖酸包裹尿素 15～20 千克、腐殖酸型过磷酸钙 25～30 千克、硫酸钾 10～15 千克。

（2）根际追肥　主要追施定苗肥、莲座末期肥等。

① 定苗肥。一般在间苗中耕结束后，可先施肥后随即灌水。根据当地肥源情况，可选择下列肥料组合之一：每亩施萝卜有机型专用肥 6～8 千克；或每亩施腐殖酸高效缓释复混肥（15-5-20）4～6 千克；或每亩施含促生菌腐殖酸型复混肥（20-0-10）5～7 千克、缓释磷酸二铵 3～5 千克；或每亩施硫基长效缓释复混肥（15-20-5）4～6 千克、大粒钾肥 3～5 千克；或每亩施萝卜专用冲施肥 6～8 千克；或每亩施腐殖酸包裹尿素 3～5 千克、腐殖酸型过磷酸钙 6～8千克、大粒钾肥 4～6 千克。

② 莲座末期肥。根据当地肥源情况，可选择下列肥料组合之一：每亩施萝卜有机型专用肥 15～20 千克；或每亩施腐殖酸高效缓释复混肥（15-5-20）12～16 千克；或每亩施含促生菌腐殖酸型复混肥（20-0-10）15～20 千克；或每亩施硫基长效缓释复混肥（15-20-5）12～17 千克、大粒钾肥 10～15 千克；或每亩施萝卜专用冲施肥 15～20 千克；或每亩施腐殖酸包裹尿素 10～12 千克、缓释型磷酸二铵 10～15 千克、大粒钾肥 10～15 千克。

（3）根外追肥　萝卜定苗后，叶面喷施 500～600 倍含氨基酸水溶肥或 500～600 倍含腐殖酸水溶肥、1500 倍活力硼混合液 1 次。肉质根膨大前期，叶面喷施 500～600 倍含氨基酸水溶肥或 500～600 倍含腐殖酸水溶肥、500 倍生物活性钾肥、1500 倍活力钙混合液 1 次。肉质根膨大盛期，叶面喷施 500 倍生物活性钾肥、1500 倍活力钙混合液 1 次。

**3. 越夏避雨设施栽培萝卜施肥技术规程**

越夏避雨设施栽培主要是利用夏季闲置的设施，加盖遮阳网，在高温、强光、潮湿等恶劣自然条件下种植一些小型萝卜，来解决夏季萝卜品种的供应空缺。

（1）底肥　春提早设施栽培萝卜，结合整地作畦或起垄前施足基肥。根据当地肥源情况，每亩施生物有机肥 250～300 千克或无害化处理过的有机肥 2500～3000 千克基础上，再选择下列肥料之一配合施用：每亩施萝卜有机型专用肥 40～50 千克；或每亩施腐殖酸高效缓释复混肥（15-5-20）35～40 千克、腐殖酸型过磷酸钙 10～15 千克；或每亩施含促生菌腐殖酸型复混肥（20-0-10）40～50 千克、腐殖酸型过磷酸钙 20～25 千克；或每亩施硫基长效缓释复混肥（15-20-5）35～40 千克、大粒钾肥 8～10 千克；或每亩施腐殖酸包裹尿素 15～20 千克、腐殖酸型过磷酸钙 25～30 千克、硫酸钾 10～15 千克。

（2）根际追肥　主要追施定苗肥、破肚肥、肉质根迅速膨大期肥等。

① 定苗肥。一般在间苗中耕结束后，可先施肥后随即灌水。根据当地肥源情况，可选择下列肥料组合之一：每亩施萝卜有机型专用肥 6～8 千克；或每亩施腐殖酸高效缓释复混肥（15-5-20）4～6 千克；或每亩施含促生菌腐殖酸型复混肥（20-0-10）5～7 千克、缓释磷酸二铵 3～5 千克；或每亩施硫基长效缓释复混肥（15-20-5）4～6 千克、大粒钾肥 3～5 千克；或每亩施萝卜专用冲施肥 6～8 千克；或每亩施腐殖酸包裹尿素 3～5 千克、腐殖酸型过磷酸钙 6～8 千克、大粒钾肥 4～6 千克。

② 破肚肥。萝卜破肚后结合浇水追施 1 次肥料。根据当地肥源情况，可选择下列肥料组合之一：每亩施萝卜有机型专用肥 10～15 千克；或每亩施萝卜专用冲施肥 10～15 千克；或每亩施腐殖酸包裹尿素 10～15 千克、大粒钾肥 10～15 千克。

③ 肉质根迅速膨大期肥。根据当地肥源情况，可选择下列肥料组合之一：每亩施萝卜有机型专用肥 15～20 千克；或每亩施腐殖酸高效缓释复混肥（15-5-20）12～16 千克；或每亩施含促生菌腐殖酸型复混肥（20-0-10）15～20 千克；或每亩施硫基长效缓释复混肥（15-20-5）12～17 千克、大粒钾肥 10～15 千克；或每亩施萝卜专用冲施肥 15～20 千克；或每亩施腐殖酸包裹尿素 10～12 千克、缓释型磷酸二铵 10～15 千克、大粒钾肥 10～15 千克。

（3）根外追肥　萝卜定苗后，叶面喷施 $500\sim600$ 倍含氨基酸水溶肥或 $500\sim600$ 倍含腐殖酸水溶肥、1500 倍活力硼混合液 1 次。肉质根膨大前期，叶面喷施 $500\sim600$ 倍含氨基酸水溶肥或 $500\sim600$ 倍含腐殖酸水溶肥、500 倍生物活性钾肥、1500 倍活力钙混合液 1 次。肉质根膨大盛期，叶面喷施 500 倍生物活性钾肥、1500 倍活力钙混合液 1 次。

# 第二节　设施无公害韭菜测土配方施肥技术

　　韭菜设施栽培多采用多年生栽培方式，即播种或定植 1 次，收获 $2\sim3$ 年，每年收获 $3\sim4$ 刀。各种常用设施有风障、塑料拱棚、温室等。

## 一、设施韭菜营养需求特点

### 1. 养分需求

据西北农业大学刘建辉研究，每形成 1000 千克商品韭菜，需吸收氮 $4.5\sim6.5$ 千克，五氧化二磷 $0.7\sim2.5$ 千克，氧化钾 $4.0\sim6.6$ 千克，氮、磷、钾的吸收比例为 $2:1:1.1$。

### 2. 需肥特点

不同的生长发育时期和生长年限韭菜的需肥量也不相同。韭菜在幼苗期生长量小，需肥量也少；至营养生长盛期，生长量大，需肥量也相应增多。一年生韭菜，植株尚未充分发育，株数少，需肥量也较少；二至四年生韭菜，分蘖力强，植株生长旺盛，产量也高，需肥量也多，是韭菜一生中肥料需要的高峰；五年生以上的韭菜，逐渐进入衰老阶段，为防止早衰，仍需加强施肥。

## 二、设施韭菜测土施肥配方及肥料组合

### 1. 设施韭菜测土施肥配方

（1）依据土壤肥力推荐　根据测定土壤硝态氮、有效磷、有效钾等有效养分含量确定设施韭菜地土壤肥力分级（表 9-4），然后根据不同肥力水平推荐设施韭菜施肥量见表 9-5。

表 9-4　设施韭菜地土壤肥力分级

| 肥力水平 | 碱解氮/(毫克/千克) | 有效磷/(毫克/千克) | 有效钾/(毫克/千克) |
|---|---|---|---|
| 低 | <80 | <60 | <100 |
| 中 | 80～120 | 60～90 | 100～150 |
| 高 | >120 | >90 | >150 |

表 9-5　不同肥力水平设施韭菜施肥量推荐

| 肥力等级 | 推荐施肥量/(千克/亩) | | |
|---|---|---|---|
| | 纯氮 | 五氧化二磷 | 氧化钾 |
| 低 | 23～28 | 13～15 | 19～24 |
| 中 | 20～25 | 11～13 | 17～22 |
| 高 | 18～23 | 9～11 | 15～20 |

（2）依据目标产量推荐　考虑到设施韭菜目标产量和当地施肥现状，设施韭菜的氮、磷、钾施肥量可参考表 9-6。

表 9-6　依据目标产量水平设施韭菜推荐施肥量

| 目标产量/(千克/亩) | 有机肥 | 施肥量/(千克/亩) | | |
|---|---|---|---|---|
| | | 氮 | 五氧化二磷 | 氧化钾 |
| <2500 | 2500～3000 | 18～22 | 10～12 | 17～19 |
| 2500～3500 | 3000～3500 | 22～26 | 12～14 | 19～21 |
| >3500 | 3500～4000 | 26～30 | 14～16 | 21～23 |

（3）依据肥料效应试验推荐　王磊等人（2013 年）在山东省德州市采用饱和 D 最优设计进行设施韭菜氮磷钾施肥试验，建议设施韭菜适宜氮磷钾用量为，纯氮 13.71～20.33 千克/亩、五氧化二磷 10.94～15.00 千克/亩、氧化钾 15.23～21.90 千克/亩。

**2. 无公害设施韭菜生产套餐肥料组合**

（1）基肥　可选用韭菜有机型专用肥、有机型复混肥料及单质肥料等。

① 韭菜有机型专用肥。根据测土施肥配方，以氮肥、磷肥、

钾肥为基础，添加腐殖酸、有机型螯合微量元素、增效剂、调理剂等，生产韭菜有机型专用肥。为平衡韭菜各种养分需要，综合各地韭菜配方肥配制资料，建议氮、磷、钾总养分量为25%，氮磷钾比例分别为1：0.68：0.41。基础肥料选用及用量（1吨产品）：硫酸铵100千克、尿素203千克、磷酸一铵42千克、过磷酸钙330千克、钙镁磷肥50千克、硫酸钾100千克、氨基酸螯合硼铁铜15千克、生物制剂30千克、硝基腐殖酸100千克、增效剂10千克、调理剂20千克。

② 有机型复混肥料及单质肥料。也可选用腐殖酸硫基长效缓释肥（13-17-15）、腐殖酸高效缓释复混肥（18-8-4）、腐殖酸速生真菌生态复混肥（20-0-10）。

（2）根际追肥　可选用韭菜专用冲施肥、有机型复混肥料、缓效型化肥等。

① 韭菜专用冲施肥。基础肥料选用及用量（1吨产品）：硫酸铵200千克、尿素223千克、黄腐酸钾60千克、氨化过磷酸钙200千克、磷酸一铵50千克、硫酸镁120千克、氨基酸螯合锰5千克、氨基酸60千克、生物制剂30千克、增效剂12千克、调理剂40千克。

② 有机型复混肥料。主要有韭菜有机型专用肥、腐殖酸硫基长效缓释肥（13-17-15）、腐殖酸高效缓释复混肥（18-8-4）、腐殖酸速生真菌生态复混肥（20-0-10）、韭菜腐殖酸型水溶肥（20-0-15）、硫基长效水溶滴灌肥（15-25-10）。

③ 缓效型化肥。主要有腐殖酸包裹尿素、增效尿素、腐殖酸型过磷酸钙、缓释磷酸二铵、大粒钾肥等。

（3）根外追肥　可根据韭菜生育情况，酌情选用含腐殖酸水溶肥、含氨基酸水溶肥、含海藻酸水溶肥、氨基酸螯合微量元素水溶肥、大量元素水溶肥、活力钙叶面肥、活力硼叶面肥等。

## 三、设施无公害韭菜施肥技术规程

本规程各种肥料用量以高产、优质、无公害、环境友好为目标，选用有机无机复合肥料、长效缓释肥料、有机活性水溶肥料进行施用，各地在具体应用时，可根据当地韭菜测土配方推荐用量进行调整。

利用日光温室、塑料大棚等设施，定植 1 次，收获 2～3 年，每年收获 3～4 茬。长江流域、黄淮地区当 4 月平均气温稳定回升 10～15℃后，应揭膜降温。

**1. 育苗养根**

（1）育苗基肥　春季播种前，根据当地肥源情况，每亩施商品有机肥 300～500 千克或无害化处理过的有机肥 3000～5000 千克基础上，再选择下列肥料之一配合施用：每亩施韭菜有机型专用肥 15～20 千克；或每亩施腐殖酸含促生菌生物复混肥（20-0-10）15～20 千克、腐殖酸型过磷酸钙 10～15 千克；或每亩施腐殖酸硫基长效缓释肥（13-17-15）10～12 千克；或每亩施腐殖酸高效缓释复混肥（18-8-4）15～20 千克；或每亩施腐殖酸包裹型尿素 6～8 千克、腐殖酸型过磷酸钙 10～15 千克、大粒钾肥 8～12 千克。

（2）育苗追肥

① 苗高 10～15 厘米时，每亩施韭菜专用冲施肥 8～10 千克；或无害化处理过的腐熟粪尿肥 300～500 千克；或韭菜腐殖酸型水溶肥（20-0-15）8～10 千克；或硫基长效水溶滴灌肥（15-25-10）6～8 千克。

② 立秋后，追肥 1 次，每亩施韭菜专用冲施肥 15～20 千克；或韭菜腐殖酸型水溶肥（20-0-15）15～20 千克；或硫基长效水溶滴灌肥（15-25-10）12～16 千克。

③ 秋冬收获 3～4 刀后，入冬前追肥 1 次，每亩施韭菜有机型专用肥 15～20 千克；或腐殖酸含促生菌生物复混肥（20-0-10）15～20 千克、腐殖酸型过磷酸钙 10 千克；或腐殖酸硫基长效缓释肥（13-17-15）12～15 千克；或腐殖酸高效缓释复混肥（18-8-4）15～20 千克。霜冻出现前覆盖塑料薄膜。

**2. 移栽养根**

移栽前整地施肥，根据当地肥源情况，每亩施商品有机肥 300～500 千克或无害化处理过的有机肥 3000～5000 千克基础上，再选择下列肥料之一配合施用：每亩施韭菜有机型专用肥 15～20 千克；或每亩施腐殖酸含促生菌生物复混肥（20-0-10）15～20 千克、腐殖酸型过磷酸钙 10～15 千克；或每亩施腐殖酸硫基长效缓释肥（13-17-15）10～12 千克；或每亩施腐殖酸高效缓释复混肥（18-8-4）15～20 千克；或每亩施腐殖酸包裹型尿素 6～8 千克、腐殖酸型过磷酸钙 10～15 千克、大粒钾肥 8～12 千克。

**3. 扣膜后施肥管理**

韭菜生长前期，气温低，温室密闭，水分蒸发量少。一般浇足封冻水和追过肥的地块，在第一茬收割前不追肥浇水。从第一茬收割后开始，每次收割后马上松土。

（1）第 1 茬收割后，待长出新叶后浇水追肥肥料。据当地肥源情况，可选择下列肥料组合之一：每亩施韭菜专用冲施肥 15～20 千克；或每亩施韭菜腐殖酸型水溶肥（20-0-15）15～20 千克；或每亩施硫基长效水溶滴灌肥（15-25-10）12～16 千克。

（2）第 2～4 茬收割后，待长出新叶后浇水追肥肥料。据当地肥源情况，可选择下列肥料组合之一：每亩施韭菜有机型专用肥 15～20 千克；或每亩施腐殖酸含促生菌生物复混肥（20-0-10）15～20 千克、腐殖酸型过磷酸钙 10 千克；或每亩施腐殖酸硫基长效缓释肥（13-17-15）12～15 千克；或每亩施腐殖酸高效缓释复混肥（18-8-4）15～20 千克；或每亩施韭菜专用冲施肥 15～20 千克；或每亩施韭菜腐殖酸型水溶肥（20-0-15）15～20 千克；或每亩施硫基长效水溶滴灌肥（15-25-10）12～16 千克。

（3）第 5 茬韭菜是在揭膜后，按露地韭菜同期水肥管理措施，进行管理。

**4. 叶面追肥**

育苗养根或移栽养根期间叶面喷施 500～600 倍含氨基酸水溶肥或 500～600 倍含腐殖酸水溶肥 2 次，间隔 20 天。每季收割后，长出新叶后 10 天，叶面喷施 500～600 倍含氨基酸水溶肥或 500～600 倍含腐殖酸水溶肥、500 倍活力钾混合液 1 次。

# 第三节　设施无公害生姜测土配方施肥技术

生姜的主要设施栽培方式：一是春提早栽培，主要采用塑料大棚、日光温室等设施；二越冬栽培，主要采用日光温室或连栋温室等设施。

# 一、设施生姜营养需求特点

## 1. 养分需求

每生产 1 000 千克鲜姜约需从土壤中吸收氮（N）6.3 千克，五氧化二磷（$P_2O_5$）1.8 千克，氧化钾（$K_2O$）9.9 千克，钙（Ca）1.3 千克，镁（Mg）1.4 千克。生姜全生育期氮、磷、钾吸收比例为 3.5∶1∶5.5，大量元素中喜钾，中微量元素偏爱镁、钙、硼、锌。

## 2. 需肥规律

幼苗期生姜植株吸收钾最多，其次是氮，磷最少。此期间氮、磷、钾吸收量占总吸收量分别为 12.59%、14.4% 和 15.71%，其吸收比例为 1∶0.3∶1.83，总体相对量和绝对量都较小。三股杈期以后，茎叶生长速度加快，分杈数量增加，叶面积迅速扩大，因而需肥量迅速增加。整个旺盛生长期可分为 3 个时期，即盛长前期、中期和后期。在盛长前期吸收的氮占总吸收量的 34.75%，磷占 35.03%，钾占 35.18%，吸收比例为 1∶0.29∶1.48。盛长中期吸收的氮、磷、钾量约占总吸收量的 21.3%，吸收比例为 1∶0.29∶1.47，与盛长前期的吸收比例基本相同。盛长后期吸收的氮占总吸收量的 31.43%，磷占 29.27%，钾占 27.75%，其吸收比例为 1∶0.28∶1.29。

# 二、设施生姜测土施肥配方及肥料组合

## 1. 设施生姜测土施肥配方

（1）依据土壤肥力推荐　根据测定土壤碱解氮、有效磷、有效钾等有效养分含量确定设施生姜地土壤肥力分级（表 9-7），然后根据不同肥力水平推荐设施生姜施肥量见表 9-8。

表 9-7　设施生姜地土壤肥力分级

| 肥力水平 | 碱解氮/(毫克/千克) | 有效磷/(毫克/千克) | 有效钾/(毫克/千克) |
|---|---|---|---|
| 低 | <80 | <30 | <100 |
| 中 | 80～120 | 30～60 | 100～150 |
| 高 | >120 | >60 | >150 |

**表 9-8　设施生姜推荐施肥量**

| 肥力等级 | 施肥量/(千克/亩) | | |
|---|---|---|---|
| | 氮 | 五氧化二磷 | 氧化钾 |
| 低肥力 | 16～19 | 13～15 | 17～20 |
| 中肥力 | 14～17 | 11～13 | 15～18 |
| 高肥力 | 12～15 | 9～11 | 13～16 |

（2）依据目标产量推荐　考虑到设施生姜目标产量和当地施肥现状，设施生姜的氮、磷、钾施肥量可参考表 9-9。

**表 9-9　依据目标产量水平设施生姜推荐施肥量**

| 目标产量/(千克/亩) | 有机肥 | 施肥量/(千克/亩) | | |
|---|---|---|---|---|
| | | 氮 | 五氧化二磷 | 氧化钾 |
| ＜3000 | 3000 | 19～22 | 11～13 | 18～22 |
| 3000～4000 | 3000～3500 | 23～26 | 13～15 | 22～26 |
| ＞4000 | 3500～4000 | 27～30 | 15～18 | 26～30 |

## 2. 无公害设施生姜生产套餐肥料组合

（1）基肥　可选用生姜有机型专用肥、有机型复混肥料及单质肥料等。

① 生姜有机型专用肥。根据测土施肥配方，以氮肥、磷肥、钾肥为基础，添加腐殖酸、有机型螯合微量元素、增效剂、调理剂等，生产生姜有机型专用肥。建议氮、磷、钾总养分量为 35%，氮磷钾比例为 1∶0.5∶2。基础肥料选用及用量（1 吨产品）：硫酸铵 100 千克、尿素 140 千克、磷酸一铵 72 千克、氨化过磷酸钙 100 千克、氯化钾 333 千克、硫酸镁 40 千克、硼砂 10 千克、氨基酸锌锰铜铁 20 千克、硝基腐殖酸 100 千克、氨基酸 25 千克、生物制剂 25 千克、增效剂 12 千克、调理剂 20 千克。

② 有机型复混肥料及单质肥料。也可选用腐殖酸含促生菌生物复混肥（20-0-10）、腐殖酸涂层长效肥（15-5-25）、腐殖酸高效缓释复混肥（18-8-4）、腐殖酸高效缓释肥（15-5-20）、硫基长效缓

释复混肥（24-16-5）。

（2）根际追肥 可选用有机型复混肥料、缓效型化肥等。

① 有机型复混肥料。主要有腐殖酸含促生菌生物复混肥（20-0-10）、腐殖酸涂层长效肥（15-5-25）、腐殖酸高效缓释复混肥（18-8-4）、腐殖酸高效缓释肥（15-5-20）、硫基长效缓释复混肥（24-16-5）等。

② 缓效型化肥。主要有腐殖酸包裹尿素、增效尿素、腐殖酸型过磷酸钙、缓释磷酸二铵等。

（3）根外追肥 可根据生姜生育情况，酌情选用含腐殖酸水溶肥、含氨基酸水溶肥、含海藻酸水溶肥、氨基酸螯合微量元素水溶肥、大量元素水溶肥、活力钙叶面肥、活力硼叶面肥等。

## 三、设施无公害生姜施肥技术规程

本规程各种肥料用量以高产、优质、无公害、环境友好为目标，选用有机无机复合肥料、长效缓释肥料、有机活性水溶肥料进行施用，各地在具体应用时，可根据当地生姜测土配方推荐用量进行调整。

采用地膜覆盖加小拱棚、大棚等设施栽培技术种姜，能使嫩姜提早收获，一般 11 月中下旬定植，上市时间可提前到 4 月；如采用升温大棚，嫩姜上市时间可提前到 2 月。

### 1. 重施基肥

结合整地，有机肥耕前撒施深耕 25 厘米，耕细耙平作畦或起垄，将其他基肥在播种时沟施。根据当地肥源情况，每亩施商品有机肥 400～500 千克或无害化处理过的有机肥 4000～5000 千克基础上，再选择下列肥料之一配合施用：每亩施腐殖酸型生姜专用肥 50～60 千克；或每亩施腐殖酸涂层长效肥（15-5-25）40～50 千克；或每亩施腐殖酸高效缓释肥（15-5-20）45～55 千克；或每亩施硫基长效缓释复混肥（24-16-5）40～50 千克、大粒钾肥 15 千克；或每亩施腐殖酸含促生菌生物复混肥（20-0-10）50～60 千克、腐殖酸型过磷酸钙 40～50 千克；或每亩施腐殖酸高效缓释复混肥（18-8-4）60～65 千克、大粒钾肥 10 千克；或每亩施包裹型尿素 15～20 千克、腐殖酸型过磷酸钙 40～50 千克、硫酸钾 20～30 千克。

**2. 根际追肥**

(1) 壮苗肥　一般生姜发生 1～2 个分枝时，据当地肥源情况，可选择下列肥料组合之一：每亩施腐殖酸型生姜专用肥 15～20 千克；或每亩施腐殖酸涂层长效肥（15-5-25）12～15 千克；或每亩施腐殖酸高效缓释肥（15-5-20）14～16 千克；或每亩施硫基长效缓释复混肥（24-16-5）14～16 千克、大粒钾肥 5 千克；或每亩施腐殖酸含促生菌生物复混肥（20-0-10）15～20 千克、腐殖酸型过磷酸钙 15～20 千克；或每亩施腐殖酸高效缓释复混肥（18-8-4）10～25 千克、大粒钾肥 5 千克；或每亩施包裹型尿素 10～15 千克、腐殖酸型过磷酸钙 20～30 千克、硫酸钾 10～15 千克。

(2) 转折肥　一般在三股杈阶段，即生姜从幼苗期向旺盛生长期的转换阶段，据当地肥源情况，可选择下列肥料组合之一：每亩施腐殖酸型生姜专用肥 25～30 千克；或每亩施腐殖酸涂层长效肥（15-5-25）20～25 千克；或每亩施腐殖酸高效缓释肥（15-5-20）20～25 千克；或每亩施硫基长效缓释复混肥（24-16-5）20～25 千克、大粒钾肥 10 千克；或每亩施腐殖酸含促生菌生物复混肥（20-0-10）30～40 千克、腐殖酸型过磷酸钙 30～40 千克；或每亩施腐殖酸高效缓释复混肥（18-8-4）30～40 千克、大粒钾肥 10 千克；或每亩施包裹型尿素 15～20 千克、腐殖酸型过磷酸钙 30～50 千克、硫酸钾 15～20 千克。

(3) 根茎膨大肥　在根茎生长旺盛期，据当地肥源情况，可选择下列肥料组合之一：每亩施腐殖酸型生姜专用肥 25～30 千克；或每亩施腐殖酸涂层长效肥（15-5-25）20～25 千克；或每亩施腐殖酸高效缓释肥（15-5-20）20～25 千克；或每亩施硫基长效缓释复混肥（24-16-5）20～25 千克、大粒钾肥 10 千克；或每亩施腐殖酸含促生菌生物复混肥（20-0-10）30～40 千克、腐殖酸型过磷酸钙 30～40 千克；或每亩施腐殖酸高效缓释复混肥（18-8-4）30～40 千克、大粒钾肥 10 千克；或每亩施包裹型尿素 15～20 千克、腐殖酸型过磷酸钙 30～50 千克、硫酸钾 15～20 千克。

**3. 叶面喷肥**

生姜苗期，叶面喷施 500～600 倍含氨基酸水溶肥或 500～600

倍含腐殖酸水溶肥液 2 次，间隔 20 天。三股权期，叶面喷施 500
倍活力钙混合液 2 次，间隔 20 天。根茎膨大期，叶面喷施 500 倍
生物活性钾肥、500 倍活力钙混合液 2 次，间隔 20 天。

# 第四节　设施无公害芦笋测土配方施肥技术

芦笋设施栽培主要方式：北方寒冷地区采用冬暖式大棚，黄淮
流域采用塑料大棚，长江流域采用大棚或小拱棚等方式。

## 一、设施芦笋营养需求特点

### 1. 养分需求

据乜兰春等人（2009 年）研究报道，每形成 1000 千克嫩茎，
需要吸收氮 2.74 千克、磷 0.54 千克、钾 3.57 千克、钙 0.15 千
克、镁 0.04 千克、铁 12.05 克、锰 1.19 克、铜 4.94 克、锌 8.28
克。而据刘建辉研究报道，亩产 1000 千克芦笋嫩茎，需吸收氮
（N）1.74 千克、磷（$P_2O_5$）0.45 千克、钾（$K_2O$）1.55 千克，
氮磷钾吸收比例为 1：0.26：0.89。

### 2. 需肥特点

芦笋不同生育时期对不同矿质元素的吸收分配特性不同。采笋
期和母茎生长期对钾的积累量几乎相同。氮、铜、锌则主要在采笋
期积累，积累量分别占全年的 59.3%、70.8% 和 62.5%，这些元
素主要向嫩茎分配。磷、钙、镁、铁、锰则主要在母茎生长期积
累，积累量分别占全年的 61.1%、76.7%、80.4%、73.8% 和
75.0%，此期吸收的磷、钾、钙、镁、锰主要向母茎分配，铁则主
要向地下部分分配。母茎生长期氮的积累量占全年的 40.7%，此期
氮向母茎和地下部分的分配率接近。

## 二、设施芦笋测土施肥配方及肥料组合

### 1. 设施芦笋测土施肥配方

（1）依据土壤肥力推荐　根据测定土壤硝态氮、有效磷、有效
钾等有效养分含量确定设施芦笋地土壤肥力分级（表 9-10），然后
根据不同肥力水平推荐设施芦笋施肥量见表 9-11。

表 9-10 设施芦笋地土壤肥力分级

| 肥力水平 | 硝态氮/(毫克/千克) | 有效磷/(毫克/千克) | 有效钾/(毫克/千克) |
|---|---|---|---|
| 低 | <60 | <30 | <60 |
| 中 | 60~100 | 30~50 | 60~100 |
| 高 | >100 | >50 | >100 |

表 9-11 不同肥力水平设施芦笋施肥量推荐

| 肥力等级 | 推荐施肥量/(千克/亩) | | |
|---|---|---|---|
| | 纯氮 | 五氧化二磷 | 氧化钾 |
| 低 | 17~19 | 12~14 | 16~18 |
| 中 | 15~17 | 10~12 | 14~16 |
| 高 | 13~15 | 8~10 | 12~14 |

（2）依据目标产量推荐 考虑到设施芦笋目标产量和当地施肥现状，设施芦笋的氮、磷、钾施肥量可参考表 9-12。

表 9-12 依据目标产量水平设施芦笋推荐施肥量

| 目标产量/(千克/亩) | 有机肥 | 施肥量/(千克/亩) | | |
|---|---|---|---|---|
| | | 氮 | 五氧化二磷 | 氧化钾 |
| <1000 | 2000~2500 | 14~16 | 8~11 | 13~15 |
| 1000~2000 | 2500~3000 | 16~18 | 10~13 | 15~17 |
| >2000 | 3000~4000 | 18~20 | 12~15 | 17~19 |

## 2. 无公害设施芦笋生产套餐肥料组合

（1）基肥 可选用芦笋有机型专用肥、有机型复混肥料及单质肥料等。

① 芦笋有机型专用肥。根据测土施肥配方，以氮肥、磷肥、钾肥为基础，添加腐殖酸、有机型螯合微量元素、增效剂、调理剂等，生产芦笋有机型专用肥。综合各地芦笋配方肥配制资料，建议氮、磷、钾总养分量为 35%，氮磷钾比例分别为 1∶0.24∶0.82。基础肥料选用及用量（1 吨产品）：氯化铵 150 千克、尿素 213 千

克、磷酸二铵 25 千克、硝酸磷肥 100 千克、过磷酸钙 100 千克、钙镁磷肥 10 千克、氯化钾 233 千克、硝基腐殖酸 97 千克、硼砂 10 千克、氨基酸锌锰铁硒 15 千克、生物制剂 17 千克、增效剂 10 千克、调理剂 20 千克。

② 有机型复混肥料及单质肥料。也可选用腐殖酸长效缓释肥（18-5-16）、腐殖酸高效缓释复混肥（22-4-9）、腐殖酸速生真菌生态复混肥（20-0-10）。

（2）根际追肥　可选用有机型复混肥料、缓效型化肥等。

① 有机型复混肥料。主要有芦笋有机型专用肥、腐殖酸长效缓释肥（18-5-16）、腐殖酸高效缓释复混肥（24-16-5）、腐殖酸速生真菌生态复混肥（20-0-10）。

② 缓效型化肥。主要有腐殖酸包裹尿素、增效尿素、腐殖酸型过磷酸钙、缓释磷酸二铵、大粒钾肥等。

（3）根外追肥　可根据芦笋生育情况，酌情选用含腐殖酸水溶肥、含氨基酸水溶肥、含海藻酸水溶肥、氨基酸螯合微量元素水溶肥、大量元素水溶肥、活力钙叶面肥、活力硼叶面肥等。

## 三、设施无公害芦笋施肥技术规程

本规程各种肥料用量以高产、优质、无公害、环境友好为目标，选用有机无机复合肥料、长效缓释肥料、有机活性水溶肥料进行施用，各地在具体应用时，可根据当地芦笋测土配方推荐用量进行调整。

芦笋设施栽培方式一般是选择 2～3 年以上的笋田。华东地区一般在 1 月至 2 月上旬覆膜扣棚保温，2 月下旬至 3 月下旬为采收期。华南地区一般在 12 月中旬覆膜扣棚保温，1 月中旬萌芽进入采收期，直至 4 月下旬结束。

### 1. 设施育苗肥

一般从春季 3 月上中旬采用小拱棚或夏季 6 月中旬开始育苗。重施底肥，适时进行根际追肥和叶面追肥。

（1）育苗底肥　据当地肥源情况，每亩施生物有机肥 100～150 千克或无害化处理过的有机肥 1500～2000 千克基础上，可选择下列肥料组合之一进行施用：每亩施芦笋有机型专用肥 20～30 千克；

或每亩施腐殖酸长效缓释肥（18-5-16）20～25千克；或每亩施腐殖酸高效缓释复混肥（22-4-9）20～30千克；或每亩施腐殖酸速生真菌生态复混肥（20-0-10）20～30千克、腐殖酸型过磷酸钙10～15千克。

（2）根际追肥　苗高15厘米时，据当地肥源情况，可选择下列肥料组合之一：每亩施芦笋有机型专用肥15～20千克；或每亩施腐殖酸长效缓释肥（18-5-16）12～16千克；或每亩施腐殖酸高效缓释复混肥（22-16-5）12～16千克、大粒钾肥6～8千克。

（3）叶面追肥　叶面喷施500～600倍含氨基酸水溶肥或500～600倍含腐殖酸水溶肥2次，间隔期15天。

**2. 定植前基肥**

芦笋喜疏松、肥沃的土壤环境，定植前要将土壤深耕一遍，耕翻前每亩施入生物有机肥300～400千克，或无害化处理过的腐熟有机肥3000～4000千克，耕后耙细、整平。在深、宽各40厘米的定植沟内，分层施入每亩施生物有机肥200～300千克或无害化处理过的有机肥2000～3000千克和下肥料之一：每亩施芦笋有机型专用肥50～60千克；或每亩施腐殖酸长效缓释肥（18-5-16）40～50千克；或每亩施腐殖酸高效缓释复混肥（22-4-9）45～55千克；或每亩施腐殖酸含促生菌生物复混肥（20-0-10）50～60千克、腐殖酸型过磷酸钙30～35千克；或每亩施腐殖酸包裹型尿素18～22千克、腐殖酸型过磷酸钙30～40千克、大粒钾肥10～15千克。

**3. 根际追肥**

① 定植后20天，距植株20～30厘米处开10厘米深的沟。据当地肥源情况，可选择下列肥料组合之一：每亩施芦笋有机型专用肥5～7千克；或每亩施腐殖酸长效缓释肥（18-5-16）4～6千克；或每亩施腐殖酸高效缓释复混肥（22-16-5）4～6千克、大粒钾肥2～3千克；或每亩施腐殖酸速生真菌生态复混肥（20-0-10）4～6千克、腐殖酸型过磷酸钙3～5千克；或每亩腐殖酸包裹型尿素4～6千克、腐殖酸型过磷酸钙6～8千克、大粒钾肥3～5千克。

② 定植后60天，每隔30天追肥1次。据当地肥源情况，可选择下列肥料组合之一：每亩施芦笋有机型专用肥15～20千克；或

每亩施腐殖酸长效缓释肥（18-5-16）12～16 千克；或每亩施腐殖酸高效缓释复混肥（22-16-5）12～16 千克、大粒钾肥 8～12 千克；或每亩施腐殖酸速生真菌生态复混肥（20-0-10）15～20 千克、腐殖酸型过磷酸钙 20～25 千克；或每亩腐殖酸包裹型尿素 12～15 千克、腐殖酸型过磷酸钙 20～30 千克、大粒钾肥 10～15 千克。

③ 定植后 4 个月至第 1 次采笋前，每 15 天追施 1 次。据当地肥源情况，可选择下列肥料组合之一：每亩施芦笋有机型专用肥 10～15 千克；或每亩施腐殖酸长效缓释肥（18-5-16）8～12 千克；或每亩施腐殖酸高效缓释复混肥（22-16-5）8～12 千克、大粒钾肥 6～8 千克；或每亩施腐殖酸速生真菌生态复混肥（20-0-10）10～15 千克、腐殖酸型过磷酸钙 10～15 千克；或每亩腐殖酸包裹型尿素 8～10 千克、腐殖酸型过磷酸钙 10～15 千克、大粒钾肥 8～10 千克。

④ 采笋期，每隔 15～20 天追施 1 次。据当地肥源情况，可选择下列肥料组合之一：每亩施芦笋有机型专用肥 20～25 千克；或每亩施腐殖酸长效缓释肥（18-5-16）18～22 千克；或每亩施腐殖酸高效缓释复混肥（22-16-5）18～22 千克、大粒钾肥 12～16 千克；或每亩施腐殖酸速生真菌生态复混肥（20-0-10）20～25 千克、腐殖酸型过磷酸钙 20～25 千克；或每亩腐殖酸包裹型尿素 15～20 千克、腐殖酸型过磷酸钙 20～25 千克、大粒钾肥 15～20 千克。

**4. 叶面喷肥**

芦笋嫩茎采收前 20 天，叶面喷施 500～600 倍含氨基酸水溶肥或 500～600 倍含腐殖酸水溶肥 1 次。芦笋嫩茎采收后，叶面喷施 500～600 倍含氨基酸水溶肥或 500～600 倍含腐殖酸水溶肥、500 倍活力钙叶面肥混合液 2 次，间隔 20 天。

# 参考文献

[1] 崔德杰，金圣爱．安全科学施肥实用技术 [M]．北京：化学工业出版社，2012．

[2] 陈玉娣，关佩聪．蕹菜的生长与养分吸收特性 [J]．长江蔬菜，1990，5：38~39．

[3] 程季珍，巫东堂，蓝创业．设施无公害蔬菜施肥灌溉技术 [M]．北京：中国农业出版社，2013．

[4] 董印丽．棚室蔬菜安全科学施肥技术 [M]．北京：化学工业出版社，2015．

[5] 高伟．设施蔬菜施肥技术（瓜果类）[M]．天津：天津科技翻译出版社，2010．

[6] 韩世栋．蔬菜生产技术（北方本）[M]．第2版．北京：中国农业出版社，2015．

[7] 季国军．设施蔬菜高产施肥 [M]．北京：中国农业出版社，2015．

[8] 陆景陵，陈伦寿．植物营养失调症彩色图谱 [M]．北京：中国林业出版社，2009．

[9] 劳秀荣，张漱茗．设施蔬菜施肥新技术 [M]．北京：中国农业出版社，1999．

[10] 劳秀荣，杨守祥，李俊良．菜园测土配方施肥技术 [M]．北京：中国农业出版社，2010．

[11] 劳秀荣．无公害蔬菜施肥与用药指南 [M]．北京：中国农业出版社，2003．

[12] 李博文等．蔬菜安全高效施肥 [M]．北京：中国农业出版社，2014．

[13] 李俊良，金圣爱，陈清等．蔬菜灌溉施肥新技术 [M]．北京：化学工业出版社，2008．

[14] 李明悦．设施蔬菜施肥技术（茄果类）[M]．天津：天津科技翻译出版社，2010．

[15] 李天来．设施蔬菜栽培学 [M]．北京：中国农业出版社，2011．

[16] 李燕婷等．作物叶面施肥技术与应用 [M]．北京：科学出版社，2009．

[17] 吕英华．无公害蔬菜施肥技术 [M]．北京：中国农业出版社，2009．

[18] 马国瑞．蔬菜施肥指南 [M]．北京：中国农业出版社，2000．

[19] 马国瑞．蔬菜施肥手册 [M]．北京：中国农业出版社，2004．

[20] 乜兰春，孟庆荣，李英丽等．芦笋矿质元素吸收特性研究 [J]．植物营养与肥料学报，2009，15（5）：1236~1239．

[21] 裴孝伯．绿色蔬菜配方施肥技术 [M]．北京：化学工业出版社，2011．

[22] 全国农业技术推广服务中心组．蔬菜测土配方施肥技术 [M]．北京：中国农业出版社，2011．

[23] 秦万德．腐殖酸的综合应用 [M]．北京：科学出版社，1987．

[24] 隋好林，王淑芬．设施蔬菜栽培水肥一体化技术 [M]．北京：金盾出版社，2015．

[25] 山东金正大生态工程股份有限公司．中微量元素肥料的生产与应用 [M]．北京：中国农业科学技术出版社，2013．

[26] 孙运甲，张立联．测土配方施肥指导手册 [M]．济南：山东大学出版社，2014．

[27] 宋志伟．土壤肥料 [M]．第4版．北京：中国农业出版社，2015．

[28] 宋志伟．蔬菜测土配方施肥技术 [M]．北京：中国农业科学技术出版社，2011．

[29] 宋志伟，张爱中．肥料配方师 [M]．郑州：中原农民出版社，2013．

[30] 宋志伟，刘戈．农作物秸秆综合利用新技术［M］．北京：中国农业出版社，2014.

[31] 宋志伟，张爱中．蔬菜实用测土配方施肥技术［M］．北京：中国农业出版社，2014.

[32] 王磊，郭明超，贺洪军．设施韭菜幼苗施肥方案优化研究［J］．中国农学通报，2013，29（19）：159～163.

[33] 王卫平，薛智勇，朱凤香等．豇豆对营养元素的吸收积累与分配规律研究［J］．水土保持学报，2013，27（6）：158～161，171.

[34] 巫东堂，程季珍．无公害蔬菜施肥技术大全［M］．北京：中国农业出版社，2010.

[35] 武志杰，陈利军．缓释/控释肥料：原理与应用［M］．北京：科学出版社，2003.

[36] 新疆慧尔农业科技股份有限公司．新疆主要农作物营养套餐施肥技术［M］．北京：中国农业科学技术出版社，2014.

[37] 朱静华．设施蔬菜施肥技术（叶菜类）［M］．天津：天津科技翻译出版社，2010.

[38] 张承林，邓兰生．水肥一体化技术［M］．北京：中国农业出版社，2012.

[39] 张福锁，陈新平，陈清等．中国主要作物施肥指南［M］．北京：中国农业大学出版社，2009.

[40] 张洪昌，段继贤，李翼．蔬菜草莓西甜瓜专用肥配方与施肥［M］．北京：中国农业出版社，2011.

[41] 张洪昌，段继贤，赵春山．蔬菜配方施肥［M］．北京：金盾出版社，2012.

[42] 赵永志．蔬菜测土配方施肥技术理论与实践［M］．北京：中国农业科学技术出版社，2012.

[43] 中国化工学会肥料专业委员会，云南金星化工有限公司．中国主要农作物营养套餐施肥技术［M］．北京：中国农业科学技术出版社，2013.